125 种!

一本献给鲨鱼爱好者的手绘图鉴

Sharks Of The World

多！125种鲨鱼，品种众多
全！14个栏目，全面解析
萌！671幅插画，逗趣可爱

［日］裙带菜 著/图　［日］田中彰 审稿

商钟岚　林祁 译　　　中国画报出版社·北京

序

如果你尚年轻，甚至仍是少年，我相信，它们不难吸引你好奇的目光；假如你已囿于眼前的柴米油盐，我相信，那偶尔跳出的、有关它们的消息依然能捕获你片刻的瞩目。是的，鲨鱼无疑是茫茫大海中最引人关注的生物类群之一，它们的起源足够久远，它们的形象早已深入人心，它们的传说总是骇人听闻。然而，我们真的了解鲨鱼吗？它们在你我的眼中是否只是噬人、恐怖的形象？又或是动物保护者试图从餐桌上挽救的珍稀物种？我们对鲨鱼又有着哪些误解与偏见呢？

对于以农耕文明为根的我们，鲨鱼无疑是神秘且陌生的，即便是专门研究海洋的学者，往往也对它们不甚了解。我们对鲨鱼的认知也许大多来自影视作品的刻画，那些经过人为加工的形象虽然也逼真鲜活，却往往客观不足而"刺激"有余。如果想真正读懂鲨鱼，仅仅依靠那些"明星物种"显然是不够的，我们需要深入这个已繁盛了数亿年的族群，去了解那些形态万千、习性各异，却"沉默"着的大多数鲨鱼群体。

我们需要这样一本书，引领我们走近鲨鱼的世界，揭示其丰富的物种多样性，从此改变我们固有的认知；我们寻求这样一本书，带领我们窥探鲨鱼家族的过去、现在与未来，理解生物演化的永恒意义；我们期待这样一本书，使我们有机会通过鲨鱼认识海洋，了解这个独特类群赖以生存的环境和对其加以保护的重要性。所以，我们乐见《世界鲨鱼大全》的出版。

　　本书的作者裙带菜运用灵活的笔触和深情的语言为我们重现了一个绚丽多彩的鲨鱼世界，他不仅是一名自由插画家，还颇具科学素养，加之海洋生物学教授田中彰和青年学者陈江源的专业审校，本书的内容可谓"科学味儿"十足。从分类学到生理学，从解剖结构到生态系统，本书开卷可见"干货"，风趣的表达令我这个"业内读者"也不忍释卷，我深信，《世界鲨鱼大全》能够轻松引发不同年龄段读者对鲨鱼及海洋的兴趣。更难能可贵的是，本书作者对鲨鱼的热爱及创作的热情跃然纸上，希望各位大小读者能被这份真情流露所感染，尽情开启这段精彩纷呈且可能颠覆你认知的自然之旅吧！

李昂

前　言

大家好。

我是作者裙带菜。

裙带菜是海带的同类，但我是喜欢鲨鱼、拟态成鲨鱼的戴眼镜的人。

请放心。这不是关于海带，而是关于鲨鱼的书。

我从小就很喜欢水族馆，很喜欢海洋生物，但突然间就喜欢上了其中的鲨鱼。

当时明明对鲨鱼一无所知。喜欢上鲨鱼真的是一瞬间的事。

突然掉进了鲨鱼的"沼泽"。

当时，我想着，

"不管怎样先画鲨鱼吧"，

"用画画来记住鲨鱼吧"。

这就是一切的开始。

世界上有600种左右的鲨鱼，现在也仍有新的鲨鱼被发现。

在写前言的时候，说不定又有新的鲨鱼被发现。

你不觉得这很神秘吗？

光是这样就能让人爱上鲨鱼了吧。

当我开始学习各种鲨鱼知识时，渐渐地想让更多的人知道"原来还有这样的鲨鱼"，于是把画好的鲨鱼上传到社交网络上。

结果，令人高兴的是，各种各样的人看到了我的鲨鱼画。

然后，这本书也出版了。这多亏了大家。谢谢！

我希望这本书能让更多的人，

"了解鲨鱼的魅力"，

"能喜欢上鲨鱼"。

那么，欢迎来到鲨鱼的世界！！

 裙带菜

目 录

序 2
前言 4

第1章 鲨鱼是什么? 13

鲨鱼与其他鱼类的区别 14
鲨鱼的身体构造 16
鲨鱼的内部构造 18
鲨鱼的鳞片和牙齿构造 20
鲨鱼鳍的构造 23
鲨鱼的感觉器官 23

第2章 共115种!世界鲨鱼图鉴 28

虎鲨目 29
  虎鲨科   宽纹虎鲨 30
            眶嵴虎鲨 32
            澳洲虎鲨 34

须鲨目 37
  鲸鲨科   鲸鲨 38
  铰口鲨科 光鳞鲨 40
            铰口鲨 42
            短尾拟铰口鲨 44
  豹纹鲨科 豹纹鲨 46

天竺鲨科	点纹斑竹鲨	48
	斑点长尾须鲨	50
斑鳍鲨科	日本橙黄鲨	52
	杂色斑鳍鲨	54
须鲨科	日本须鲨	56
	叶须鲨	58
长须鲨科	科氏长须鲨	60
	棍状长须鲨	62

鼠鲨目 65

巨口鲨科	巨口鲨	66
姥鲨科	姥鲨	68
鼠鲨科	噬人鲨	70
	鲑鲨	72
	鼠鲨	74
	尖吻鲭鲨	76
	长鳍鲭鲨	78
长尾鲨科	狐形长尾鲨	80
	浅海长尾鲨	82
	大眼长尾鲨	84
锥齿鲨科	凶猛砂锥齿鲨	86
	后鳍锥齿鲨	88
糙齿鲨科	拟锥齿鲨	90
剑吻鲨科	欧氏剑吻鲨	92

真鲨目			**95**
	双髻鲨科	路氏双髻鲨	**96**
		锤头双髻鲨	**98**
		无沟双髻鲨	**100**
		丁字双髻鲨	**102**
		窄头双髻鲨	**104**
	皱唇鲨科	皱唇鲨	**106**
		日本半皱唇鲨	**108**
		翅鲨	**110**
		灰星鲨	**112**
		白斑星鲨	**114**
	拟皱唇鲨科	小齿拟皱唇鲨	**116**
	半沙条鲨科	半锯鲨	**118**
	鼬鲨科	鼬鲨	**120**
	真鲨科	犁鳍柠檬鲨	**122**
		短吻柠檬鲨	**124**
		铅灰真鲨	**126**
		低鳍真鲨	**128**
		佩氏真鲨	**130**
		短尾真鲨	**132**
		长吻真鲨	**134**
		加氏露齿鲨	**136**
		安汶真鲨	**138**

直翅真鲨	**140**
平滑真鲨	**142**
乌翅真鲨	**144**
白边真鲨	**146**
黑边鳍真鲨	**148**
宽尾斜齿鲨	**150**
长鳍真鲨	**152**
大青鲨	**154**
灰三齿鲨	**156**
剑鼻鲨	**158**
灰真鲨	**160**
麦氏真鲨	**162**
沙拉真鲨	**164**
尖吻斜锯牙鲨	**166**
直齿真鲨	**168**
黑吻真鲨	**170**
隙眼鲨	**172**
爪哇真鲨	**174**
西氏真鲨	**176**
埃氏宽瓣鲨	**178**

单鳍猫鲨科
猫鲨科

虎纹猫鲨	**180**
豹纹长须猫鲨	**182**
带纹长须猫鲨	**184**
网纹猫鲨	**186**

		白斑斑鲨	**188**
		黑点斑鲨	**190**
		圆头鲨	**192**
		盾尾鲨	**194**
		日本锯尾鲨	**196**
		黑口锯尾鲨	**198**
		长头光尾鲨	**200**
		阴影绒毛鲨	**202**
	原鲨科	雷氏光唇鲨	**204**
		哈氏原鲨	**206**
角鲨目			**209**
	睡鲨科	太平洋睡鲨	**210**
		小头睡鲨	**212**
		欧氏荆鲨	**214**
		长吻荆鲨	**216**
		长体睡鲨	**218**
	乌鲨科	小乌鲨	**220**
		本氏乌鲨	**222**
		希氏乌鲨	**224**
		卡氏尖颌乌鲨	**226**
		亮乌鲨	**228**
	角鲨科	长须卷盔鲨	**230**
	刺鲨科	黑缘刺鲨	**232**

		粗吻田氏鲨	234
		叶鳞刺鲨	236
		喙吻田氏鲨	238
	铠鲨科	巴西达摩鲨	240
		阿里小角鲨	242
		帕氏软鳞鲨	244
	尖背角鲨科	日本尖背角鲨	246

六鳃鲨目 … 249

	六鳃鲨科	灰六鳃鲨	250
		中村氏六鳃鲨	252
		扁头哈那鲨	254
		尖吻七鳃鲨	256
	皱鳃鲨科	皱鳃鲨	258

棘鲨目 … 261

| | 棘鲨科 | 棘鲨 | 262 |
| | | 笠鳞棘鲨 | 264 |

锯鲨目 … 267

| | 锯鲨科 | 日本锯鲨 | 268 |
| | | 瓦氏六鳃锯鲨 | 270 |

扁鲨目 … 273

| | 扁鲨科 | 日本扁鲨 | 274 |

第3章 10种古代鲨鱼 历史比人类还长 — **277**

- 异棘鲨 — **278**
- 裂口鲛 — **279**
- 熨鳍鲛 — **280**
- 剪齿鲛 — **281**
- 镰鳍鲛 — **282**
- 旋齿鲛 — **283**
- 弓鲛 — **284**
- 拟巨口鲨 — **285**
- 翼柱头鲨 — **286**
- 巨齿耳齿鲨 — **287**

第4章 鲨鱼的繁殖 鲨鱼的交合突有两根! — **289**

第5章 鲨鱼和人 它们同样需要保护! — **295**

- 结束语 — **300**
- 作者简介 — **302**

第 1 章
鲨鱼是什么？

鲨鱼与其他鱼类的区别

鲨鱼和鳐鱼等都属于由软骨构成骨骼的"软骨鱼类"。与此相对,一般的鱼类是由硬骨构成骨骼的"硬骨鱼类"。

鲨鱼早在4亿多年前就已存在[①],迄今为止被确认的物种有600种左右,根据其特征分为9目39科107属(最新数据)。

时至今日,每年约有5~10种新鲨鱼被确认并命名,而且种类还在不断增加。

也有些鱼虽然日文名称中含"鲨鱼(鲛)"的意思,却"不是鲨鱼"。如:

- 犁头鳐(坂田鲛)
- 黑线银鲛(银鲛)
- 鲫鱼(小判鲛)
- 鲟鱼(蝶鲛)

犁头鳐属于鳐类。鳐类和鲨类可以通过鳃孔的位置来区分。鲨类的鳃孔位于体侧,而鳐类的鳃孔则位于腹面。

银鲛和鲨鱼、鳐鱼一样属于软骨鱼类,但鲨鱼和鳐鱼为"板鳃亚纲"的成员,而黑线银鲛则属于"全头亚纲"。

鲫鱼是鲹(shēn)形目的一员,属于硬骨鱼类。

[①]"4亿多年前"所指为整个软骨鱼纲的历史,真正意义上的鲨鱼(新鲨类)直至侏罗纪早期(距今2.01亿年前)才出现于地球上。——编者注

鲟鱼的卵作为鱼子酱而出名。鲟鱼鱼子酱也被称作"蝶鲛卵",但鲟鱼和鲫鱼一样都属于硬骨鱼类,而非和鲨鱼一样的软骨鱼类。鲟鱼因其体态酷似鲨鱼而被叫作"蝶鲛",是较为原始的一种硬骨鱼类。

这些鱼的日文名字里虽有"鲨鱼"的意思,但它们却并不是鲨鱼。

鲨鱼的分类

无臀鳍

- 身体扁平
  - 扁鲨目
- 吻尖,呈锯状
  - 锯鲨目
- 第一背鳍起点位于腹鳍起点之后
  - 棘鲨目
- 第一背鳍起点位于腹鳍起点之前
  - 角鲨目

有臀鳍

- 背鳍1个,鳃孔6~7对
  - 六鳃鲨目
- 背鳍前有硬棘
  - 虎鲨目
- 背鳍前无硬棘,有鼻口沟,或鼻孔开于口内
  - 须鲨目
- 无瞬膜或瞬褶
  - 鼠鲨目
- 有瞬膜或瞬褶
  - 真鲨目

鲨鱼的身体构造

鲨鱼是鱼类的一种，但大多数的鱼类都是硬骨鱼类，骨骼完全骨化，而鲨鱼是所有骨骼都由软骨构成的软骨鱼类。

另外，鲨鱼与一般鱼类的身体构造也稍有不同，其身体构造大致可分为头部、躯干、尾部三部分。而各部位又可以继续细分：

- 吻部：位于头部，自吻尖至眼前缘的部分。
- 眼睛：大多数鲨鱼无法闭上眼睛。具有瞬膜的物种可以用瞬膜覆盖眼睛。也有一些物种可将眼球后翻以保护眼睛。
- 鳃孔：鲨鱼用鳃呼吸，通过鳃丝吸收水中的氧气，排出体内的二氧化碳。身体的两侧有鳃孔5~7对。从嘴巴吸入的水通过鳃孔排出。
- 喷水孔：眼睛后面的孔，与口腔相通。底栖性鲨鱼呼吸的时候，需要从喷水孔吸入水并从鳃孔排出。
- 鼻孔：被鼻瓣分为前后两部分。具有嗅觉功能。
- 背鳍：位于背部，大多数鲨鱼具2个背鳍。也有只有1个背鳍的物种。对鱼体起平衡和稳定的作用。
- 泄殖腔：位于腹鳍之间。用于排泄。交配、分娩等也都在这个孔洞进行。
- 交配器：被称为"交合突"的鲨鱼生殖器官，也称鳍脚。腹鳍末端变形特化[1]为鳍脚，有两根，位于左右两侧。

---

[1] 特化：生物体在演化过程中，为适应某一特定环境而演化出的特殊形态与功能。——编者注

 第1章 鲨鱼是什么？

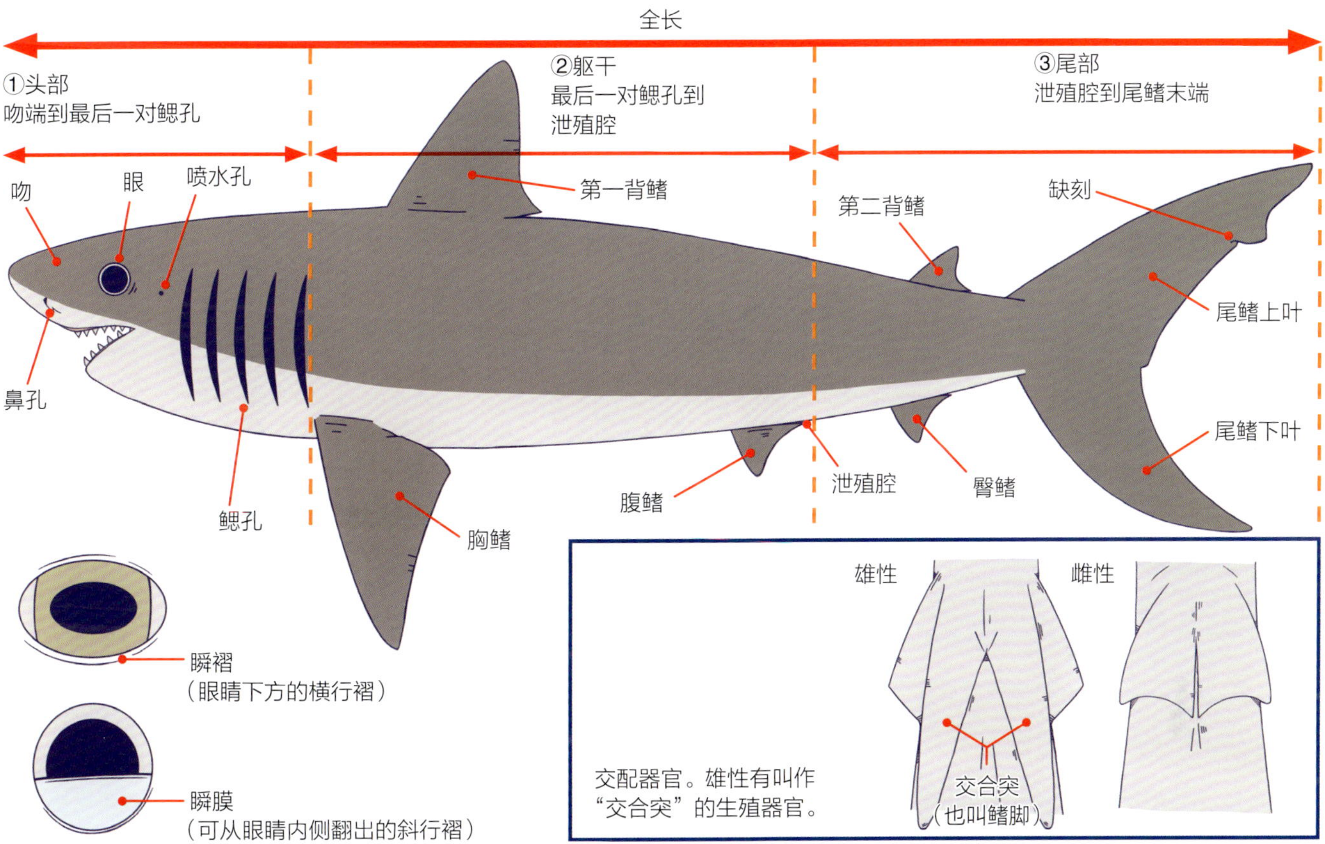

- 全长
  - ①头部：吻端到最后一对鳃孔
  - ②躯干：最后一对鳃孔到泄殖腔
  - ③尾部：泄殖腔到尾鳍末端

标注：吻、眼、喷水孔、第一背鳍、第二背鳍、缺刻、尾鳍上叶、鼻孔、鳃孔、胸鳍、腹鳍、泄殖腔、臀鳍、尾鳍下叶

- 瞬褶（眼睛下方的横行褶）
- 瞬膜（可从眼睛内侧翻出的斜行褶）

交配器官。雄性有叫作"交合突"的生殖器官。

雄性　雌性
交合突（也叫鳍脚）

鲨鱼的内部构造

如前所述,鱼类可分为硬骨鱼类和软骨鱼类两大类。鲨鱼是软骨鱼类,全身骨骼都由柔软的软骨构成,覆盖并保护内脏的肋骨不发达、很小。

与硬骨鱼类不同,由于软骨较轻,所以鲨鱼不需要消耗过多的能量就能浮起。

鲨鱼没有鳔,所以只能在巨大的肝脏中储存比海水密度小的油脂来获得浮力。这种油脂就是人们常说的鱼肝油。用肝脏取代鳔,使鲨鱼不会在快速深潜或上浮时因失压而死。

除肝油外,鲨鱼用来调节体内渗透压的尿素也有助于产生浮力。这尿素便是鲨鱼死亡时产生氨臭的原因。

鲨鱼除了肝脏以外,还拥有一些与人类类似的内脏器官。鲨鱼很好地利用这些内脏器官,以及由动脉和静脉组成的被称为奇网[①]的器官,在广阔的海洋中生存。

鲨鱼的大脑比哺乳类的小,但比硬骨鱼类的大,具有与鸟类相近的智力。鲨鱼的大脑结构很复杂,与脊髓相连。在所有鲨鱼中,拥有最大、最复杂大脑的是双髻鲨。

鲨鱼吸入的水通过鳃排出体外。此时,鳃丝能很好地将氧气顺利吸入血液,并呼出二氧化碳。一些鲨鱼是边游泳边把水从嘴里送到鳃进行呼吸的,所以如果不持续游一辈子,就会窒息。

但是,鲨鱼中也有无须游泳、在海底不动的底栖性种类。这些鲨鱼拥有被称为喷水孔的小呼吸孔,通过肌肉的力量将海水吸入口咽内进行呼吸。

---

① "奇网"仅存在于尖吻鲭鲨、噬鲨鱼、鼠鲨等少数中温性物种中。——编者注

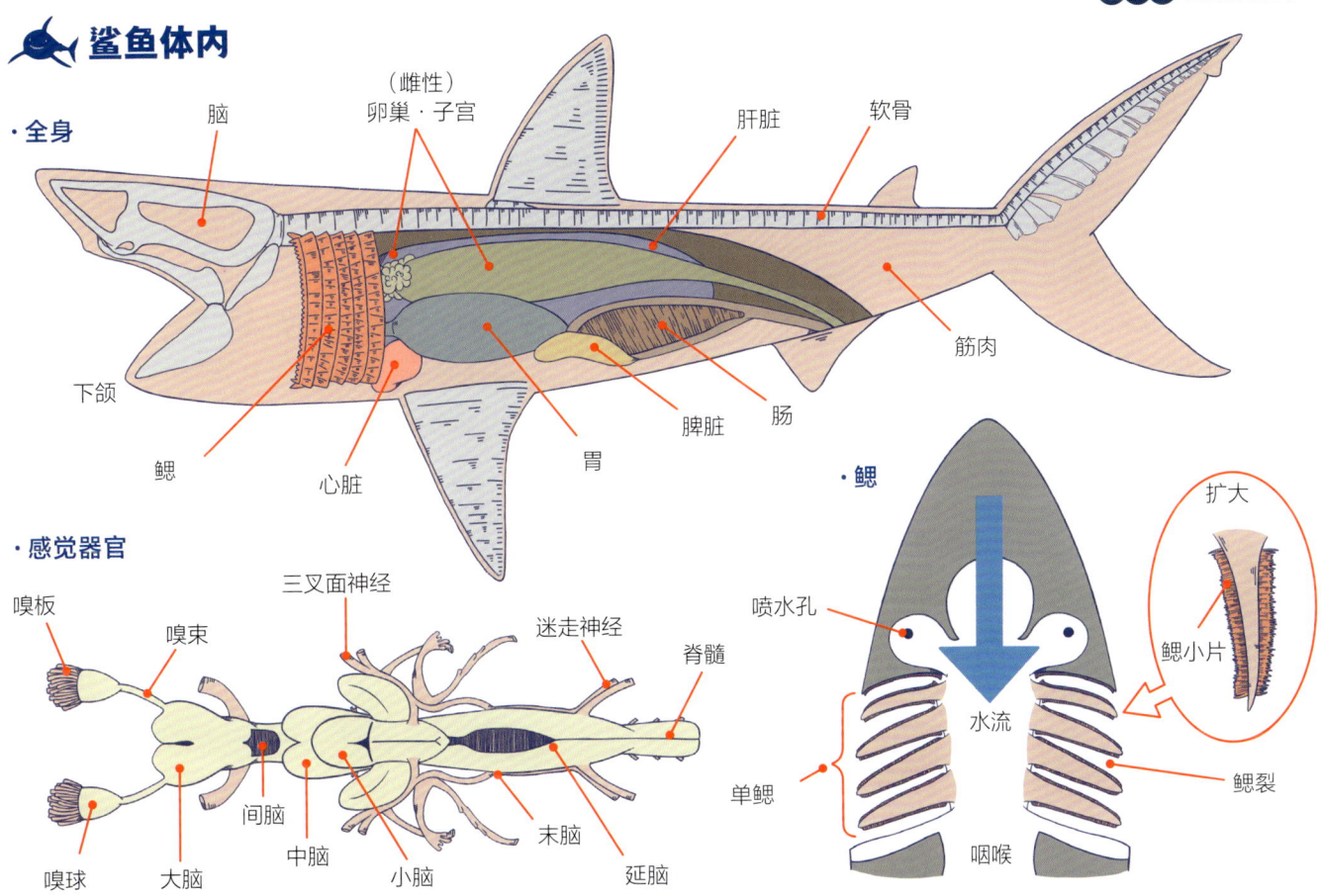

鲨鱼的鳞片和牙齿构造

● 鳞片

鲨鱼拥有独特的鳞片，称为盾鳞。盾鳞很粗糙，被称为"皮齿"，也被制作成摩擦山葵的"擦泥器"[1]。盾鳞和牙齿为同源器官，从外部起，由牙釉质、牙本质、髓腔三层构成。顺便说一下，人类的牙齿也是同样构造。也就是说，说鲨鱼"浑身披着牙齿"也不为过。

盾鳞的形状因鲨鱼物种而异。盾鳞有两个作用。一个是起到"铠甲"的作用，用坚硬结实的盾鳞保护身体。另一种是游泳时起到"减少水流阻力"的作用，通过表面的棘突来改善水的流动状态，从而悄无声息地在水中快速穿梭。

● 牙齿

与哺乳动物不同，鲨鱼的牙齿可以再生。哺乳动物牙齿为槽生齿，牙根深埋于颌骨的牙槽窝中；而鲨鱼的牙齿为"端生齿"，没有牙根，仅借纤维膜附着于颌骨边缘。人类的牙齿是由牙根支撑的，而鲨鱼的牙齿没有牙根，只是埋在牙龈里。也就是说，鲨鱼牙齿只是长在颌骨表面，所以可以像传送带一样从内侧向外侧反复生长和脱落。

牙齿的生长速度和数量因鲨鱼物种而异，鲨鱼一生中大约能长出3万颗牙。更换频率大约为一周一次，一些更换频率高的鲨鱼物种每2~3天更换一次。

---

[1] 一般而言，传统日料中的"擦泥器"由盾鳞粒径更大的𫚉类背皮制成，但却被称作"鲛皮"。——编者注

第 1 章 鲨鱼是什么？

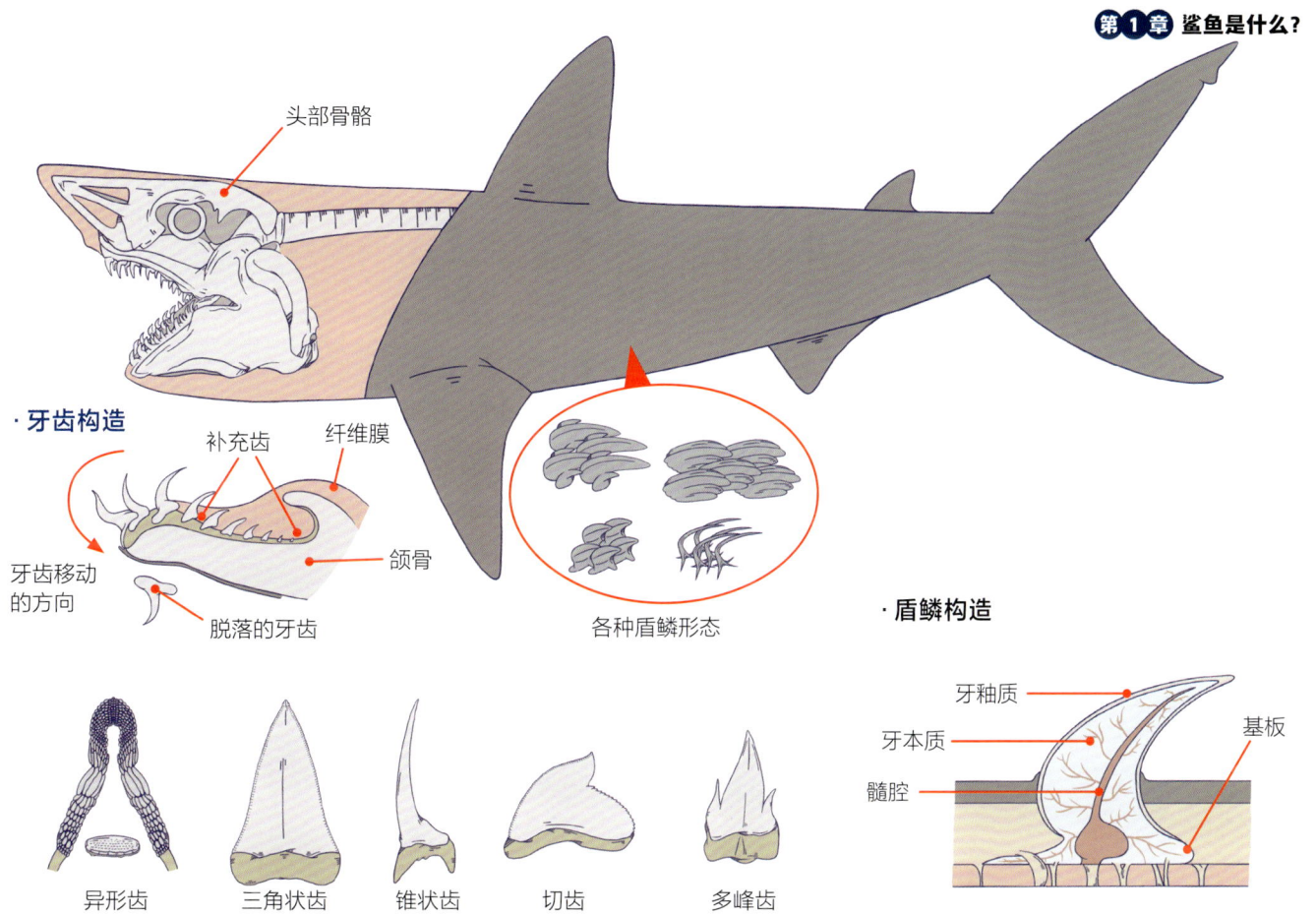

头部骨骼

· 牙齿构造

补充齿　纤维膜

牙齿移动的方向

颌骨

脱落的牙齿

各种盾鳞形态

· 盾鳞构造

牙釉质
牙本质
髓腔
基板

异形齿　三角状齿　锥状齿　切齿　多峰齿

· 牙齿形态

大白鲨张开嘴时的三角形尖牙让人印象深刻,但鲨鱼牙齿的形状千姿百态,其主要由鲨鱼的食性决定。

· 异形齿

宽纹虎鲨等虎鲨目鱼类拥有的牙齿,前后齿具齿形分化[①]。它们可以用前齿咬住海胆、螃蟹、贝类等,用扁平的后齿碾压,将猎物坚硬的外壳磨碎。

· 三角状齿

噬人鲨等拥有的牙齿,边缘具有锯齿。可以用牙齿咬住猎物的肉,通过左右甩头来进行切割。

· 锥状齿

欧氏剑吻鲨和尖吻鲭鲨等拥有的像"粗锥"一样细长的牙齿。它们会用这类牙齿刺穿行动敏捷的猎物。

· 切齿

鼬鲨等拥有的"开罐器"般的牙齿,边缘带有明显锯齿。能把海龟坚硬的背甲咬碎,通过左右甩头来撕裂猎物。

· 多峰齿

皱唇鲨等的前齿。可以咬住海胆、螃蟹、贝类等猎物。

---

① 分化:在生物个体发育的过程中,某一结构向不同的方向发展,在构造和功能上由一般变为特殊的现象。——编者注

鲨鱼鳍的构造

　　鲨鱼的骨骼由软骨构成，因此身体具有柔韧性，可以灵活弯曲和扭转。在游动时，鲨鱼能很好地收缩并调节肌肉，将身体弯曲成S形。它们通过摆动鳍来保持身体平衡，并为游动产生动力。所有的鳍都有各自的作用。

- 第一背鳍：防止身体横向摇晃，起到稳定身体的作用。
- 第二背鳍：位于第一背鳍后方，起到保持平衡的作用。
- 胸鳍：左右各有一个，起到稳定上下运动的作用。
- 腹鳍：左右各有一个，起到稳定左右运动的作用。雄性的腹鳍末端有"交合突"。
- 臀鳍：位于尾鳍附近，负责维持身体平衡。
- 尾鳍：根据物种的不同而形态各异，大多数鲨鱼尾鳍上半部分（尾鳍上叶）长，下半部分（尾鳍下叶）短。通过左右摆动尾鳍来产生推动力。

　　只要这些鳍各司其职，鲨鱼便可游动起来。另外，也有没有臀鳍的鲨鱼和没有第二背鳍的鲨鱼。

鲨鱼的感觉器官

　　鲨鱼有听觉、嗅觉、触觉、视觉、味觉五感，还有电感能力的第六感。鲨鱼的头部具有罗伦氏瓮，可以感受到生物电和磁场。

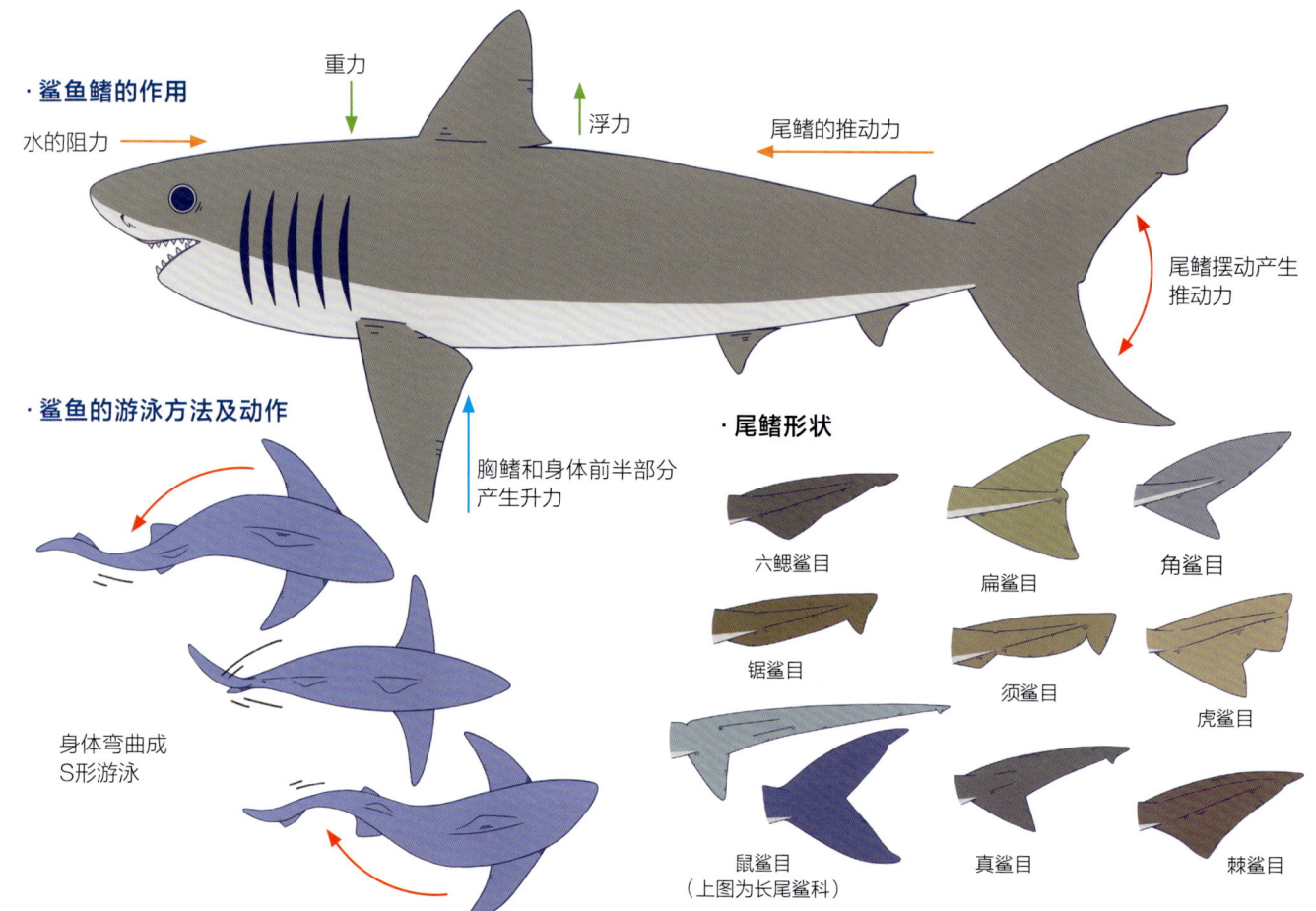

● 听觉（内耳）

鲨鱼具有用于感知声波的内耳，可以感知猎物发出的声音，寻找猎物所在的位置。

● 嗅觉（鼻）

鼻孔内侧有被称为嗅板的褶皱，可以感知气味。其威力强大到只是往游泳池里滴几滴血都能闻出来。

● 触觉（侧线）

鲨鱼的身体侧面有被称为侧线的感觉器官，可以感知振动和声音。通过侧线，鲨鱼可以敏锐地察觉周围环境的变化。

● 视觉（眼睛）

鲨鱼的眼睛构造使鲨鱼与人类相似。但对鲨鱼来说，视力并不那么重要。眼球后方具有称作"明毯（脉络膜照膜）"的结构，使鲨鱼即使在黑暗的水中也能感知微弱的光线。

● 味觉（味蕾）

在口腔和食道中，存在着被称为味蕾的器官，用来感知味道、判断食物能否食用。

● 第六感（罗伦氏瓮）

鲨鱼的吻端上有无数充满黏液的小孔，可以感知生物发出的微弱电流，还可以感知隐藏在混浊海水、岩石、沙子中的猎物位置。

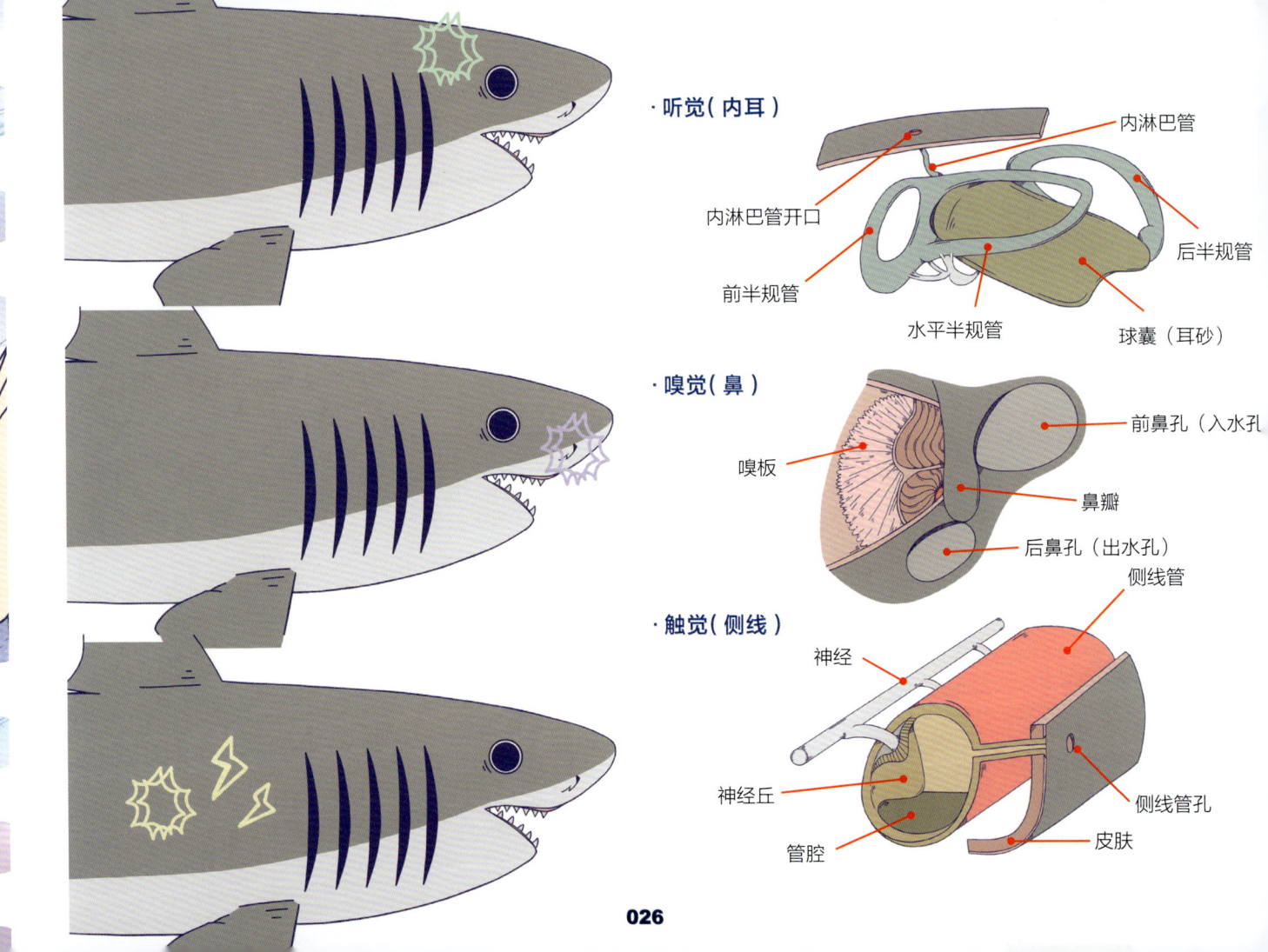

第 1 章 鲨鱼是什么？

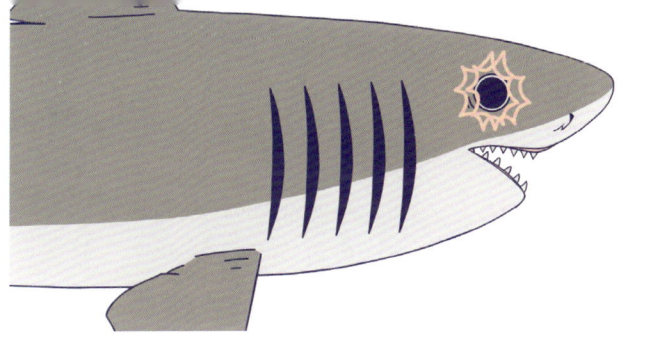

· 视觉（眼睛）

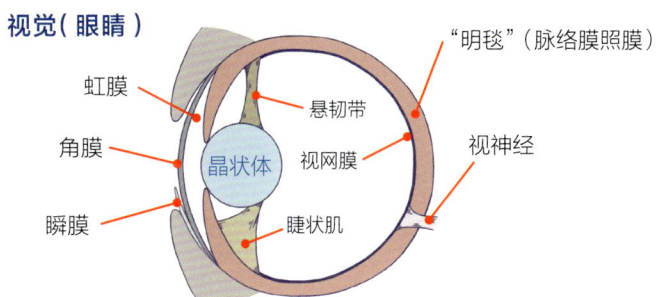

虹膜　悬韧带　"明毯"（脉络膜照膜）
角膜　晶状体　视网膜　视神经
瞬膜　睫状肌

· 味觉（味蕾）

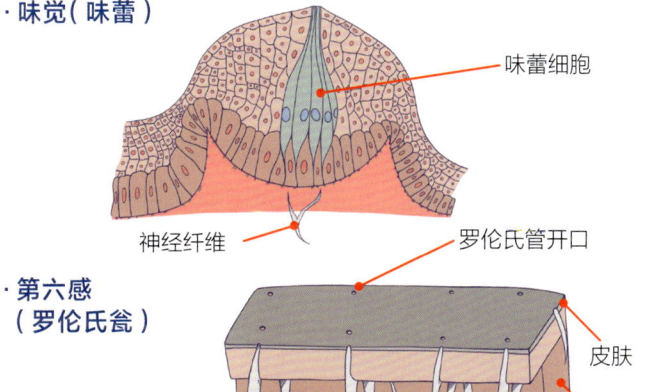

味蕾细胞
神经纤维
罗伦氏管开口
皮肤
肌肉
罗伦氏管

· 第六感（罗伦氏瓮）

罗伦氏瓮
神经纤维

第2章
共115种!
世界鲨鱼图鉴

本书的使用方法

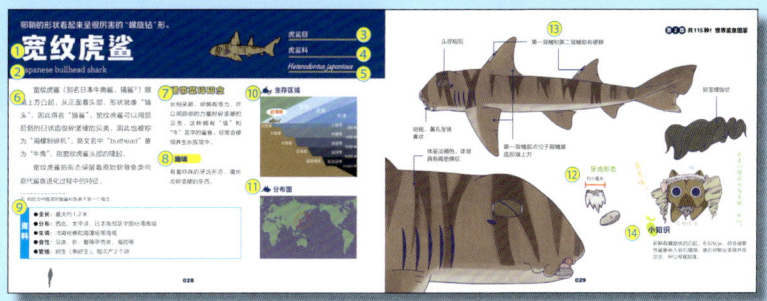

① 鲨鱼的中文名
② 鲨鱼的英文名
③ 目名
④ 科名
⑤ 学名
⑥ 鲨鱼的简介
描述鲨鱼的生物学等特征。

⑦ 裙带菜碎碎念①
作者裙带菜对各鲨鱼的评论。
⑧ 趣谈
与鲨鱼相关的有趣知识。
⑨ 资料
介绍鲨鱼的全长、分布、栖息地、食性、繁殖方式等。

⑩ 生存区域
用图标明鲨鱼的大致栖息区域。
⑪ 分布图
图解鲨鱼分布在世界哪些地区。
⑫ 牙齿形态
图解每种鲨鱼的牙齿特征。

⑬ 鲨鱼的插画
用插图对鲨鱼的特征进行解说。
⑭ 小知识
介绍一些鲨鱼小知识。

① 碎碎念：老是重复说着一些琐碎没有意义的事情，形容说话的人很唠叨。——编者注

虎鲨目

卵鞘的形状看起来呈很厉害的"螺旋钻"形。

宽纹虎鲨

Japanese bullhead shark

虎鲨目
虎鲨科
Heterodontus japonicus

宽纹虎鲨（别名日本牛角鲨、猫鲨①）眼睛上方凸起，从正面看头部，形状就像"猫头"，因此得名"猫鲨"。宽纹虎鲨可以用颌后侧的臼状齿咬碎坚硬的贝类，因此也被称为"海螺粉碎机"。英文名中"bullhead"意为"牛角"，指宽纹虎鲨头部的隆起。

宽纹虎鲨的形态保留着原始软骨鱼类向现代鲨鱼进化过程中的特征。

裙带菜碎碎念

长相呆萌，却拥有怪力，可以用颌部的力量粉碎坚硬的贝壳。这种拥有"猫"和"牛"名字的鲨鱼，经常会被饲养在水族馆中。

趣谈

有着特殊的牙齿形态，擅长咬碎坚硬的东西。

---

① 和后文中提及的猫鲨科鱼类不是一个概念。——编辑注

资料	
●全长：	最大约1.2米
●分布：	西北太平洋、日本南部至中国台湾海域
●生境：	浅海岩礁和海藻场等海域
●食性：	贝类，虾、蟹等甲壳类，海胆等
●繁殖：	卵生（单卵生）。每次产2个卵

生存区域

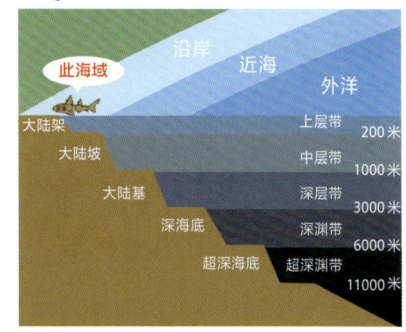

分布图

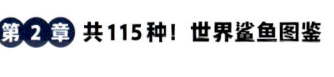
第 2 章 共115种！世界鲨鱼图鉴

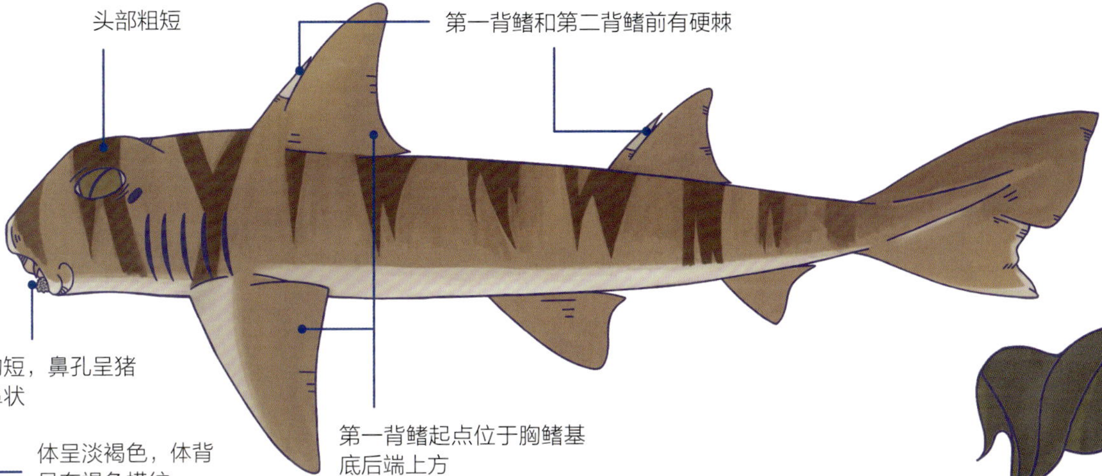

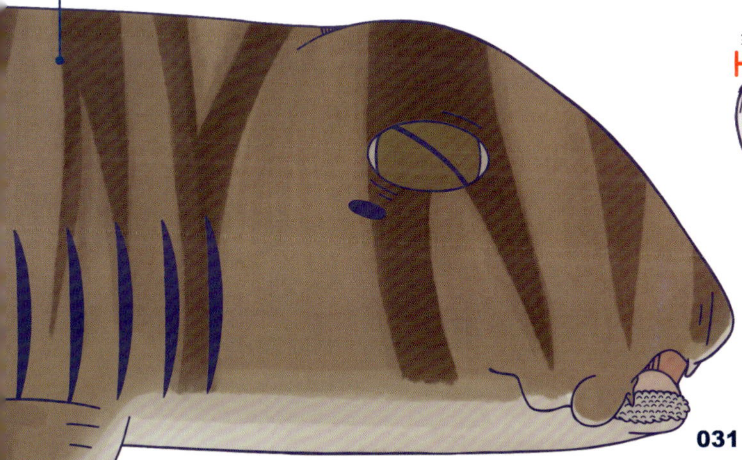

- 头部粗短
- 第一背鳍和第二背鳍前有硬棘
- 卵呈螺旋状
- 吻短，鼻孔呈猪鼻状
- 第一背鳍起点位于胸鳍基底后端上方
- 体呈淡褐色，体背具有褐色横纹

牙齿形态

约5毫米

真美味！

喵

咯嘣咯嘣

我是『螺旋双马尾猫二世』！

小知识

卵鞘有螺旋状的凸起，形似钻头。卵会被雌性鲨鱼嵌入岩石缝隙，随后卵鞘会变硬并固定住，很难脱落。

凸起的额头就是"特别"的证明。

眶嵴虎鲨

Crested bullhead shark

虎鲨目

虎鲨科

Heterodontus galeatus

眶（kuàng）嵴（jǐ）虎鲨，别名凤冠虎鲨。相比其他种类的虎鲨，它的特征是眼眶上方有较大较高的隆起。

隆起部分在幼鱼时更为明显，看起来更高耸。因突起而被命名为眶嵴虎鲨。

与宽纹虎鲨（第30页）相比，眶嵴虎鲨有不规则的花纹，眼上缘的隆起部分颜色特别深。

裙带菜碎碎念

有着高耸额头的眶嵴虎鲨，其可爱程度跃升，真是狡猾的家伙。

趣谈

也曾发现因为吃太多海胆，牙齿被染成紫色的眶嵴虎鲨。

生存区域

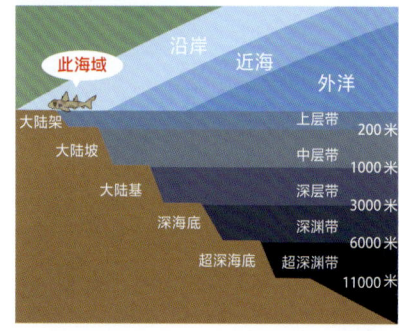

分布图

资料
- **全长**：最大约1.3米
- **分布**：澳大利亚东岸
- **生境**：浅海岩礁和海藻场，水深100米以上的底层海域
- **食性**：贝类，虾、蟹等甲壳类，海胆等
- **繁殖**：卵生（单卵生）

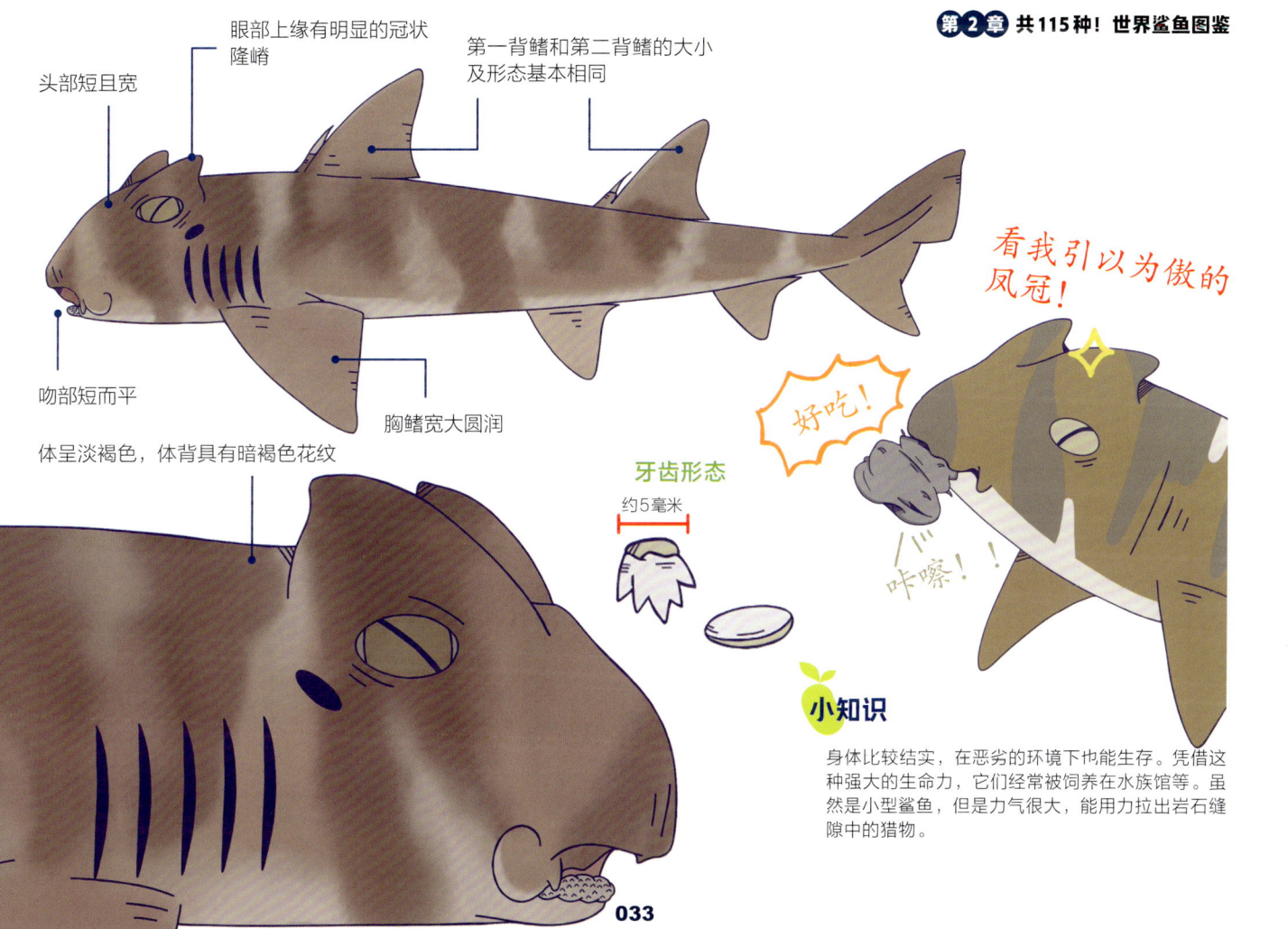

让我来教你厉害的呼吸方法吧。

澳洲虎鲨

Port jackson bullhead shark

虎鲨目

虎鲨科

Heterodontus portusjacksoni

澳洲虎鲨别名杰克逊港虎鲨，体呈淡褐色或灰褐色，体侧有马鞍状的特殊斑纹。澳洲虎鲨是夜行性鲨鱼，白天基本不怎么活动，多躲在岩石缝隙间休息。

鲨鱼呼吸时一般将水吸入口中，再由鳃孔吐水进行呼吸。澳洲虎鲨可以通过最前端鳃孔吸水，再由剩余的4个鳃孔吐水进行呼吸。

裙带菜碎碎念

澳洲虎鲨身上的花纹很帅。

趣谈

杰克逊港虎鲨的名字，来自该物种被发现并命名的模式产地①——澳大利亚的杰克逊港。

---

① 在初次描述并命名新物种时，用于描述命名的模式标本采集地点称为模式产地。——编辑注

资料
- **全长**：最大约1.7米
- **分布**：澳大利亚除北部之外的海域及新西兰周边海域
- **生境**：沿岸的岩礁地带及泥沙质海床
- **食性**：贝类，虾、蟹等甲壳类，海胆等
- **繁殖**：卵生（单卵生）

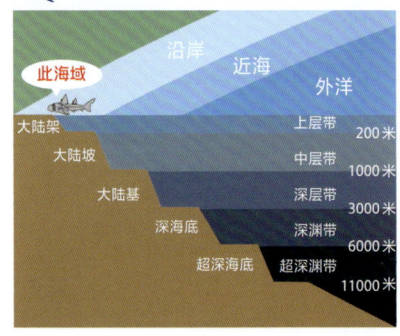

生存区域

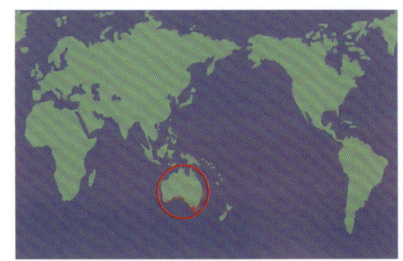

分布图

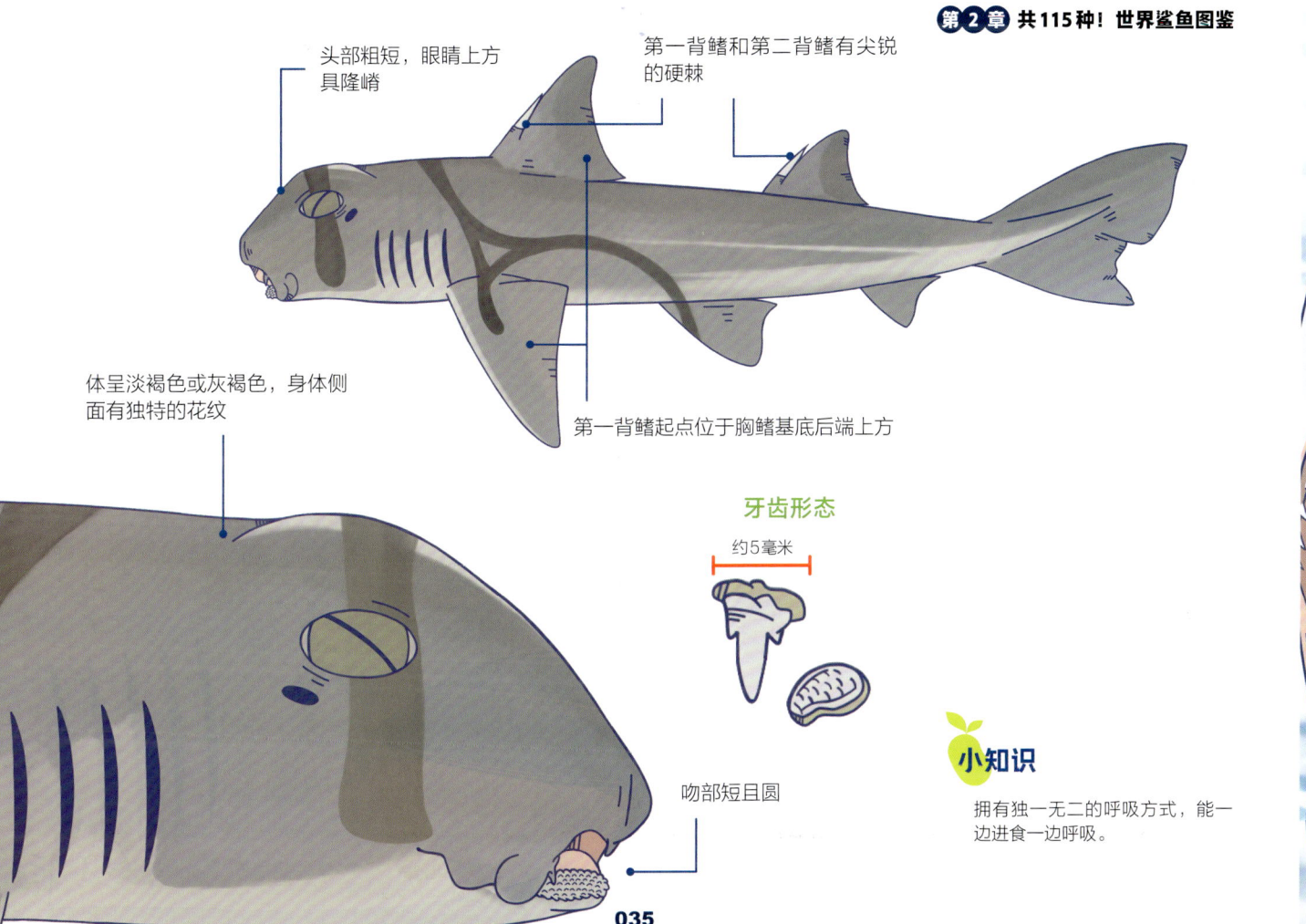

妄想

须鲨目

鲸鲨

最大型鱼类！内心温柔的海底巨鱼！

Whale shark

须鲨目

鲸鲨科

Rhincodon typus

鲸鲨是现存体形最大的鱼类。在水族馆中很受欢迎。体长平均8~10米。体重有的超过13吨。

鲸鲨虽然是大型鱼类，但食道狭窄，只有数厘米宽，因此主要以浮游生物和小型鱼类等为食。

裙带菜碎碎念

谁都有过与它共泳的想法吧。我想与它一起游泳。

趣谈

会根据其捕食的鱼类产卵期进行季节性洄游觅食。

生存区域

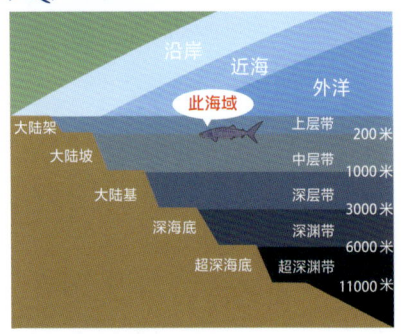

分布图

资料

- **全长**：8~10米（有报告称最大体长可达18米）
- **分布**：太平洋、印度洋、大西洋的热带及亚热带海域
- **生境**：沿岸和外洋表层。最大下潜深度达1928米
- **食性**：浮游生物、小型鱼类、鱼卵等
- **繁殖**：卵胎生①。每胎可产约300条幼仔

① 即卵黄依存型胎生。受精卵在母体内发育，但胚胎和母体之间没有脐带连接，不从母体获得营养，仅靠吸收受精卵自身的卵黄获取胚胎发育所需营养，待胚胎孵化完成后再产出体外。可参考本书第4章节内容。

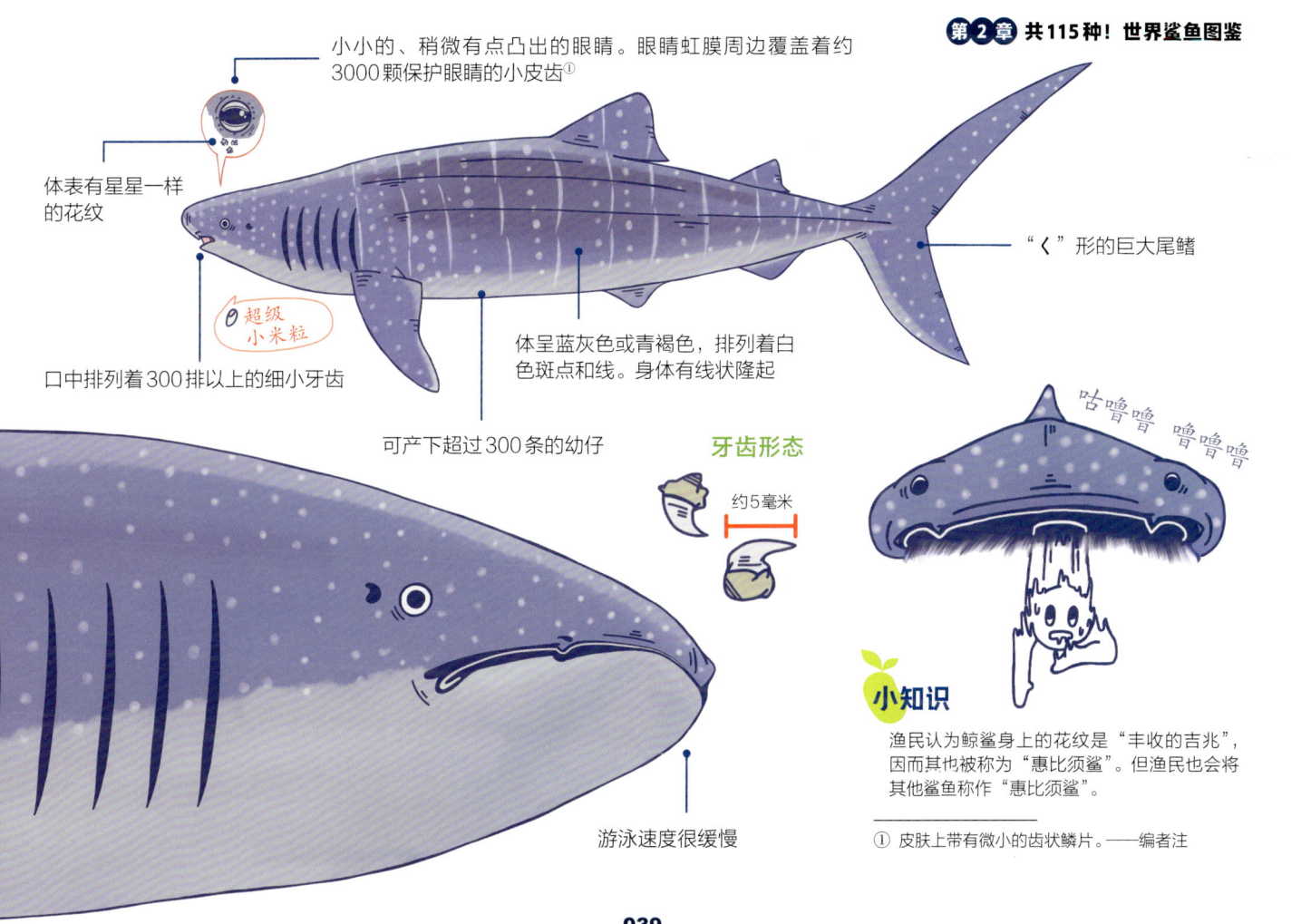

具有超强吸力。

光鳞鲨
Tawny nurse shark

须鲨目

铰口鲨科

Nebrius ferrugineus

光鳞鲨，又名锈色铰口鲨，是大型底栖性鲨鱼，一般较为慵懒。白天基本不怎么活动，到晚上开始狩猎。光鳞鲨依靠头部的皮须感知猎物。它们主要捕食章鱼，也捕食硬骨鱼类和甲壳类。在进食时会像吸尘器一样用嘴将猎物吸入口中。

裙带菜碎碎念

在大型水族馆经常会遇到的鲨鱼。水槽底部经常有好几条一动不动堆叠在一起，非常可爱，大家一定要找找看。

趣谈

也有人看到过缺少第二背鳍的光鳞鲨。原因不明。

生存区域

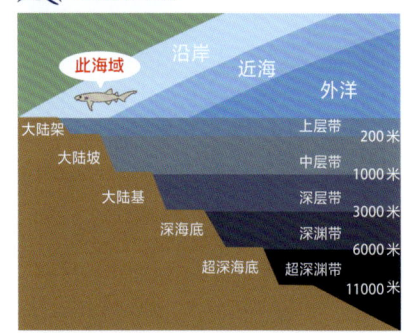

分布图

资料
- 全长：3~3.2米
- 分布：西部太平洋、印度洋的热带至亚热带海域
- 生境：水深5~70米的珊瑚礁、岩礁、泥沙质海床
- 食性：章鱼、海胆、甲壳类、硬骨鱼类等
- 繁殖：卵胎生。每胎产1~4条幼仔

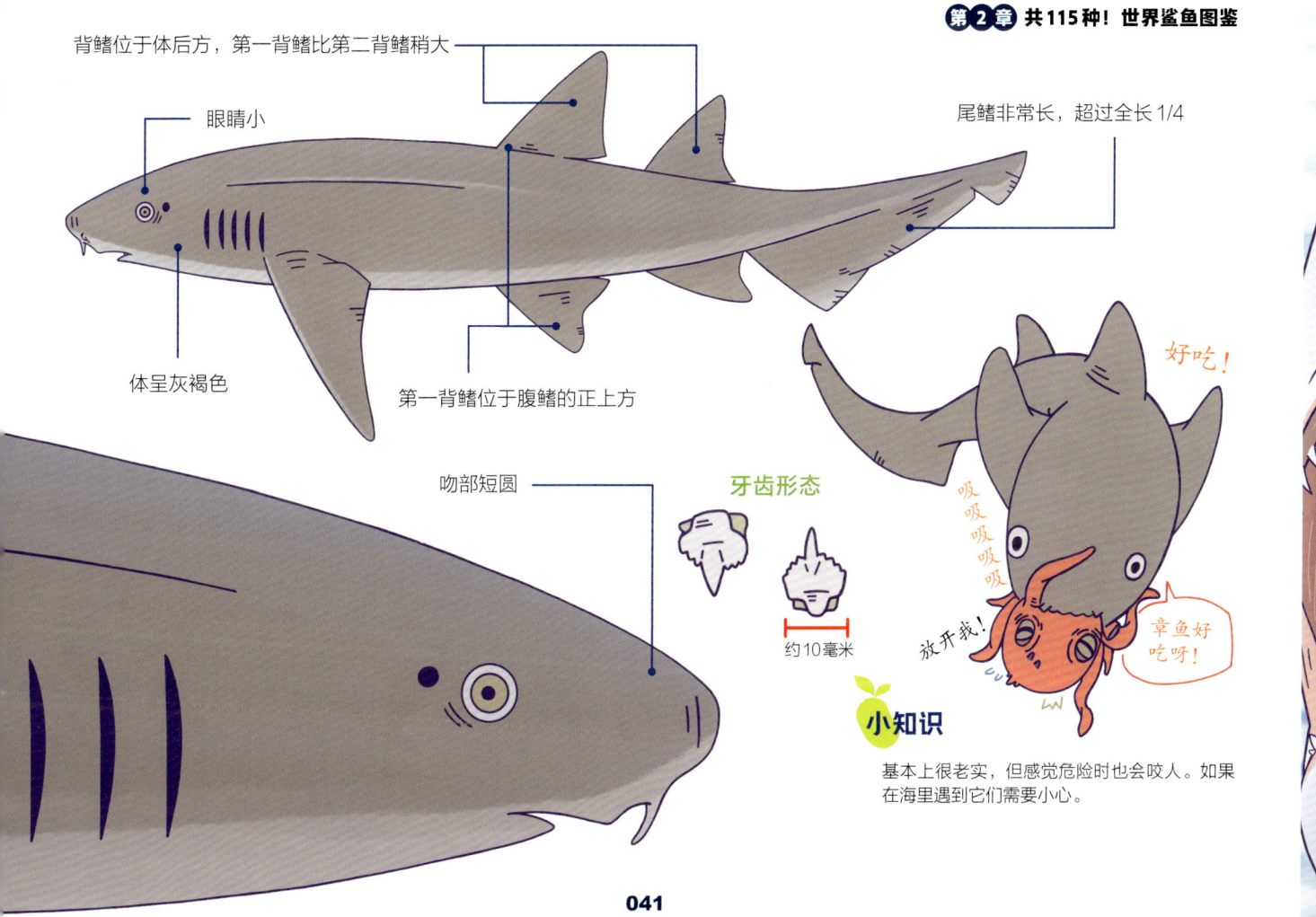

孩子自力更生！
铰口鲨
Nurse shark

须鲨目

铰口鲨科

Ginglymostoma cirratum

铰口鲨，又名护士鲨，吻下有用于感知的皮须。头部圆而扁平，与同属铰口鲨科的光鳞鲨相似，但铰口鲨的颜色更深，胸鳍呈圆形而非镰刀形。

铰口鲨白天不怎么活动，到了晚上会很活跃。休息的时候，会回到自己偏好的地方（如石缝处）。铰口鲨的英文名是"Nurse Shark"（护士鲨），这一称谓来自其护士帽状的头部。

裙带菜碎碎念

与光鳞鲨一样，在大型水族馆经常会遇到。铰口鲨和光鳞鲨一起在水槽底部时，大家可以猜猜看谁是谁哦！

趣谈

它们在吸食猎物的时候，会发出有趣的声音。

生存区域

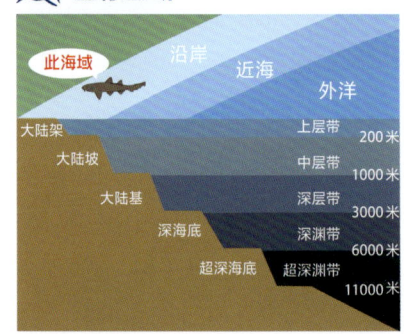

分布图

资料	
● **全长：**	最大约3.1米
● **分布：**	太平洋东部、大西洋西部、非洲西海岸的热带及亚热带海域
● **生境：**	珊瑚礁、岩礁、潟湖及浅海泥沙质海床
● **食性：**	章鱼、鱿鱼等头足类、贝类，甲壳类，硬骨鱼类等
● **繁殖：**	卵胎生。每胎可产20~30条幼仔

第❷章 共115种！世界鲨鱼图鉴

- 体呈灰褐色或黄褐色
- 第一背鳍比第二背鳍大
- 尾鳍非常长，超过全长的1/4
- 各鳍外角钝圆
- 有伸长至口隅的皮须

牙齿形态

10毫米

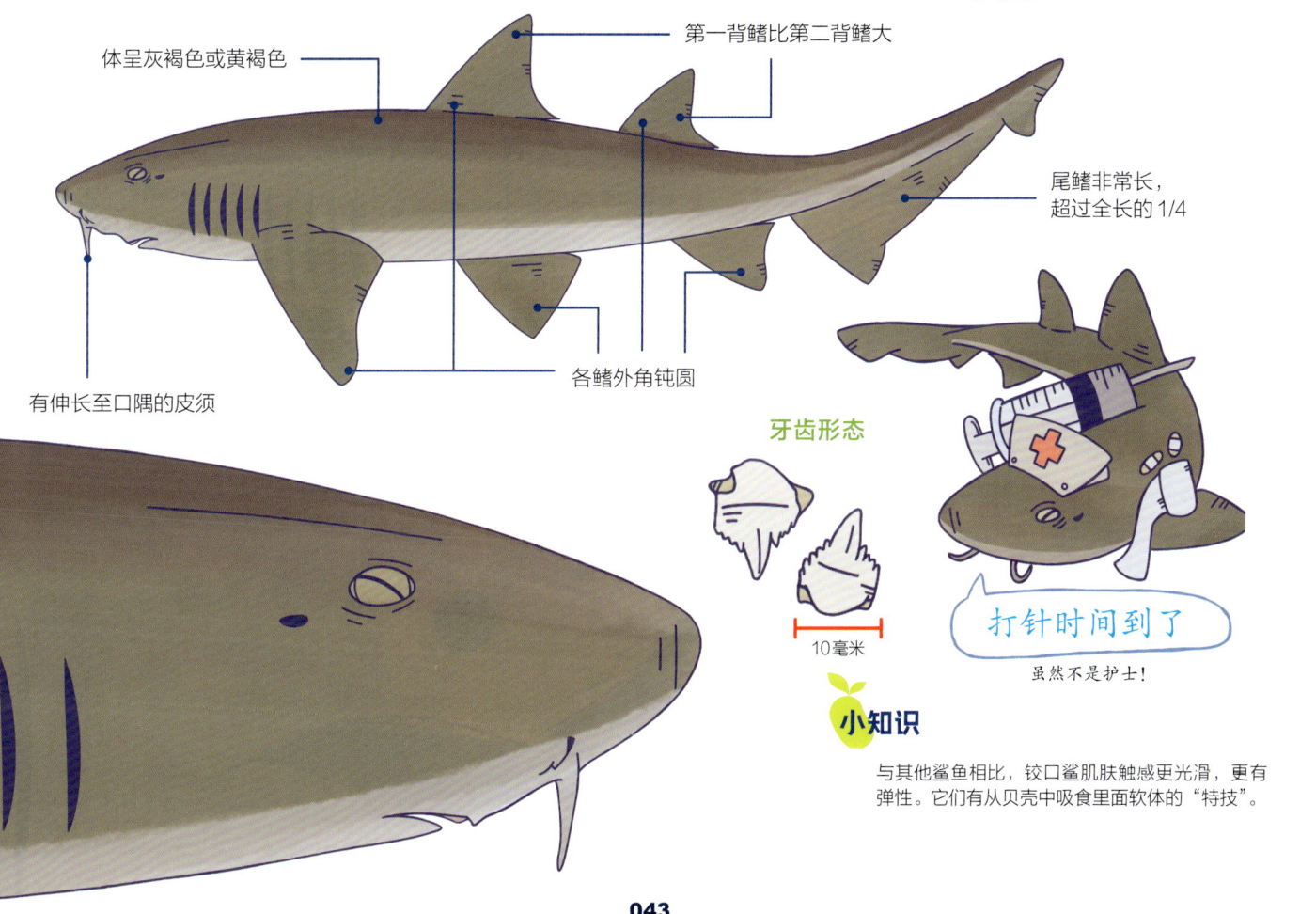

打针时间到了

虽然不是护士！

小知识

与其他鲨鱼相比，铰口鲨肌肤触感更光滑，更有弹性。它们有从贝壳中吸食里面软体的"特技"。

外表圆圆的，有点像荻饼①？！
短尾拟铰口鲨
Shorttail nurse shark

须鲨目

铰口鲨科

Pseudoginglymostoma brevicaudatum

与光鳞鲨（第40页）和铰口鲨（第42页）不同，尾巴比较短。

短尾拟铰口鲨吻部的皮须，和尾鳍一样很短。其躯干呈圆柱形。体表覆盖着马赛克状的细小皮肤，非常粗硬。

短尾拟铰口鲨是铰口鲨种类中最小的物种。

裙带菜碎碎念

外表看起来像是长着鱼鳍的大鲵。但更像"荻饼"，全身圆润。与肥胖的躯体相反，眼睛很小，形成了强烈的反差萌。

趣谈

运气好的话在水族馆可以遇见！

🦈 生存区域

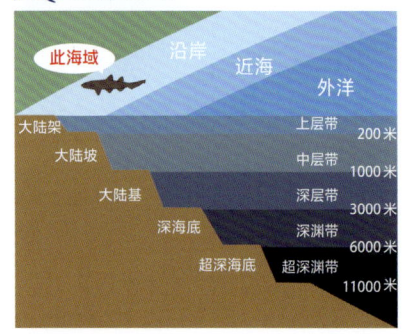

🦈 分布图

---

① 荻饼，也叫牡丹饼，是用豆沙包裹糯米、大米的圆形饭团。
　——译者注

资料	
●全长：	最大约75厘米
●分布：	西印度洋的热带及亚热带海域
●生境：	珊瑚礁及近海海床
●食性：	小型硬骨鱼类和章鱼等头足类
●繁殖：	卵生

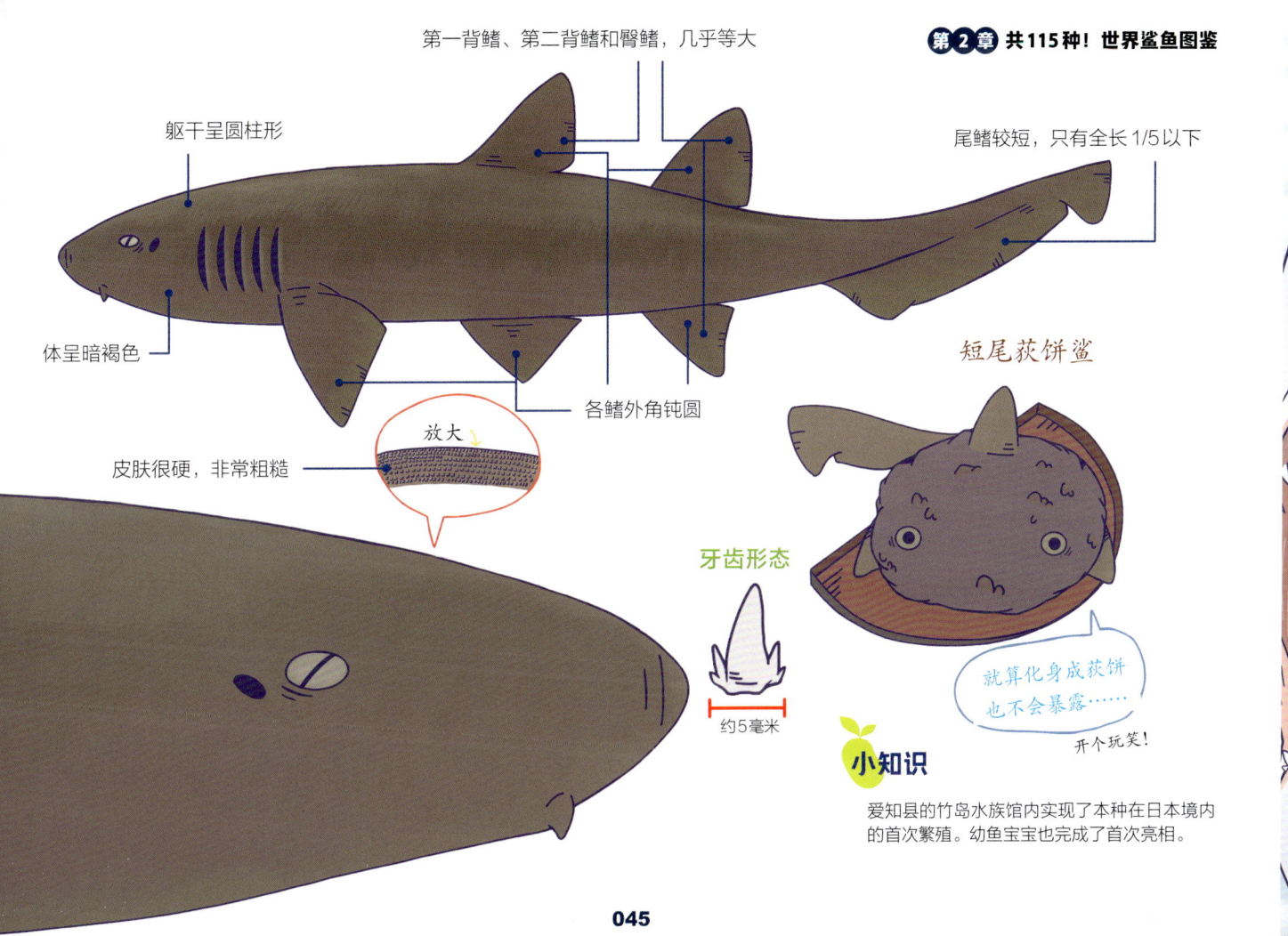

看看我引以为傲的"柔软任性身体"吧！

豹纹鲨

Zebra shark

须鲨目

豹纹鲨科

Stegostoma tigrinum

幼年期的豹纹鲨体表有着像老虎一样的条纹，长大后就会变成豹纹。

豹纹鲨的尾鳍占据全长的一半，尾鳍上叶发达。在游动时，靠尾鳍左右大幅度摆动前进。白天的豹纹鲨会用胸鳍支撑身体，在海底休息，一到晚上就四处觅食。豹纹鲨的身体平衡性不好，可能不擅长游泳。

裙带菜碎碎念

在水族馆里和饲养员一起游泳的样子很可爱。被抚摸肚子的幸福模样，像一只撒娇的金毛猎犬。我想和豹纹鲨一起游泳！想抚摸它！

趣谈

有人认为豹纹鲨幼鱼身上有条纹，是为了拟态①海蛇。

生存区域

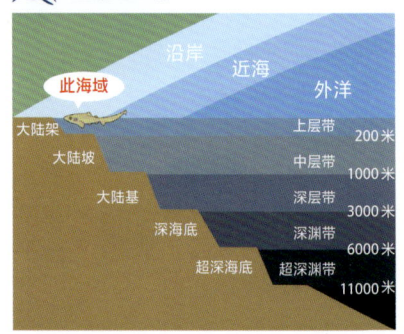

分布图

资料
- 全长：最大约2.5米
- 分布：西太平洋、印度洋、红海的热带、亚热带海域，以及日本南部沿海
- 生境：从潮间带到沿岸区域、珊瑚礁、石礁、水深60米左右的泥沙质海床
- 食性：硬骨鱼类、章鱼等头足类、甲壳类、贝类等
- 繁殖：卵生（单卵生）

① 拟态：指一种生物在形态、行为等特征上模拟另一种生物，从而使一方或双方受益的生态适应现象。——编者注

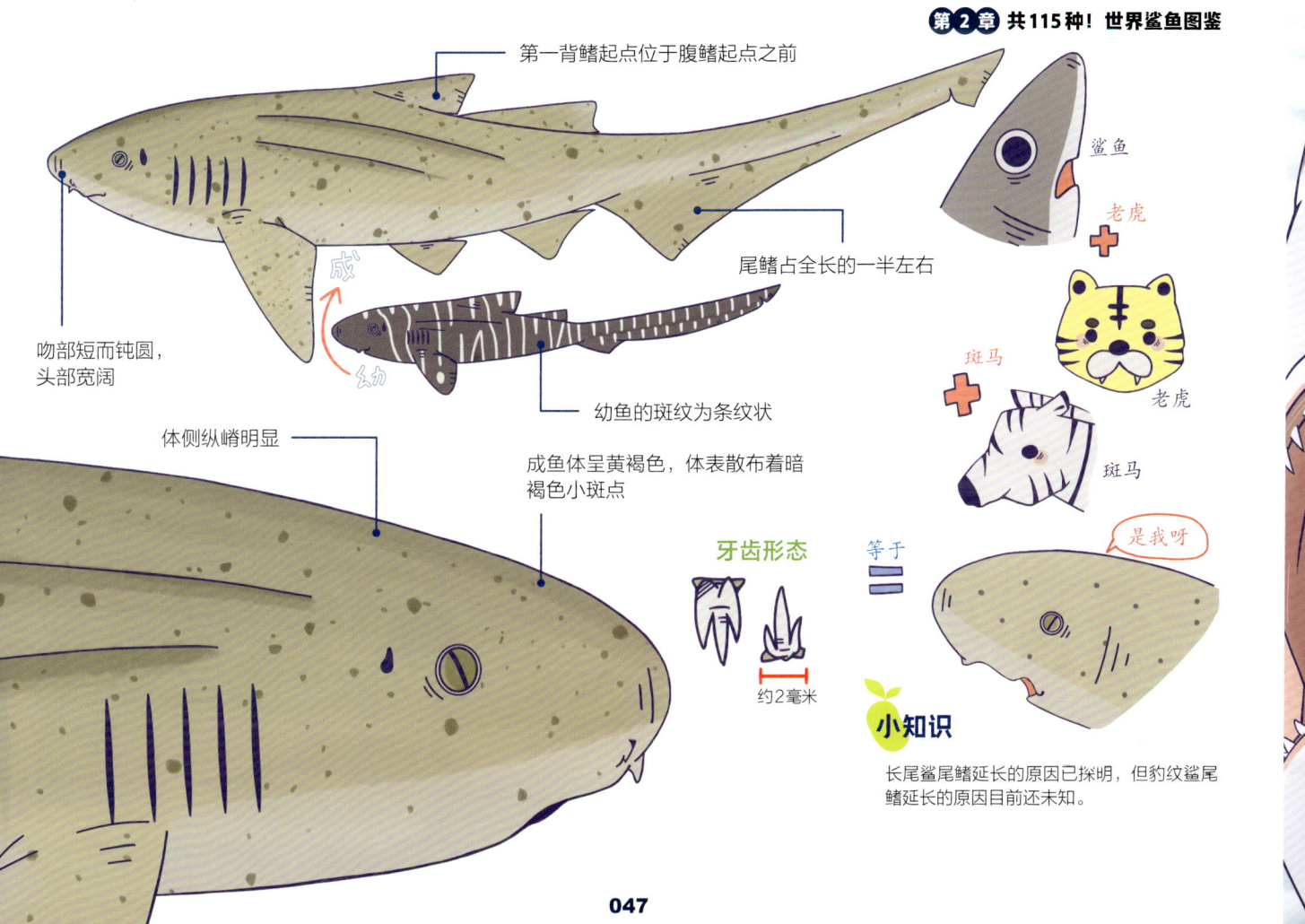

猫也好，狗也好，鲨鱼"汪汪"！

点纹斑竹鲨

Brownbanded bamboo shark

须鲨目

天竺鲨科

Chiloscyllium punctatum

点纹斑竹鲨移动时不是游泳而是在海床上"爬行"，在海底寻找猎物时用吻部前端探触的样子"像狗一样"，因此又被叫作"狗鲨"。

幼年点纹斑竹鲨有像海蛇一样的黑白条纹，但成年后条纹会逐渐褪去，变成暗褐色。

白天时，点纹斑竹鲨会静静地待在珊瑚礁的缝隙间或海床上，但到了晚上，它们便会活跃起来，四处寻找猎物。

裙带菜碎碎念

在大型水族馆里，点纹斑竹鲨经常与灰三齿鲨和宽纹虎鲨饲养在一起，样子十分可爱。

趣谈

有人认为幼鱼的条纹状是拟态成剧毒的海蛇以保护自己。

生存区域

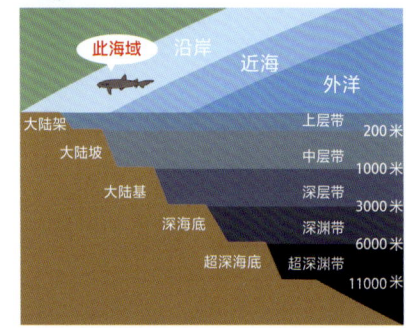

分布图

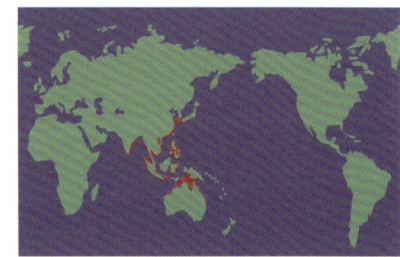

> 资料
> - **全长**：0.9米~1.3米
> - **分布**：西太平洋及印度洋
> - **生境**：珊瑚礁、浅海海床等
> - **食性**：硬骨鱼类、头足类、甲壳类等
> - **繁殖**：卵生。每次产2个卵

第②章 共115种！世界鲨鱼图鉴

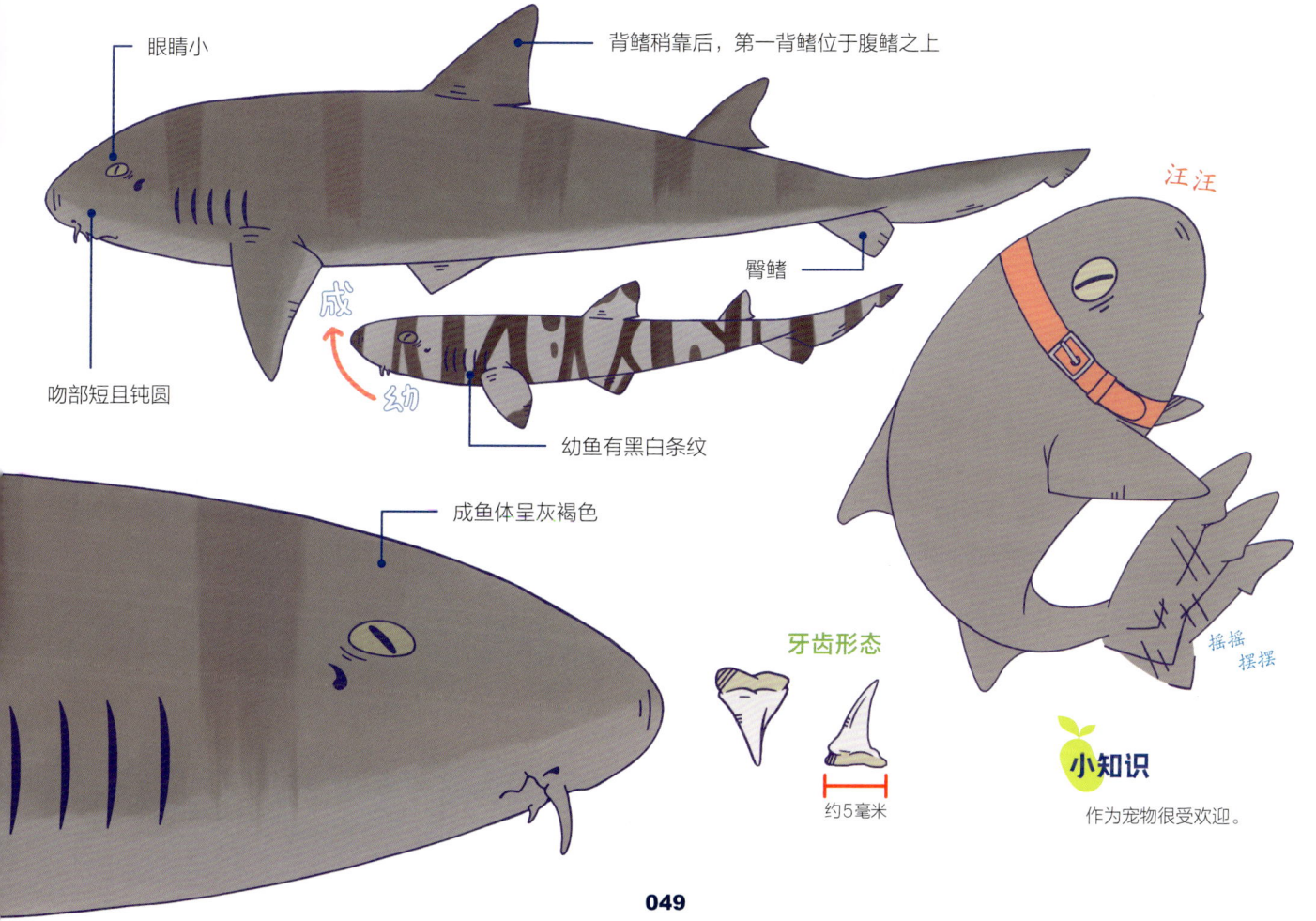

- 眼睛小
- 背鳍稍靠后，第一背鳍位于腹鳍之上
- 臀鳍
- 吻部短且钝圆
- 成
- 幼
- 幼鱼有黑白条纹
- 成鱼体呈灰褐色
- 牙齿形态
- 约5毫米
- 汪汪
- 摇摇摆摆

小知识

作为宠物很受欢迎。

斑点长尾须鲨

胸鳍就是我的脚！

Epaulette shark

须鲨目

天竺鲨科

Hemiscyllium ocellatum

斑点长尾须鲨，又名斑点间须鲨、金钱鲨、肩章鲨，可以利用胸鳍和腹鳍在海底爬行，即使在身体露出水面的浅潮池①处也能行动自如。

胸鳍上方的黑色眼斑看起来像"纹章"。它会利用这个眼斑，让敌人以为是"眼睛"从而吓退敌人。

裙带菜碎碎念

"啪嚓啪嚓"，看到它在海底行走的样子，夸张点说，可爱到"全人类都会成为斑点长尾须鲨的俘虏"。

趣谈

因其走路的姿势，斑点长尾须鲨也被称为"Walking shark"（走路鲨）。

① 海水退潮后在岸边礁石上留下的水洼。——译者注

生存区域

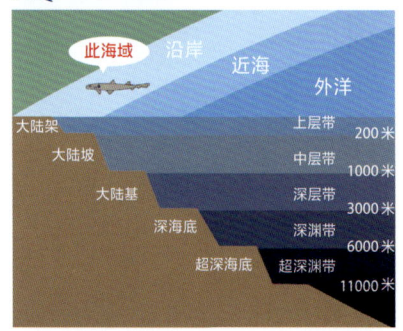

分布图

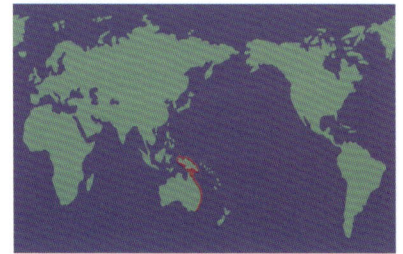

资料
- **全长**：最大约1米
- **分布**：澳大利亚北部、新几内亚岛海域
- **生境**：珊瑚礁、岩礁、潮池、浅滩等
- **食性**：多毛类、甲壳类、小鱼等
- **繁殖**：卵生（单卵生）。每胎产2个卵

第 2 章 共115种！世界鲨鱼图鉴

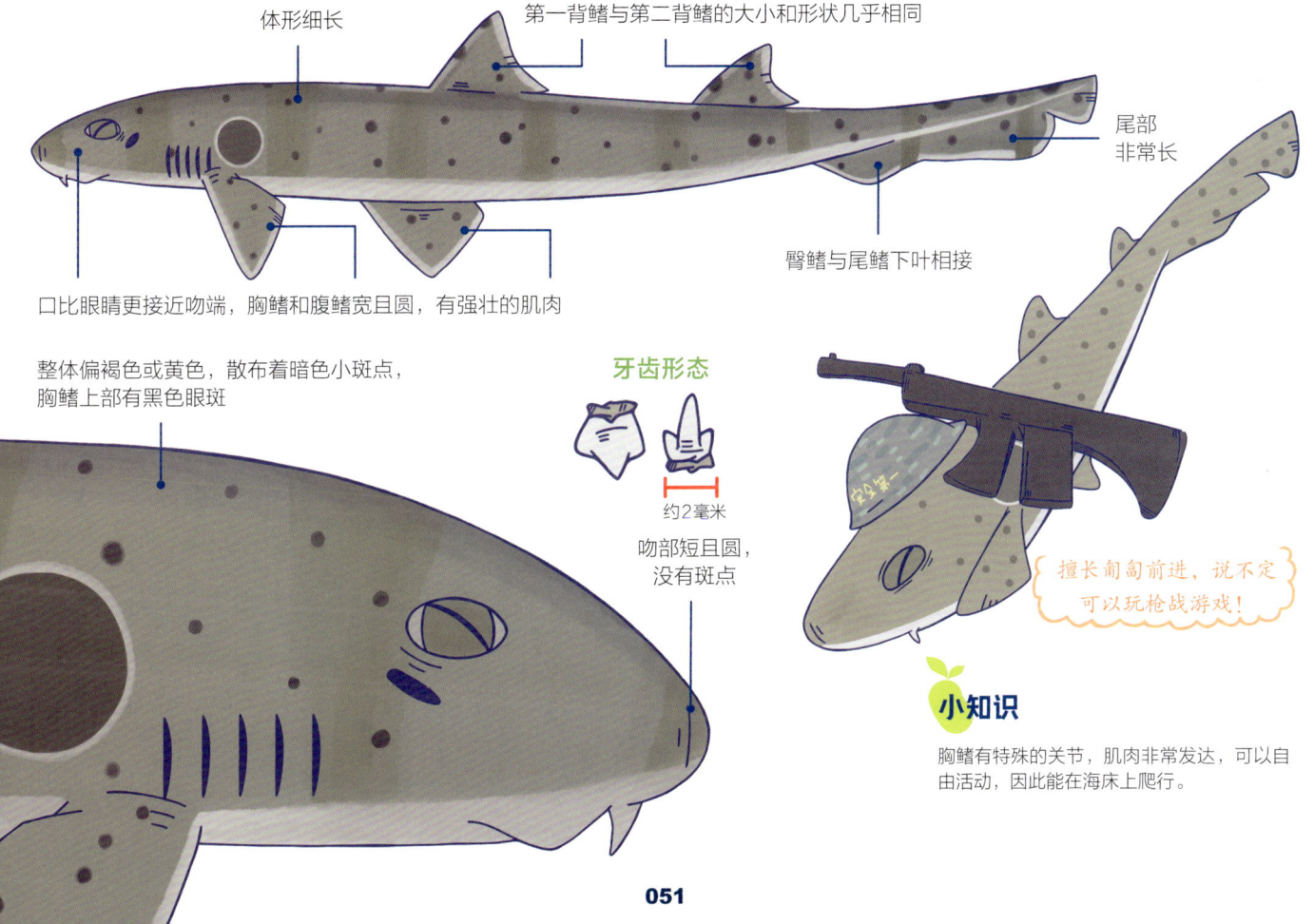

- 体形细长
- 第一背鳍与第二背鳍的大小和形状几乎相同
- 尾部非常长
- 口比眼睛更接近吻端，胸鳍和腹鳍宽且圆，有强壮的肌肉
- 臀鳍与尾鳍下叶相接
- 整体偏褐色或黄色，散布着暗色小斑点，胸鳍上部有黑色眼斑

牙齿形态

约2毫米

吻部短且圆，没有斑点

擅长匍匐前进，说不定可以玩枪战游戏！

🍏 **小知识**

胸鳍有特殊的关节，肌肉非常发达，可以自由活动，因此能在海床上爬行。

身上像是安上了马鞍。

日本橙黄鲨
Saddle carpetshark

须鲨目

斑鳍鲨科

Cirrhoscyllium japonicum

日本橙黄鲨十分罕见，目前有关其生物学特征尚不清楚。

日本橙黄鲨的喉部具有一对皮须，通过这对皮须能感受到细微的振动。日本橙黄鲨经常把胡须的前端贴在海底，基本不游泳，一动不动。

日本橙黄鲨体表的斑纹像是骑马时使用的马鞍，因此便有了"鞍掛鲨"这名字。英文名"Saddle"意为"带有马鞍的"。

裙带菜碎碎念
突然抬起头的样子非常可爱。一晃，能看到的皮须。日本橙黄鲨在鲨鱼界最"可爱"。

趣谈
为使卵依附在岩石上，卵上带有黏黏的流苏状附着物。

生存区域
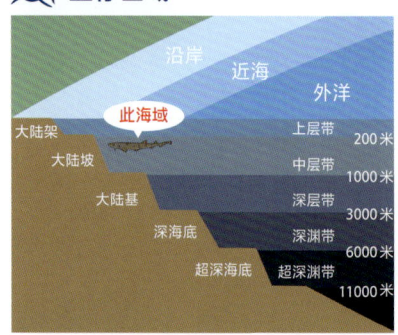

分布图
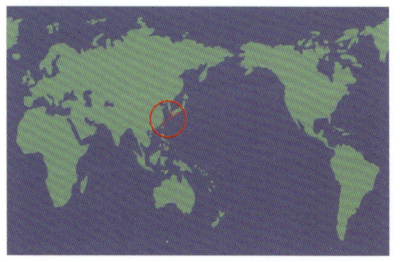

资料	
●全长：	最大约50厘米
●分布：	西北太平洋
●生境：	近海、水深250~320米的大陆坡海域
●食性：	可能以头足类等动物为食
●繁殖：	卵生

第 2 章 共115种！世界鲨鱼图鉴

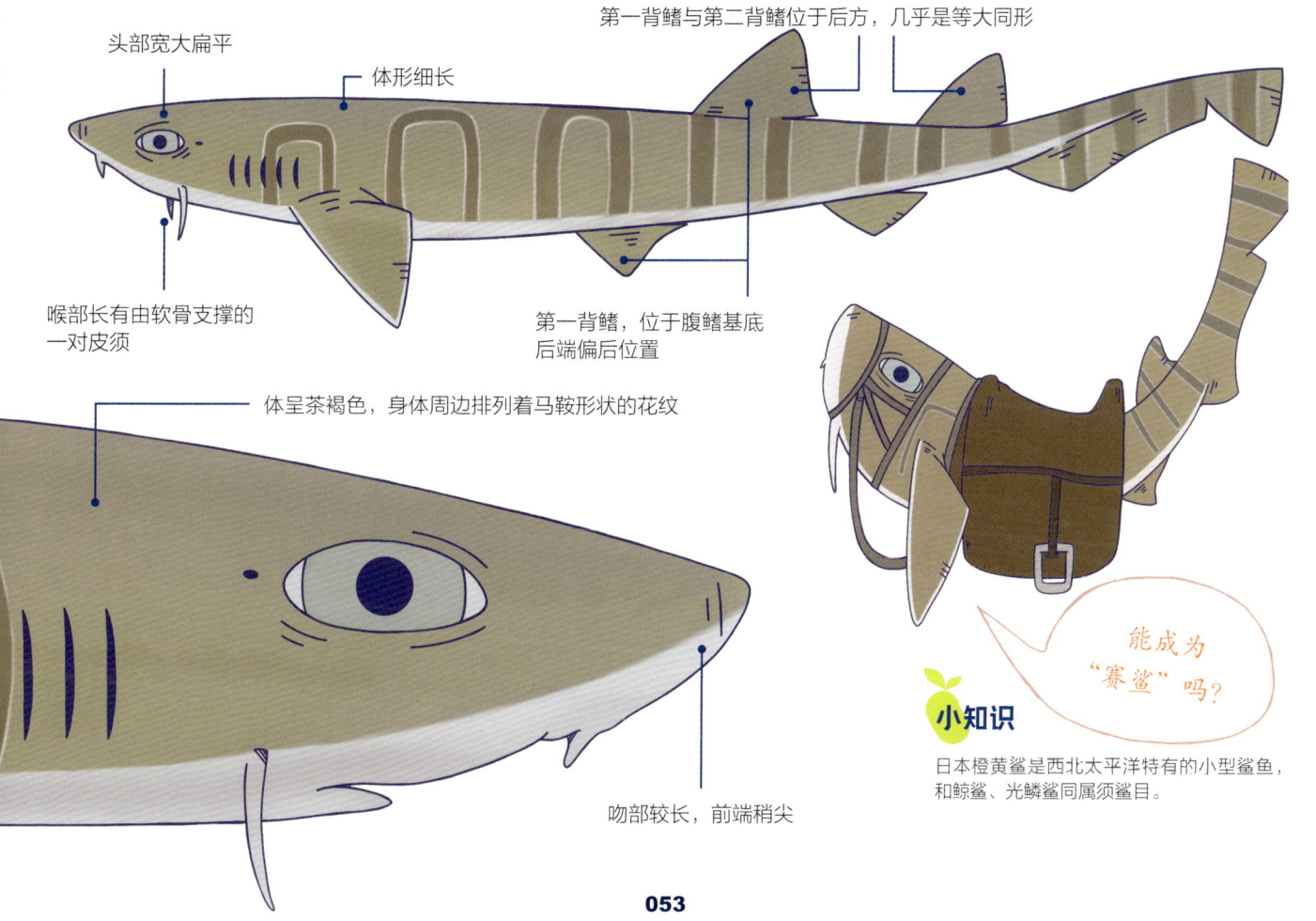

- 头部宽大扁平
- 体形细长
- 第一背鳍与第二背鳍位于后方，几乎是等大同形
- 喉部长有由软骨支撑的一对皮须
- 第一背鳍，位于腹鳍基底后端偏后位置
- 体呈茶褐色，身体周边排列着马鞍形状的花纹
- 吻部较长，前端稍尖

能成为"赛鲨"吗？

小知识

日本橙黄鲨是西北太平洋特有的小型鲨鱼，和鲸鲨、光鳞鲨同属须鲨目。

这位用项链打扮自己！
杂色斑鳍鲨
Varied carpetshark

须鲨目

斑鳍鲨科

Parascyllium variolatum

杂色斑鳍鲨身体细长，像鳗鱼一样扭动。

其头部后方有带状花纹，看起来像"项链"，因此得名。全身布满白色的斑点。

杂色斑鳍鲨性格胆小，白天多在海底或岩石缝隙中休息，但是到了晚上会活跃起来。

裙带菜碎碎念

简单的黑与白对比鲜明，时尚又可爱。可惜展示它们的水族馆很少，这让我很伤心。

趣谈

此前，人们常称其为"顶斑斑鳍鲨"。

生存区域

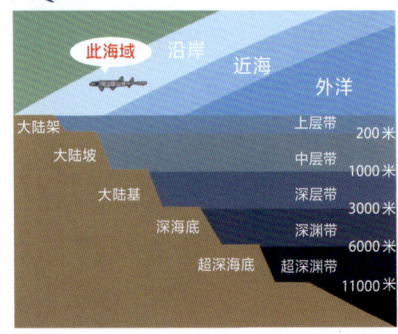

分布图

资料
- **全长**：最大为90厘米
- **分布**：澳大利亚南部海域
- **生境**：岩礁、泥沙质海床和浅海海底、大型海藻林等
- **食性**：基本未知
- **繁殖**：卵生

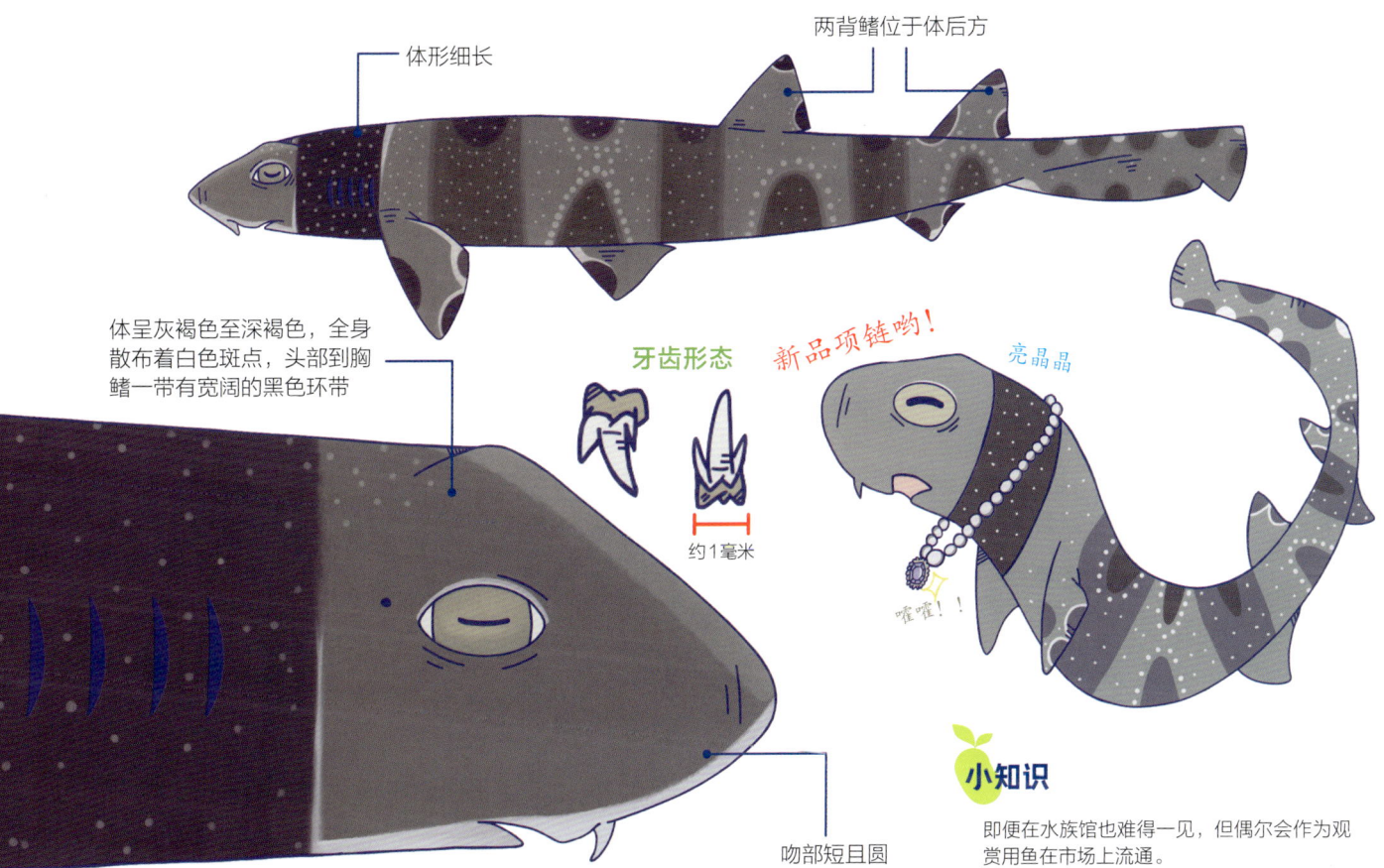

捉迷藏高手！
日本须鲨
Japanese wobbegong

须鲨目

须鲨科

Orectolobus japonicus

日本须鲨栖息在阳光可以直射到的浅海中。与其他须鲨科物种一样，为了不被其他生物发现，日本须鲨会通过拟态与周围环境融为一体。

日本须鲨利用喷水孔辅助呼吸，因此无须不停地游泳以保持呼吸。它们会伏击猎物，有时也会咬伤靠近的人。一旦被它们咬中，猎物便很难逃脱。

裙带菜碎碎念

许多水族馆都有饲养，因此到处都可以看到它们的身影。请大家一定要找找！要注意头部的皮瓣（体表部分产生的毛状突起）哦！

趣谈

各地有"豆腐鲨"等不同的称呼。

🦈 生存区域

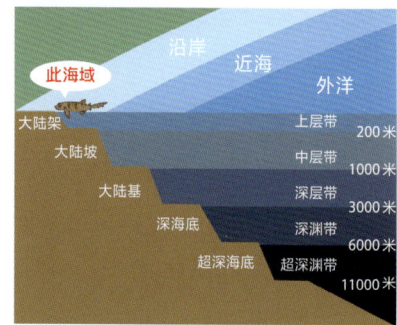

🦈 分布图

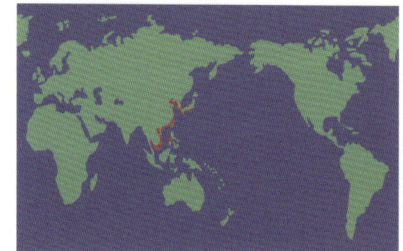

资料	
●全长：	最大约1.2米
●分布：	太平洋西北部温带至亚热带海域
●生境：	珊瑚礁和浅海海域
●食性：	硬骨鱼、甲壳类等
●繁殖：	卵胎生。每胎产20~27条

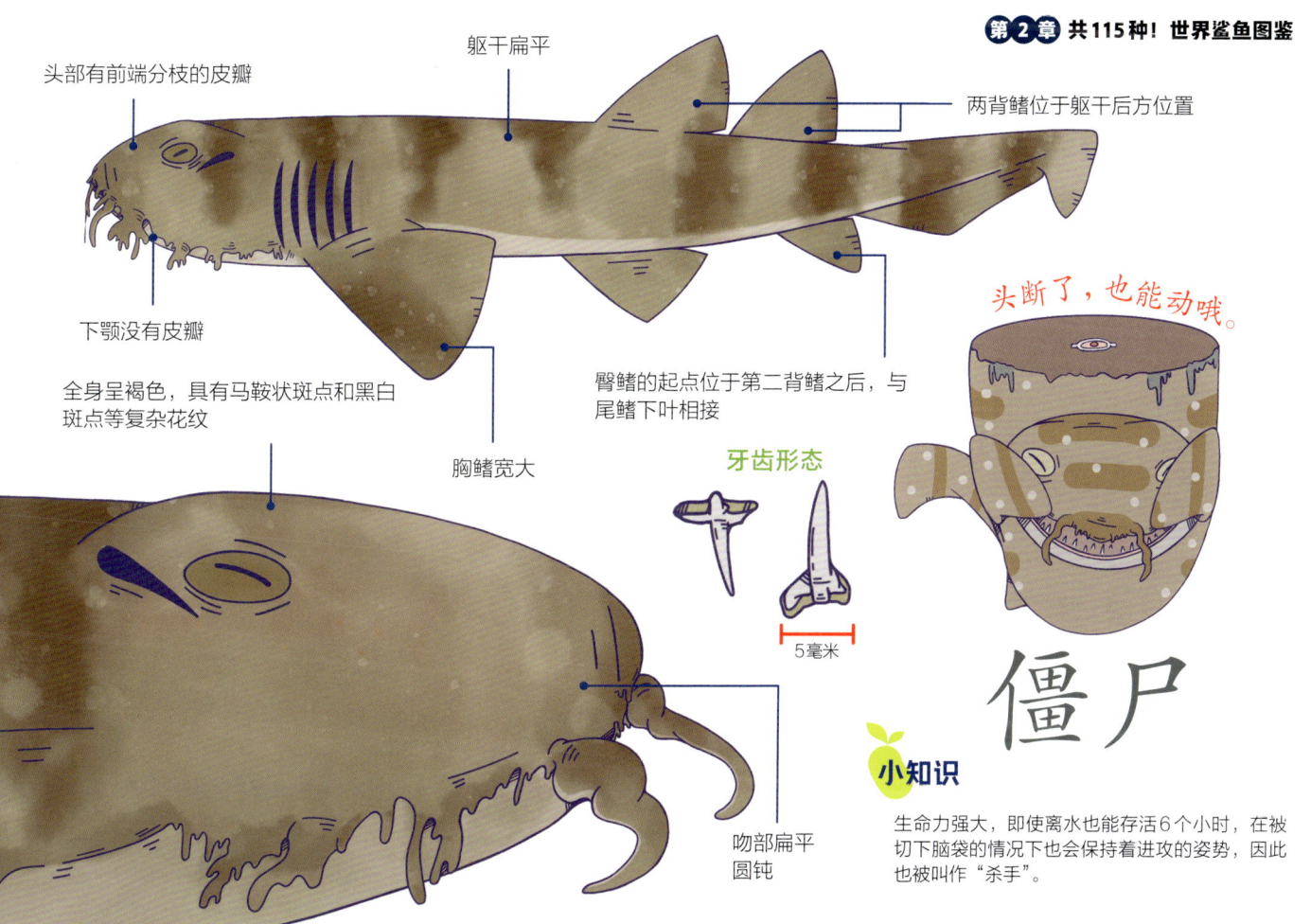

第 2 章　共115种！世界鲨鱼图鉴

- 头部有前端分枝的皮瓣
- 躯干扁平
- 两背鳍位于躯干后方位置
- 下颚没有皮瓣
- 全身呈褐色，具有马鞍状斑点和黑白斑点等复杂花纹
- 胸鳍宽大
- 臀鳍的起点位于第二背鳍之后，与尾鳍下叶相接
- 吻部扁平圆钝

牙齿形态

5毫米

头断了，也能动哦。

僵尸

小知识

生命力强大，即使离水也能存活6个小时，在被切下脑袋的情况下也会保持着进攻的姿势，因此也被叫作"杀手"。

毛蓬蓬的样子好像"仙人"。

叶须鲨

Tasselled wobbegong

须鲨目

须鲨科

Eucrossorhinus dasypogon

叶须鲨通过拟态融入周围环境。头部特殊的皮瓣就像"诱饵"一样，引诱猎物靠近，进而将其捕食①。

叶须鲨可以利用喷水孔呼吸，因此它们无须不停地游泳以呼吸。它们可以一动不动地趴在海床上伏击猎物。

白天的叶须鲨通常蛰伏不动，到了晚上便开始活动起来，寻找猎物。

① 这里的描述并不准确，叶须鲨通常通过轻轻摇动尾尖吸引猎物前来。——编者注

裙带菜碎碎念

说到最独特的，当然是头部毛茸茸的皮瓣。不同的须鲨物种都有不同特征的皮瓣，如果有机会的话可以比比看看。

趣谈

擅长伏击猎物，但不擅长长距离追逐猎物。

生存区域

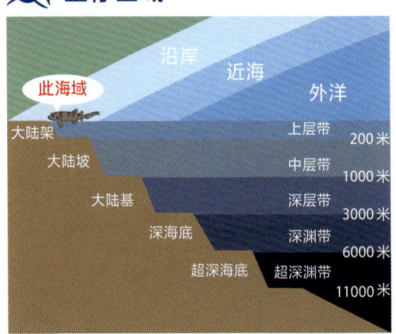

分布图

资料
- **全长**：1~1.2米
- **分布**：澳大利亚北部至新几内亚岛海域
- **生境**：珊瑚礁和浅海海域
- **食性**：硬骨鱼类和甲壳类等
- **繁殖**：卵胎生

第2章 共115种！世界鲨鱼图鉴

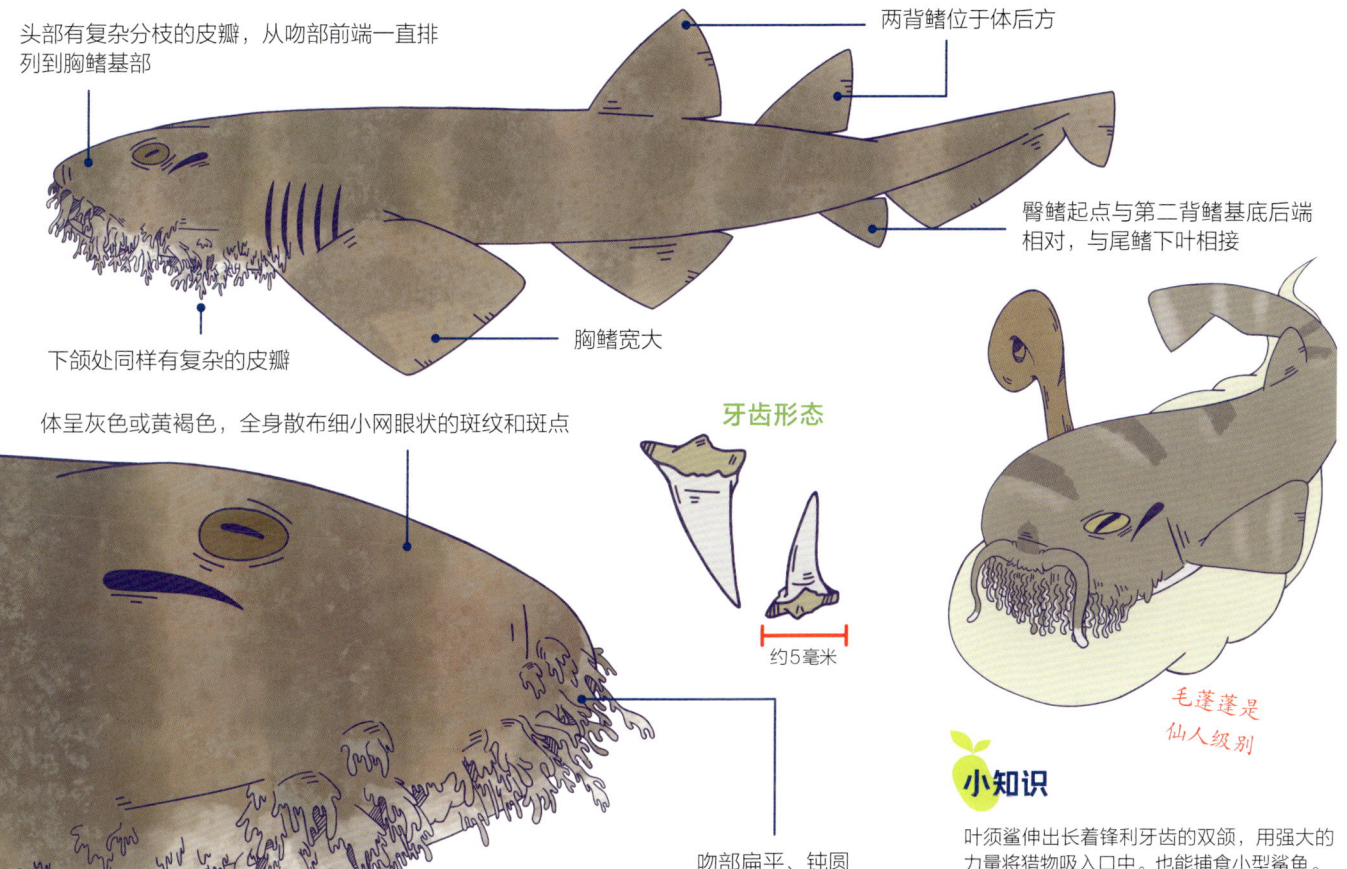

- 头部有复杂分枝的皮瓣，从吻部前端一直排列到胸鳍基部
- 两背鳍位于体后方
- 臀鳍起点与第二背鳍基底后端相对，与尾鳍下叶相接
- 胸鳍宽大
- 下颌处同样有复杂的皮瓣
- 体呈灰色或黄褐色，全身散布细小网眼状的斑纹和斑点
- 吻部扁平、钝圆

牙齿形态

约5毫米

毛蓬蓬是仙人级别

小知识

叶须鲨伸出长着锋利牙齿的双颌，用强大的力量将猎物吸入口中。也能捕食小型鲨鱼。

与点纹斑竹鲨很像耶!

科氏长须鲨

Bluegrey carpetshark

须鲨目

长须鲨科

Brachaelurus colcloughi

科氏长须鲨的鼻瓣非常发达。

科氏长须鲨性格非常胆小。比其近亲棍状长须鲨(第62页)的数量还要少。生命力和棍状长须鲨一样顽强。

幼体上有花纹,但成年后花纹逐渐变淡成灰褐色。

裙带菜碎碎念

与点纹斑竹鲨(第48页)相似,两者非常容易混淆!

趣谈

白天成鱼主要在洞穴和岩礁下活动,幼鱼则躲在岩石缝隙中,捕食靠近它们的猎物。

🦈 生存区域

🦈 分布图

资料
- **全长**:最大约85厘米
- **分布**:澳大利亚东北部海域
- **生境**:通常生活在水深6米以内的浅海,但可潜至深达217米处
- **食性**:虾、蟹等甲壳类,小型硬骨鱼类,海葵等
- **繁殖**:卵胎生。每胎产6~7条幼仔

第 2 章 共115种！世界鲨鱼图鉴

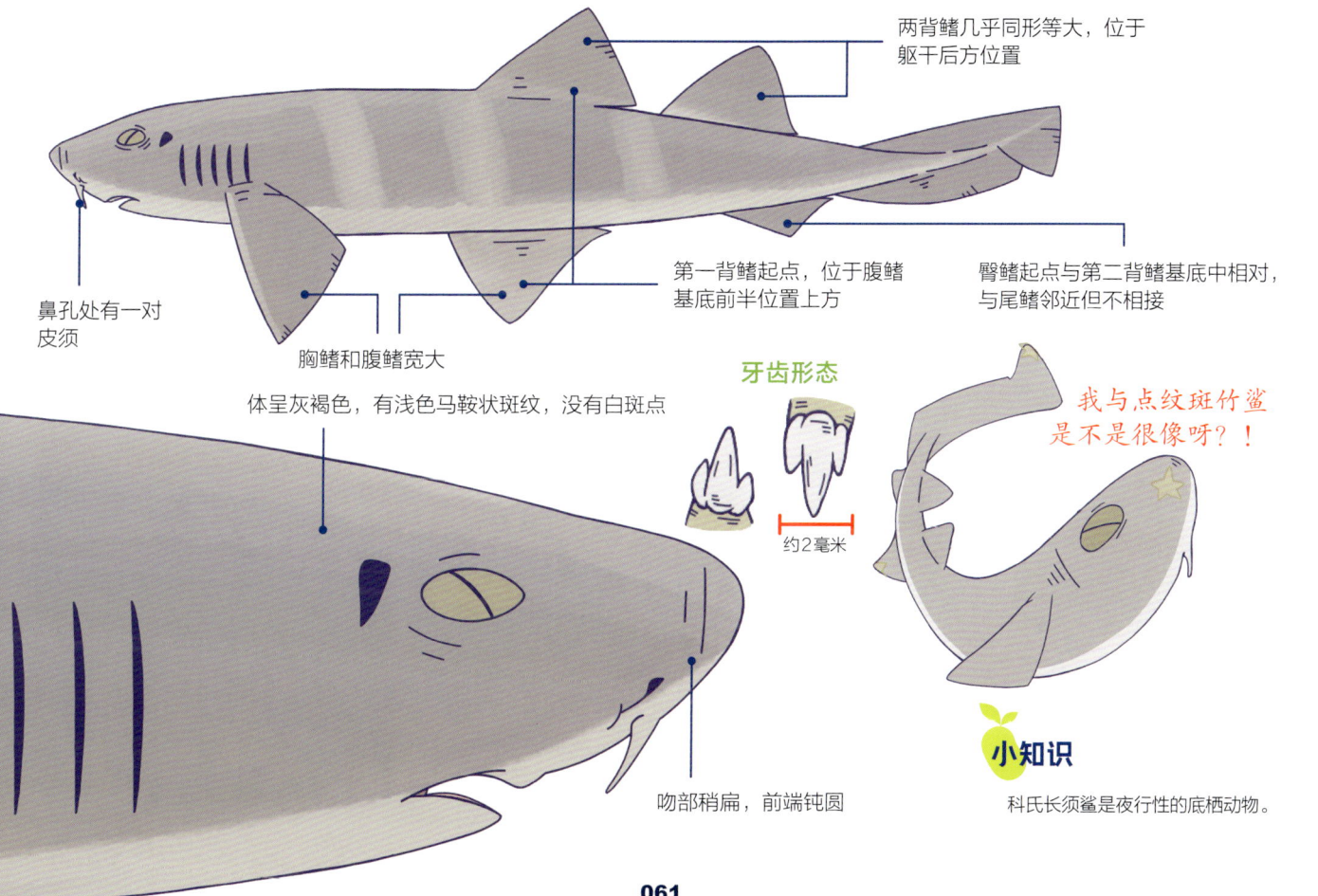

两背鳍几乎同形等大，位于躯干后方位置

第一背鳍起点，位于腹鳍基底前半位置上方

臀鳍起点与第二背鳍基底中相对，与尾鳍邻近但不相接

鼻孔处有一对皮须

胸鳍和腹鳍宽大

体呈灰褐色，有浅色马鞍状斑纹，没有白斑点

牙齿形态

约2毫米

吻部稍扁，前端钝圆

我与点纹斑竹鲨是不是很像呀？！

小知识

科氏长须鲨是夜行性的底栖动物。

棍状长须鲨

尽情享受软糯圆润身材吧！

Blind shark

须鲨目

长须鲨科

Brachaelurus waddi

棍状长须鲨矮墩墩的，有非常发达的鼻瓣。为夜行性底栖鱼类。生命力很强，即使退潮时被困陆地，也能存活10小时以上。在离开水后，棍状长须鲨会通过眼球后翻、合上眼睑的方式保护双眼。

棍状长须鲨与近亲科氏长须鲨的区别在于，身体上有斑点，盾鳞较大。第一背鳍、第二背鳍和胸鳍、腹鳍的大小大致相同。

裙带菜碎碎念

胖墩墩的黑色身体上布满了"星星"的可爱鲨鱼。吻部圆润的感觉也"很治愈"。想看鲨鱼和"星星"的人，就去看棍状长须鲨吧。

趣谈

双颌的吸力和咬合力很强，一旦咬住就很难松开。

生存区域

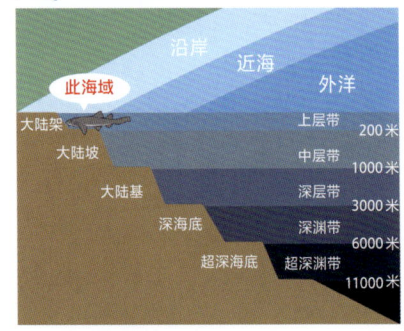

分布图

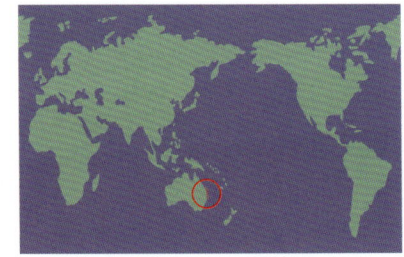

资料
- **全长**：最大120厘米
- **分布**：澳大利亚西岸
- **生息**：包含潮池的潮间带、水深70米左右的大陆架上等
- **食性**：虾蟹等甲壳类、小型硬骨鱼类、海葵等
- **繁殖**：卵胎生。每胎产7~8条幼仔

第 2 章 共115种！世界鲨鱼图鉴

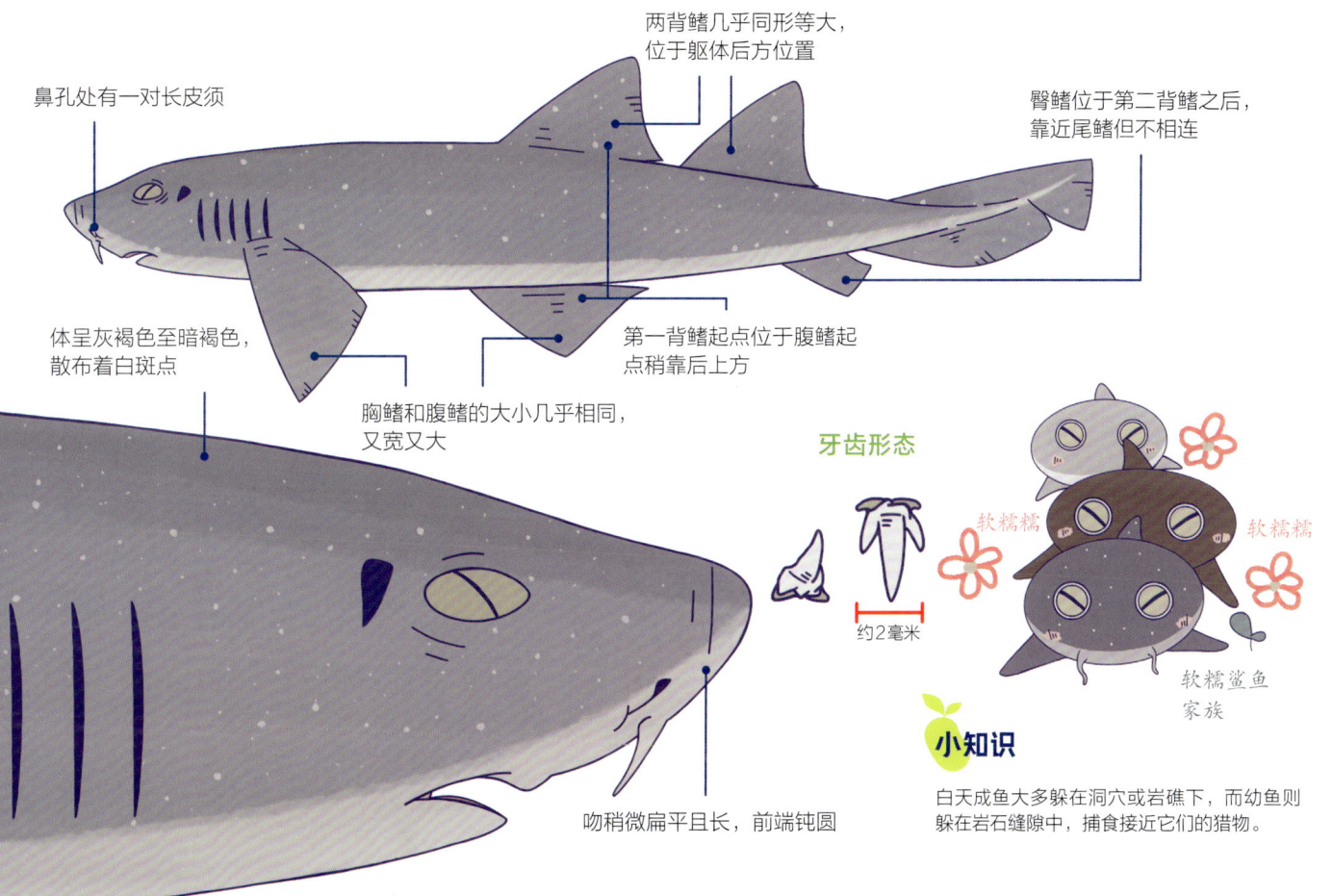

- 鼻孔处有一对长皮须
- 两背鳍几乎同形等大，位于躯体后方位置
- 臀鳍位于第二背鳍之后，靠近尾鳍但不相连
- 体呈灰褐色至暗褐色，散布着白斑点
- 第一背鳍起点位于腹鳍起点稍靠后上方
- 胸鳍和腹鳍的大小几乎相同，又宽又大
- 吻稍微扁平且长，前端钝圆

牙齿形态

约2毫米

软糯糯　软糯糯

软糯鲨鱼家族

小知识

白天成鱼大多躲在洞穴或岩礁下，而幼鱼则躲在岩石缝隙中，捕食接近它们的猎物。

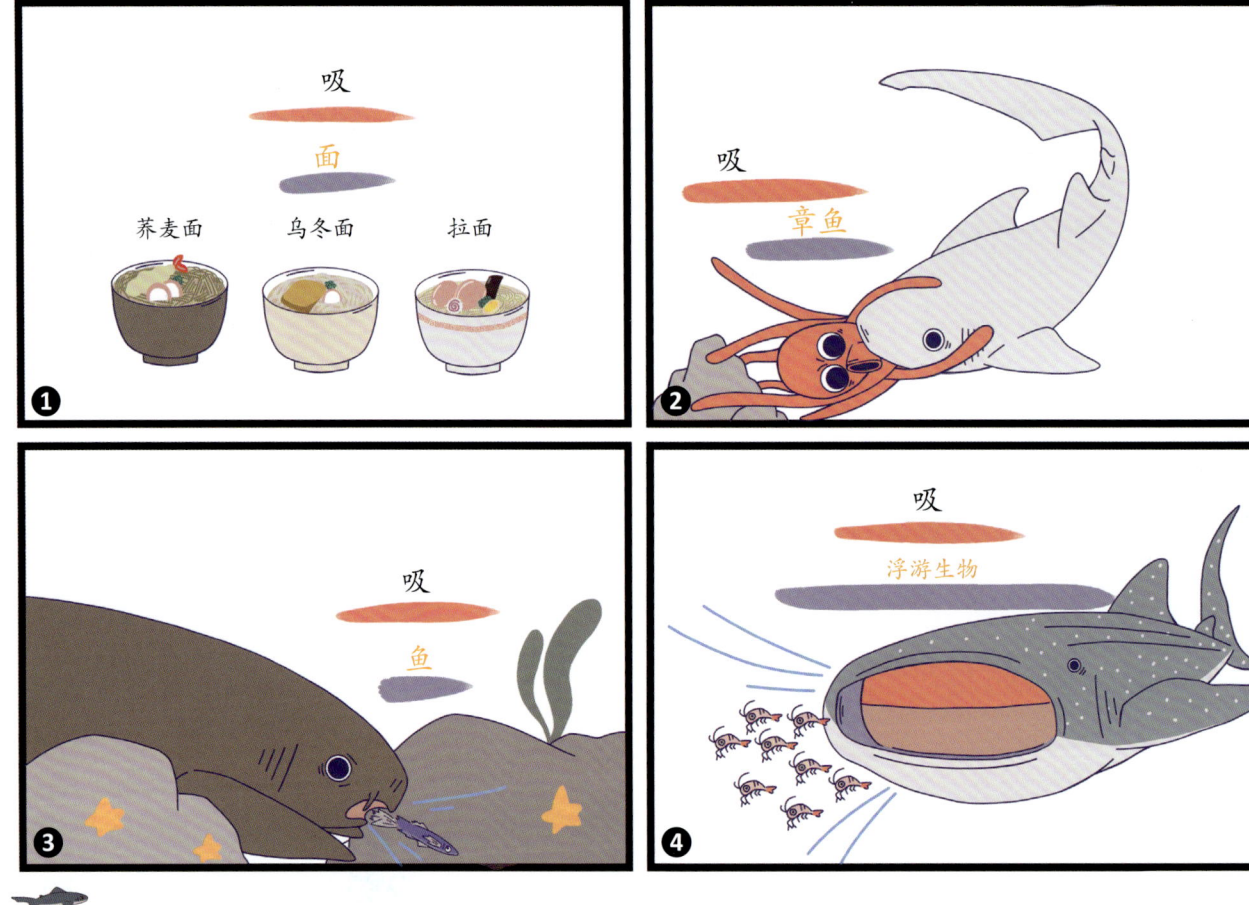

鼠鯊目

拥有巨大的身体和嘴巴！
巨口鲨
Megamouth shark

鼠鲨目

巨口鲨科

Megachasma pelagios

巨口鲨是20世纪70年代首次发现的新物种。迄今为止全世界仅有200条左右与巨口鲨相关的目击和捕获记录。其口腔周围的肌肉很发达，可以将嘴张得巨大。巨口鲨口内排列着非常细小的牙齿。与鲸鲨和姥鲨一样，巨口鲨为滤食性鱼类。白天在深水活动，到了夜间才浮上海面。

裙带菜碎碎念

亲眼看到浸泡在福尔马林中的标本时，我被它的气势所震撼，心无旁骛地拍了好几张照片。

趣谈

因其外观而被称作"巨齿鲨"。

生存区域

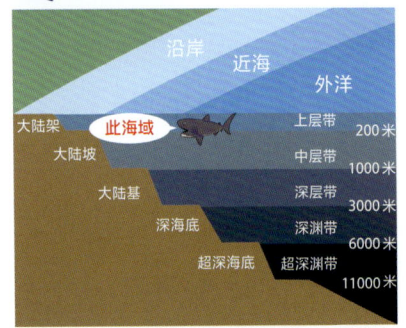

分布图

资料	
●全长：	4～6米
●分布：	大西洋、印度洋、太平洋的温带至热带海域。日本常磐海域到熊野滩的太平洋海域、九州等地
●生境：	沿岸至外海水深12～200米的表层及中层海域
●食性：	浮游无脊椎动物等
●繁殖：	卵胎生

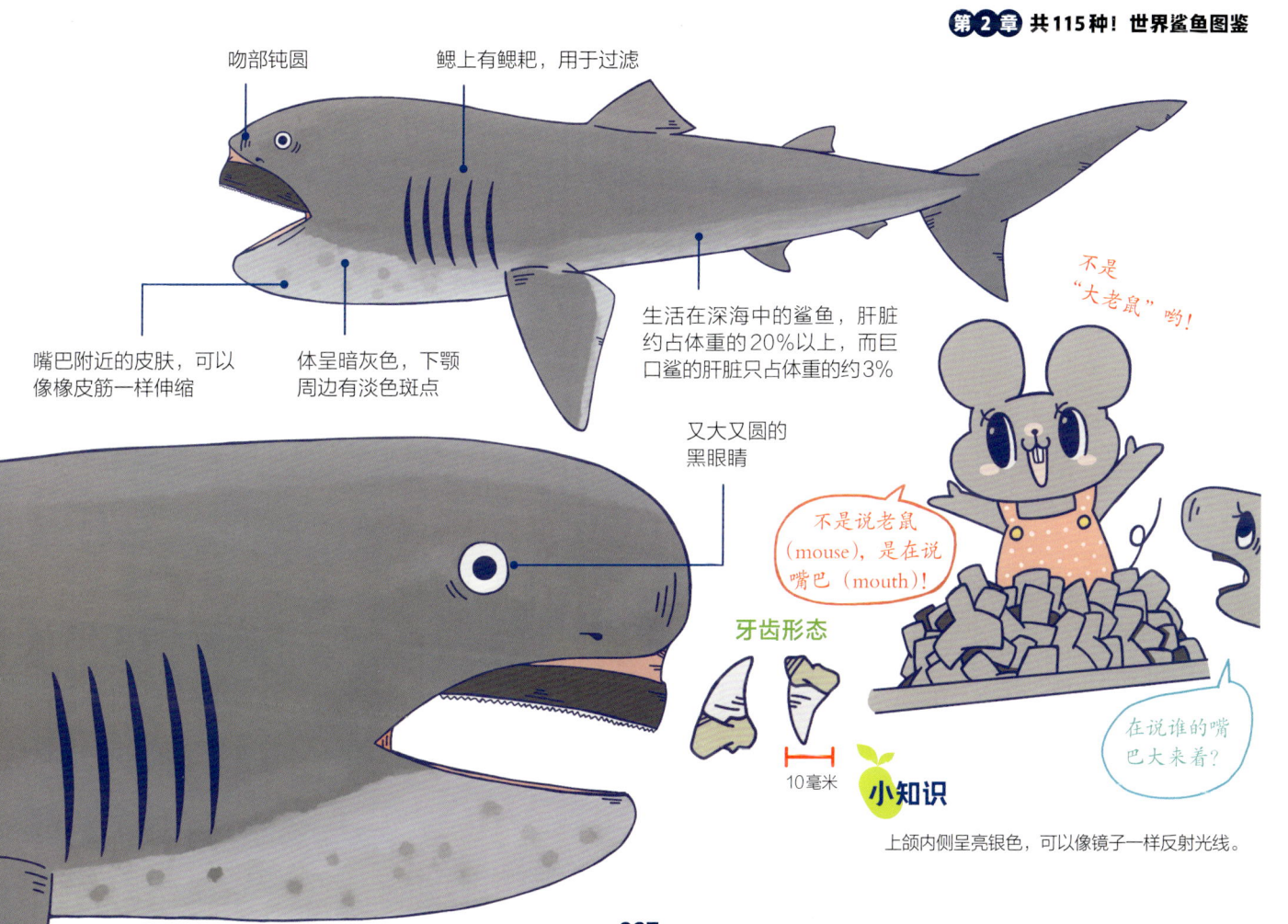

等一下！那个未被确认的神秘生物是我吗？！

姥鲨
Basking shark

鼠鲨目

姥鲨科

Cetorhinus maximus

在现存鱼类中，姥鲨的体形仅次于鲸鲨。其他鲨鱼的鳃孔通常较小，但姥鲨的鳃孔很大，从背部一直延伸至喉部。这一物种的吻部又粗又长。

姥鲨靠吸入海水，用鳃耙过滤其中浮游生物为生，所以没有用来咬噬的颌齿，但其口腔周边有细小的牙齿。姥鲨行动缓慢，因此很容易被捕获。受过度捕捞影响，其数量锐减，幸运的是，现在有国际条约限制姥鲨的捕捞与贸易。

裙带菜碎碎念
鲨鱼界的"大块头"，性格温和。最重要的是，吃的是浮游生物，是不是太可爱了？反差萌！

趣谈
打捞姥鲨残骸时，曾经因其外形而被误认为是海怪。

生存区域
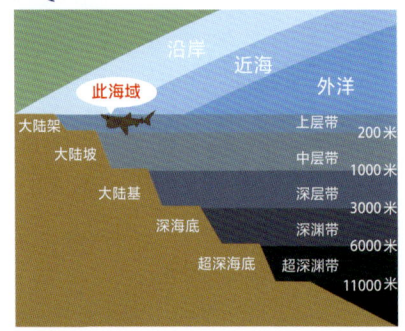

分布图
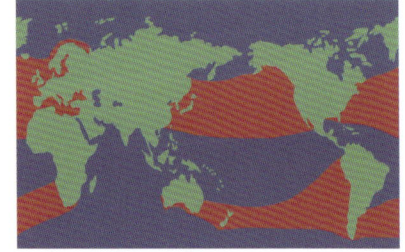

资料	
●**全长**：	7~10米（也有超过10米的个体报告）
●**分布**：	除热带和亚热带海域外的太平洋、印度洋、大西洋、地中海海域
●**生境**：	从沿岸到外洋的表层海域
●**食性**：	浮游性无脊椎动物等
●**繁殖**：	卵胎生

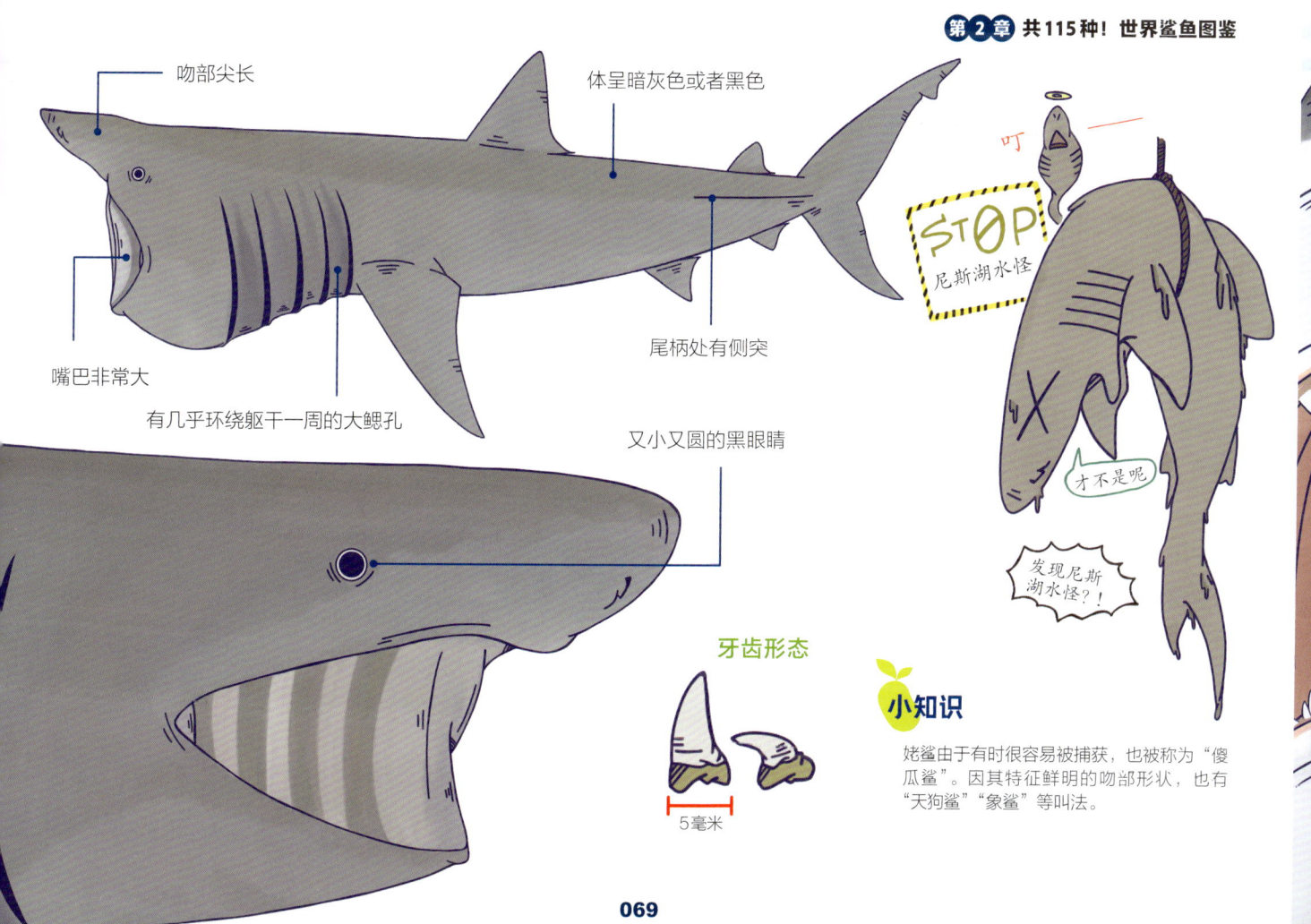

鲨鱼界的顶级猎手。

噬人鲨
Great white shark

鼠鲨目

鼠鲨科

Carcharodon carcharias

要说鲨鱼的代表，非噬人鲨（又名大白鲨）莫属。噬人鲨感官灵敏，即使100升水中只含有1滴血液，它也能感知到。尽管名为"噬人鲨"，但人类并非它们的首选猎物。

大白鲨有时会撕咬猎物数次，等猎物濒死时再吃掉。其口中有150颗左右锋利牙齿①，可以高效地撕扯猎物。

---
① 150颗包括后侧的替换齿，噬人鲨上颌使用的牙齿在23~29颗之间，下颌使用的牙齿在21~25颗之间。——编者注

裙带菜碎碎念

鲨鱼中的"豪杰"！我被它的帅气所折服，甚至超越了恐惧，满怀憧憬。我想见到海里游泳的噬人鲨，把它的身影深深印在眼里！

趣谈

也有像"White Death"（白色死神）的谑称。

资料
- ●全长：最大6.4米
- ●分布：太平洋、印度洋、大西洋的亚热带到亚寒带、温带寒冷海域，地中海
- ●生境：栖息于近海表层区域，也出没于海岸线附近和岛屿周围
- ●食性：海豹、海狮等哺乳类，硬骨鱼类，软骨鱼类，海鸟类，乌贼、章鱼等头足类，甲壳类等
- ●繁殖：卵胎生。每胎产2~14条幼仔

生存区域

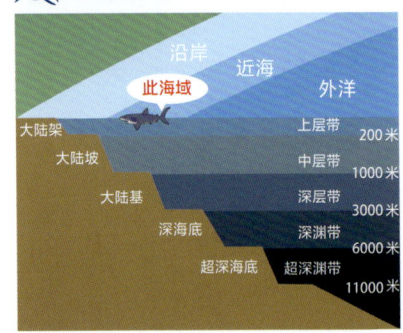

分布图

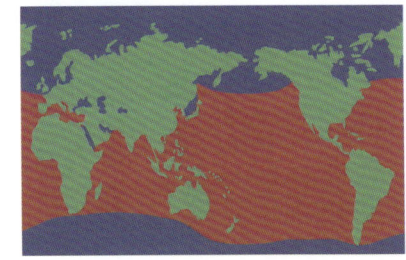

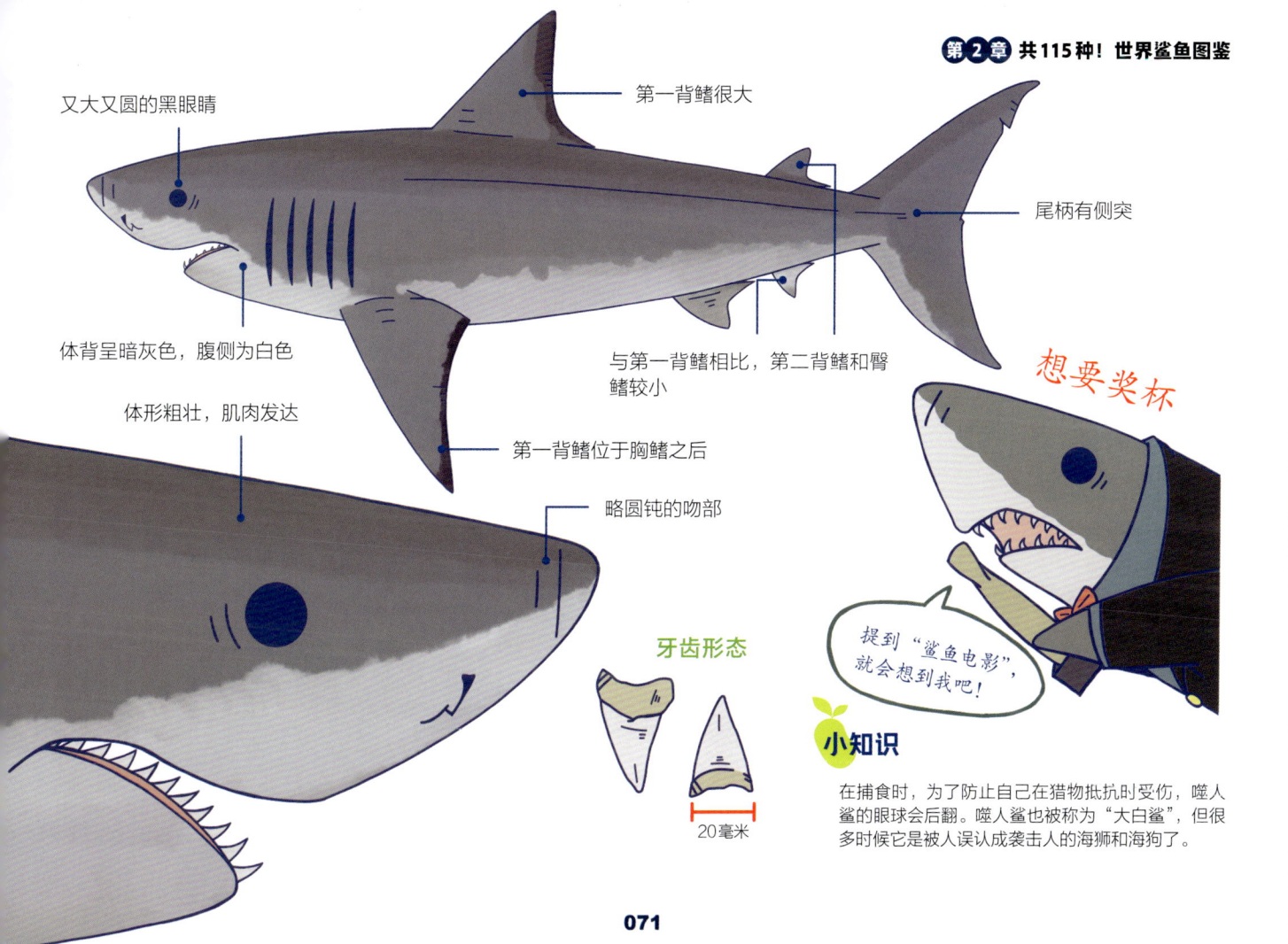

拥有好几个名字的"海上强盗"。

鲑鲨
Salmon shark

鼠鲨目

鼠鲨科

Lamna ditropis

鼠鲨科的鲨鱼有称作"奇网"①的发达毛细血管网，能够将体温保持在比周围水温更高的温度，从而提高机体的机动性，以在海水中高速游泳。

鲑鲨经常以30～40条的群体形式出现，成群袭击鲑鱼、鳟鱼和鲱鱼等。由于肉质氨味较淡，因此鲑鲨会被捕捞并食用。

裙带菜碎碎念

鲑鲨有很多别称，要不要猜猜看？

趣谈

鲑鲨可能会在鲜鱼柜台出售。

① 血管逆流热交换器（retia mirabilia）。——编者注

▲ 生存区域

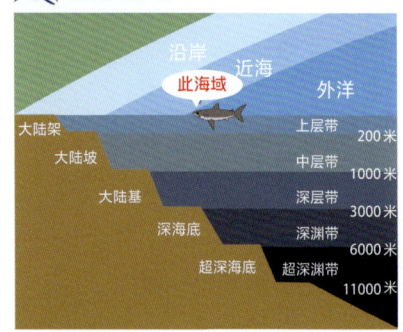

▲ 分布图

资料
- **全长**：最大约3米
- **分布**：阿拉斯加近海和白令海、北太平洋海域
- **生境**：从近海到外洋的表层海域。有时会潜入水深300米以下区域
- **食性**：喜欢鲑鱼、鳟鱼和鲱鱼，也吃乌贼等头足类动物
- **繁殖**：卵胎生。每胎2~5条幼仔

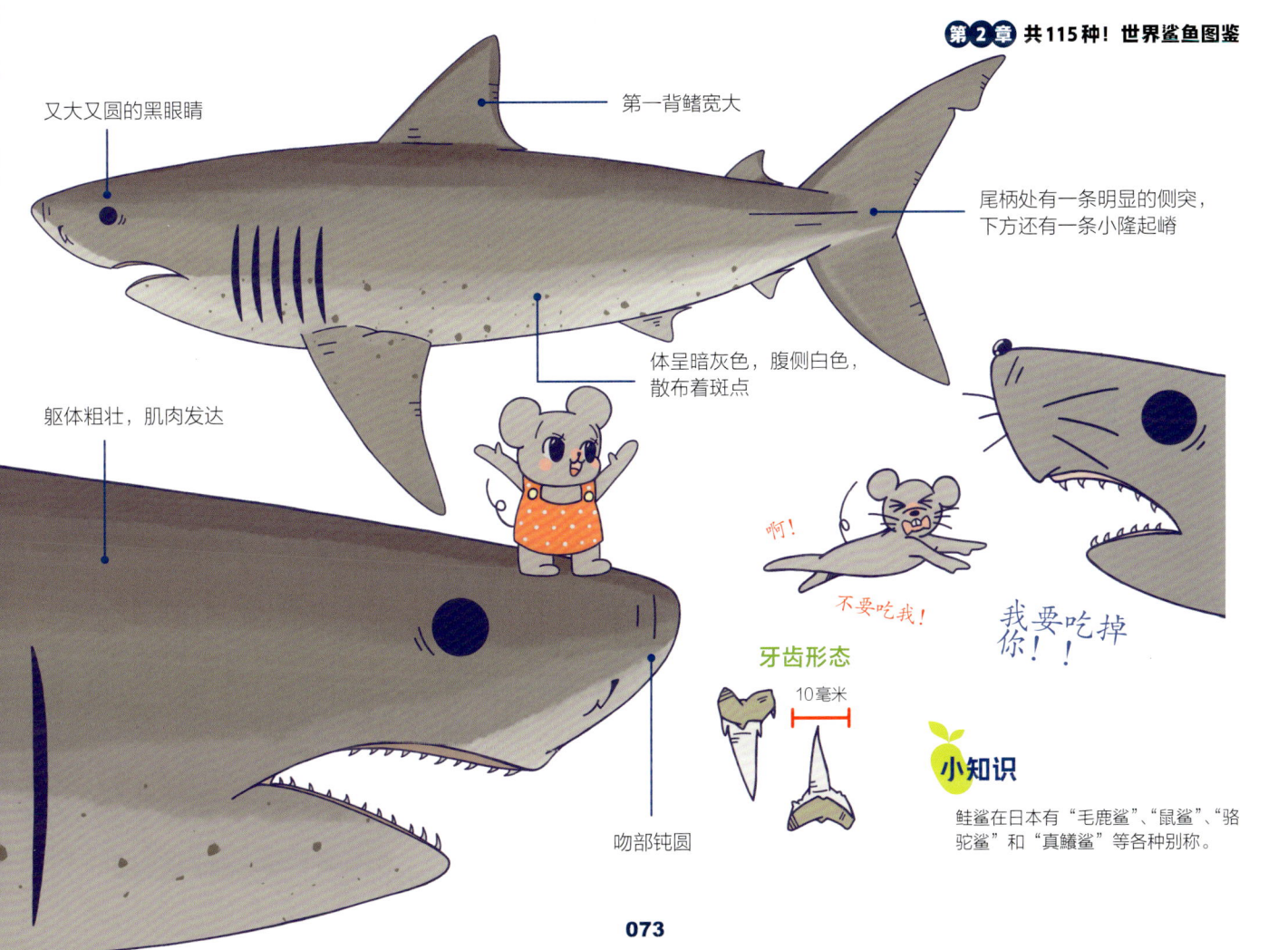

就算很冷也没关系！冰冷的大海我最适应！

鼠鲨

Porbeagle

鼠鲨目

鼠鲨科

Lamna nasus

鼠鲨的吻部呈圆锥形，前端钝尖。内部有高度钙化的坚硬软骨。它和鲑鲨一样，依靠"奇网"维持体温，即使在冰冷的海洋中也能快速游动。

鼠鲨平时独居或群居，可以看到它们成群结队地互相追逐玩耍。这种鲨鱼好奇心旺盛，偶尔也会靠近船只。

裙带菜碎碎念

我也想要能抵御寒冷的"奇网"。

趣谈

鳃孔很大，可以从海水中吸收更多的氧气。

生存区域

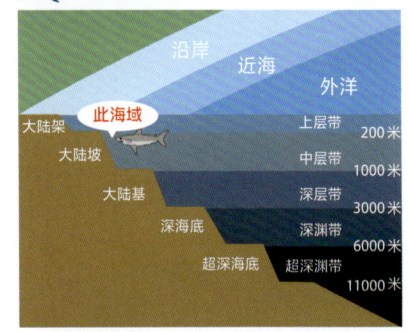

分布图

资料
- **全长**：最大约3.6米
- **分布**：北大西洋及南半球的温带至亚寒带海域
- **生境**：从沿岸到水深1360米的深海，栖息范围广
- **食性**：硬骨鱼类、头足类等
- **繁殖**：卵胎生。每胎产1~5条幼仔

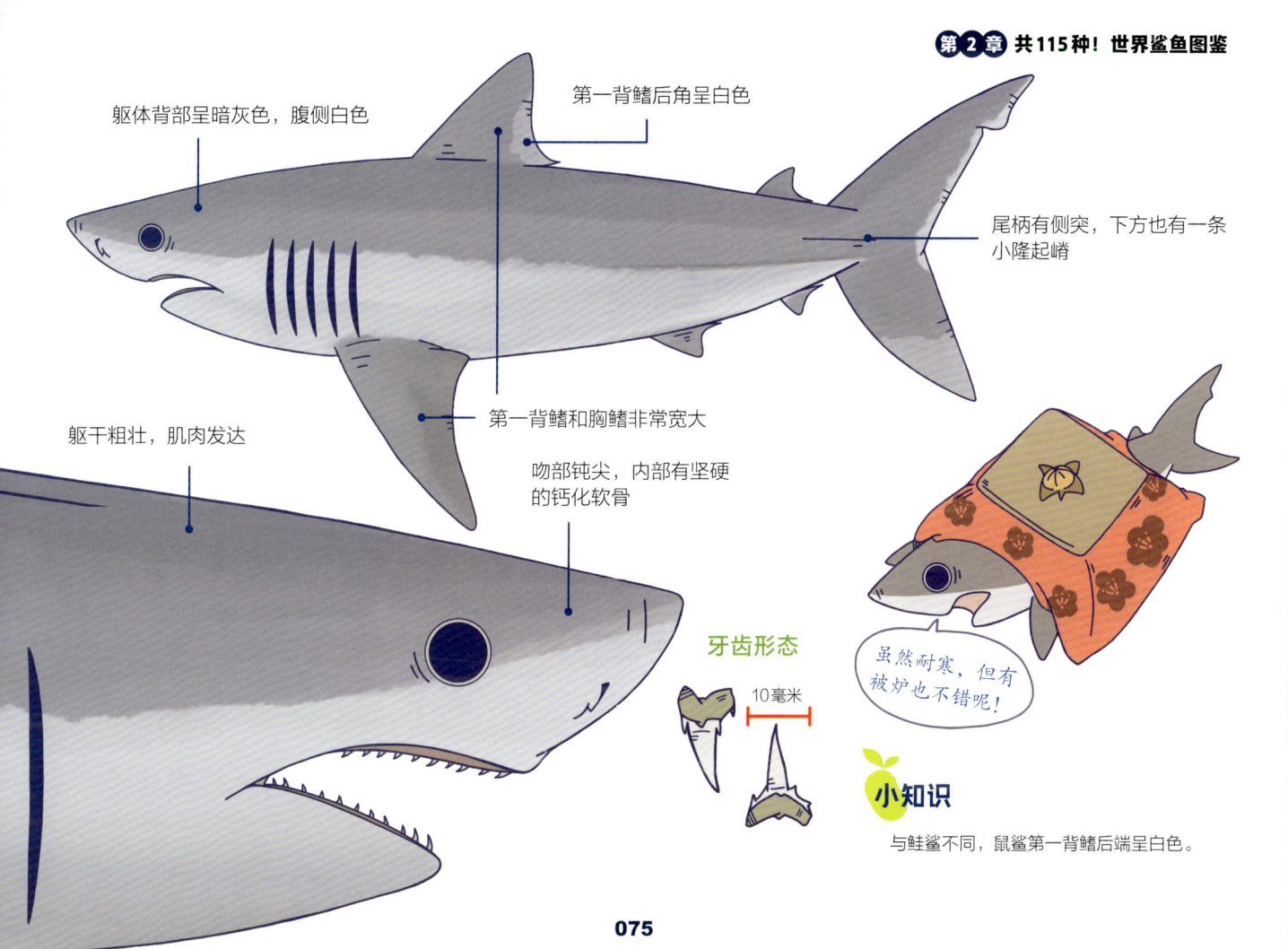

游泳的速度不输给任何人！鲨鱼界的速度之星。

尖吻鲭鲨
Shortfin mako

鼠鲨目

鼠鲨科

Isurus oxyrinchus

这是一种通体碧蓝的漂亮鲨鱼。躯干健硕，肌肉结实。和噬人鲨一样，它的眼睛又大又黑。

尖吻鲭鲨体内用于维持体温的"奇网"很发达，尖吻鲭鲨利用它提高肌肉的机动性，从而实现高速游动。其游动速度可达每小时40千米，有时还会顺势跃出海面。但通常情况下，尖吻鲭鲨以时速2~5千米的速度游泳。

裙带菜碎碎念

鲨鱼界的"帅哥"代表。潇洒有型的男子汉。金属感浓重的蓝色身体很性感！

生存区域

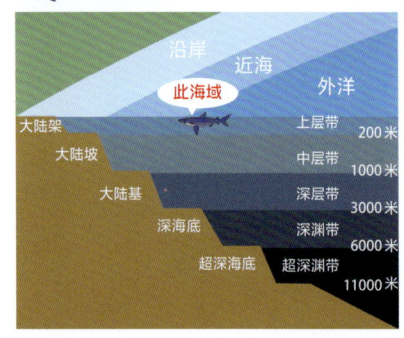

分布图

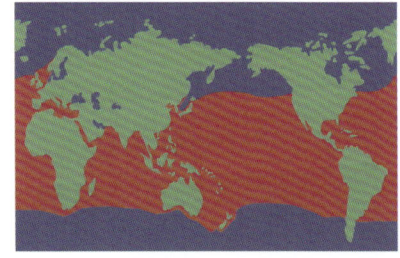

资料	
●**全长**：	3.5~4.5米左右
●**分布**：	太平洋、印度洋、大西洋的热带到温带海域，地中海
●**生境**：	近海和外洋区域表层到水深750米左右的海域。水温15~22℃，特别喜欢17℃以上的海域
●**食性**：	金枪鱼和鲣鱼等硬骨鱼类，乌贼等头足类，海豚等哺乳类等
●**繁殖**：	卵胎生。每胎产4~25只幼仔

第 2 章 共115种！世界鲨鱼图鉴

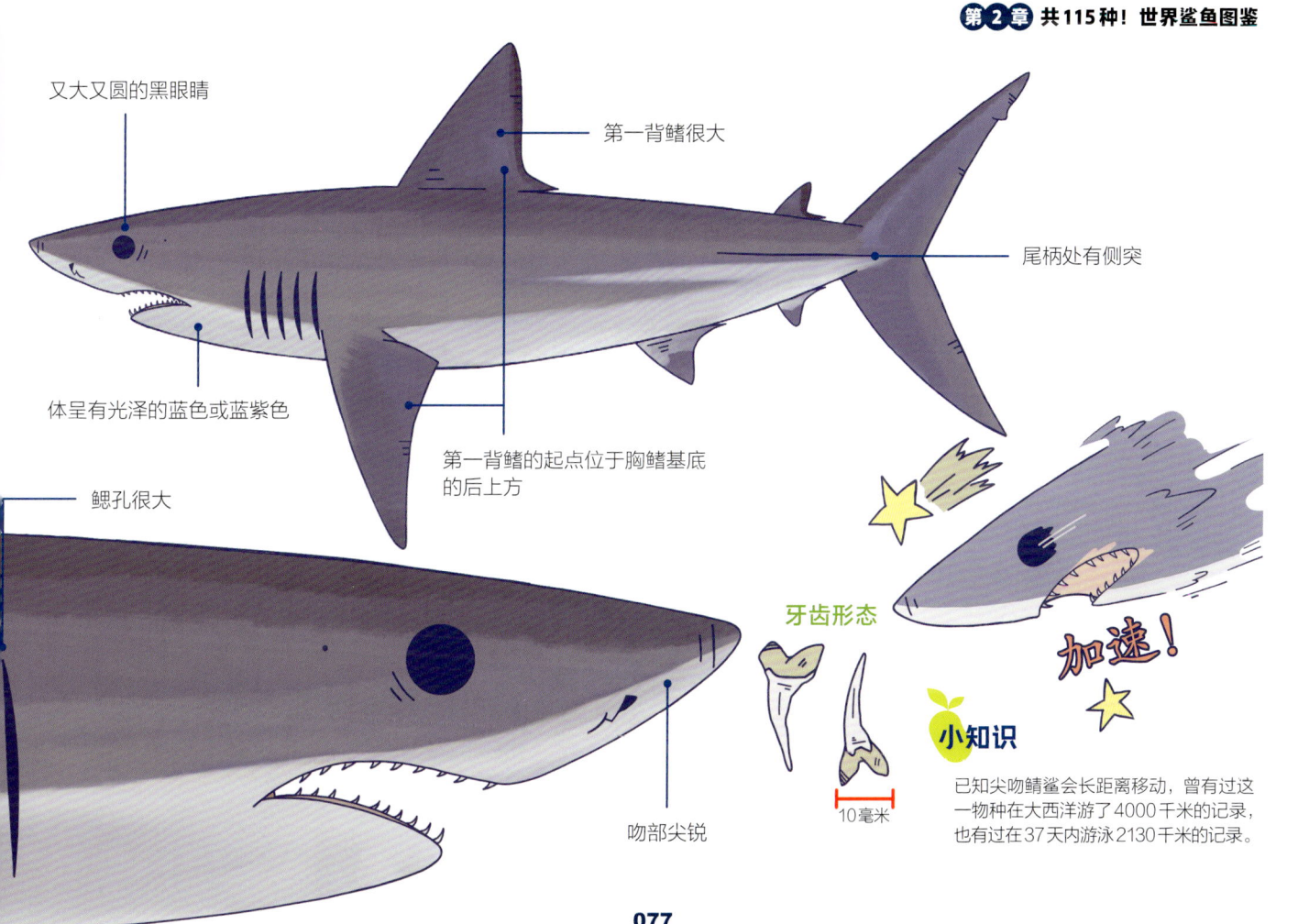

- 又大又圆的黑眼睛
- 第一背鳍很大
- 尾柄处有侧突
- 体呈有光泽的蓝色或蓝紫色
- 第一背鳍的起点位于胸鳍基底的后上方
- 鳃孔很大
- 吻部尖锐

牙齿形态

10毫米

加速！

小知识

已知尖吻鲭鲨会长距离移动，曾有过这一物种在大西洋游了4000千米的记录，也有过在37天内游泳2130千米的记录。

你看我长得像妖怪[①]吗?

长鳍鲭鲨
Longfin mako

鼠鲨目
鼠鲨科
Isurus paucus

与同属的尖吻鲭鲨非常相似，但长鳍鲭鲨胸鳍修长，这一特征可将两者区分开来。长鳍鲭鲨十分罕见，直到1966年前，人们都认为长鳍鲭鲨和尖吻鲭鲨是同一个物种。

由于长鳍鲭鲨比尖吻鲭鲨更为稀少，所以学名中使用了"paucus"，在拉丁语中有"罕见"之意。

[①] 长鳍鲭鲨的日语名里首个单词与"妖怪"同音。

裙带菜碎碎念
长鳍鲭鲨比尖吻鲭鲨更粗壮，皮肤更有光泽。体呈深蓝色的长鳍鲭鲨也很有魅力。

趣谈
长鳍鲭鲨肌肉含水量高，稍显松软。

🦈 生存区域
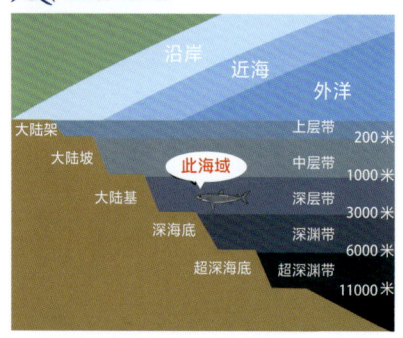

🦈 分布图
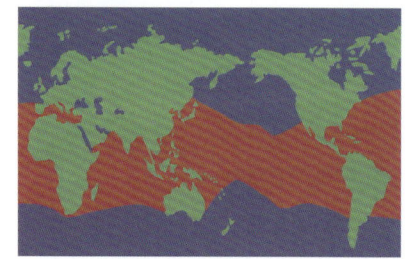

资料	
●全长	3.5~4.3米
●分布	可能广泛分布于全世界的热带、温带海域
●生境	外洋表层至1752米的深海域
●食性	可能为硬骨鱼类、头足类等
●繁殖	卵胎生。每胎可产2~8条幼仔

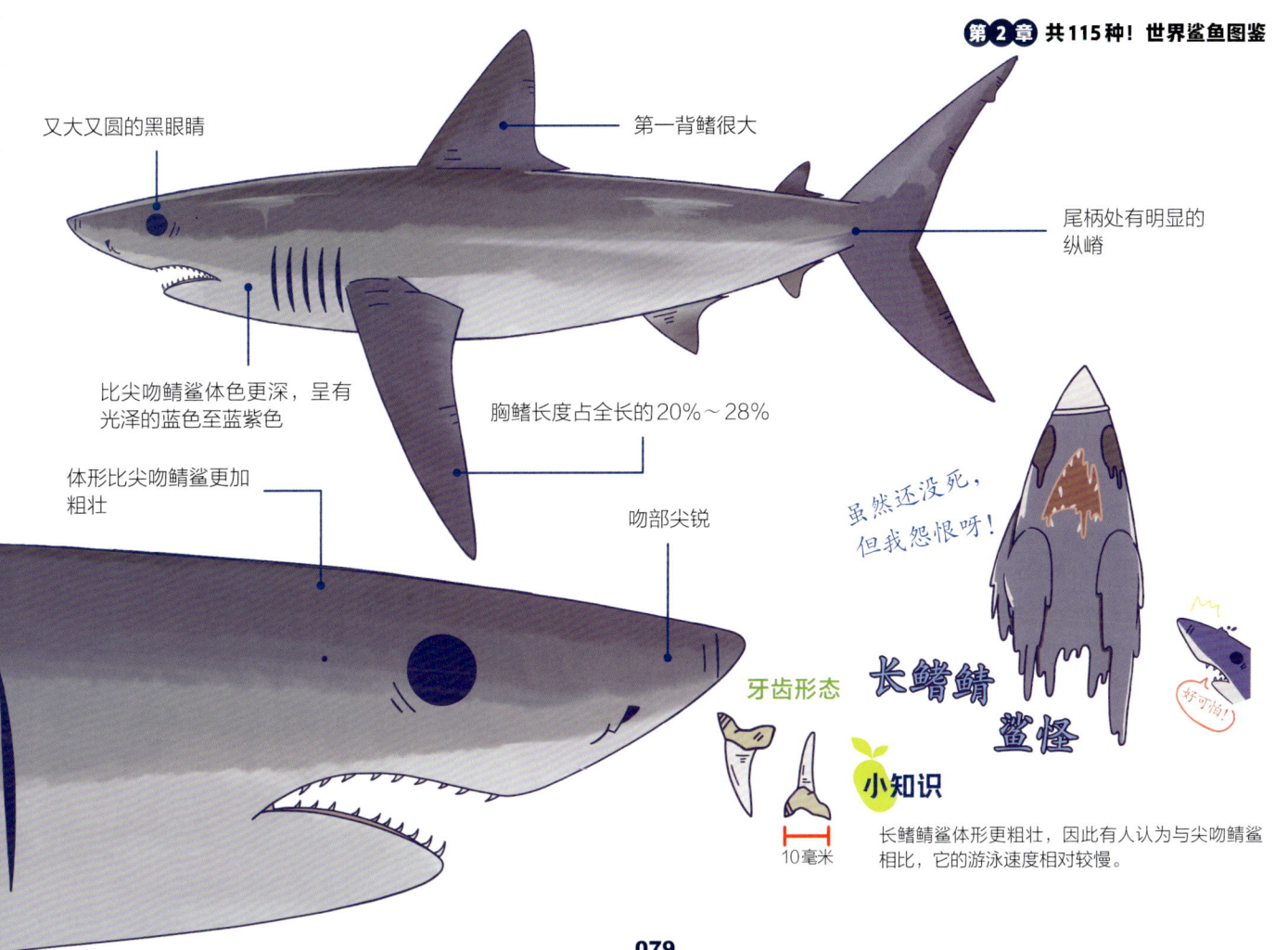

武士也惊讶的"尾鳍刀"手。
狐形长尾鲨
Thresher shark

鼠鲨目

长尾鲨科

Alopias vulpinus

狐形长尾鲨最显著的特征是有长尾。它用长长的尾鳍攻击猎物。被攻击的小鱼可能会被击昏，有时甚至会被劈成两半。

长尾鲨科有三个现存物种，但常人很难区分它们，因为它们看起来都差不多。尤其是狐形长尾鲨和浅海长尾鲨很容易混淆（区分要点在第82页至83页的浅海长尾鲨部分解说）。

裙带菜碎碎念
尾鳍很长。我想躺下和它并排比一次。

趣谈
在长尾鲨科中，狐形长尾鲨是体形最庞大的。

生存区域
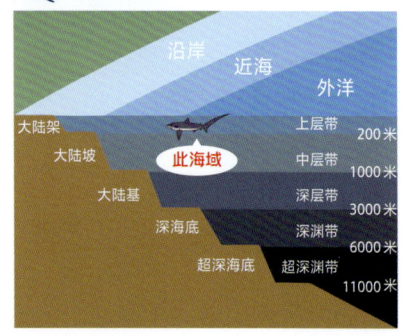

分布图
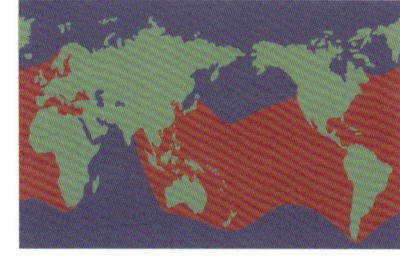

资料	
●全长	3~6.3米
●分布	太平洋、印度洋、大西洋、地中海的温暖海域
●生境	沿岸到外洋的表层海域。也有在深海中的目击记录
●食性	小型鱼类、中型硬骨鱼类、乌贼等
●繁殖	卵胎生。每胎产2~6条幼仔

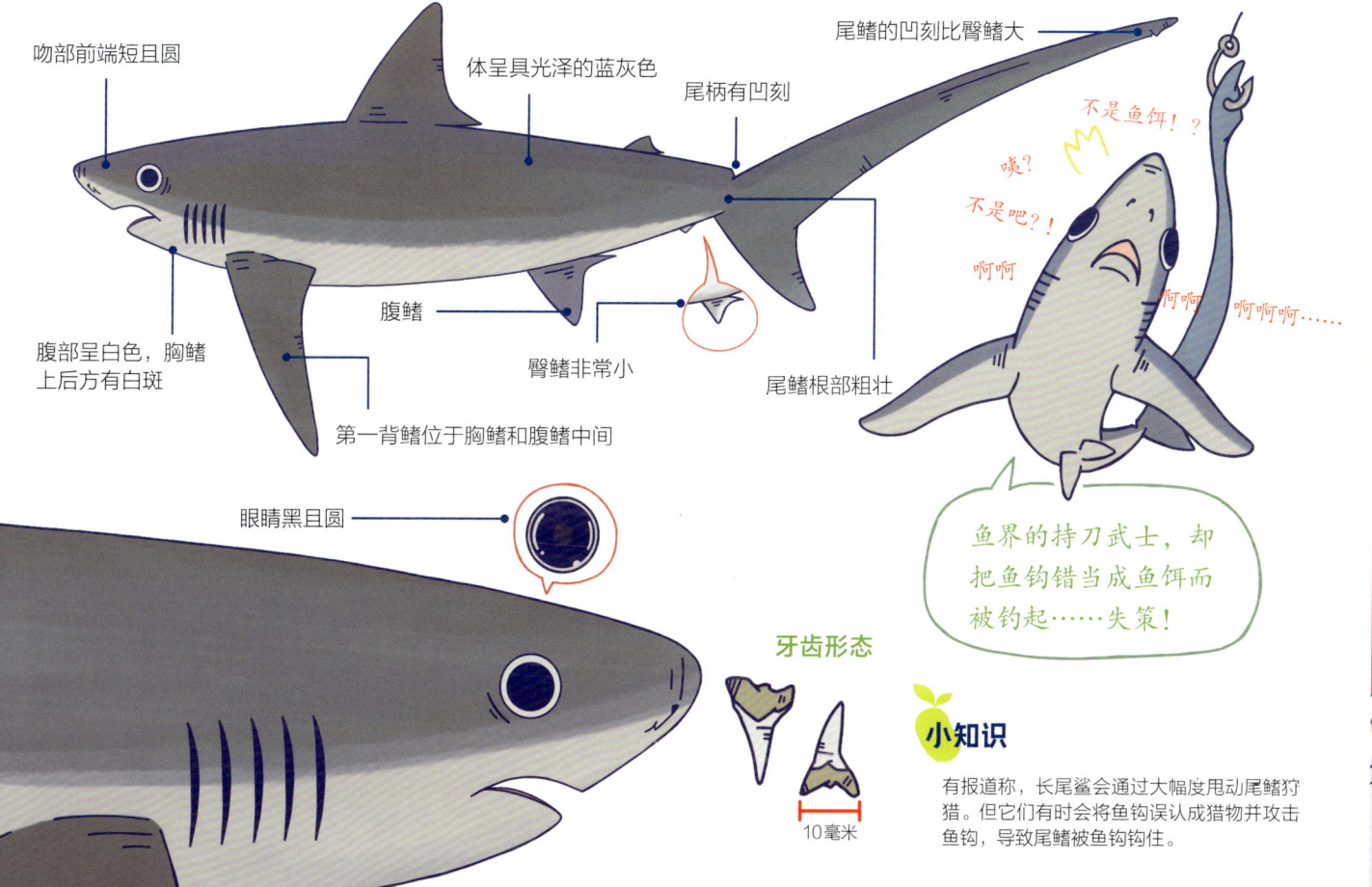

也用尾鳍狩猎噢！
浅海长尾鲨
Pelagic thresher

鼠鲨目

长尾鲨科

Alopias pelagicus

长尾鲨科有三个物种，它们的特点是都有长尾鳍，且尾柄处均有凹刻，并且有发达粗壮的肌肉。其中，狐形长尾鲨和浅海长尾鲨非常相似，但是可以通过比较胸鳍后上方是否有白色斑块、尾鳍的缺刻大小、胸鳍及背鳍的形态来区分它们。

裙带菜碎碎念
如果能够亲眼看到它用尾鳍进行狩猎，那我会激动得哭出来。

趣谈
浅海长尾鲨是昼行性鲨鱼，基本上只在白天活动。体形是三种长尾鲨中最小的。

生存区域
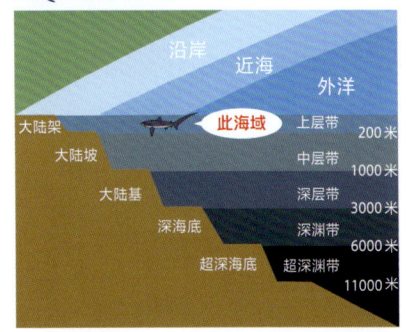

分布图

资料
- ●全长：3~4.3米
- ●分布：太平洋、印度洋近海
- ●生境：近海表层。也有人称在更深的海域出现过
- ●食性：小型鱼类、中型硬骨鱼类、乌贼等
- ●繁殖：卵胎生。每胎产2条幼仔

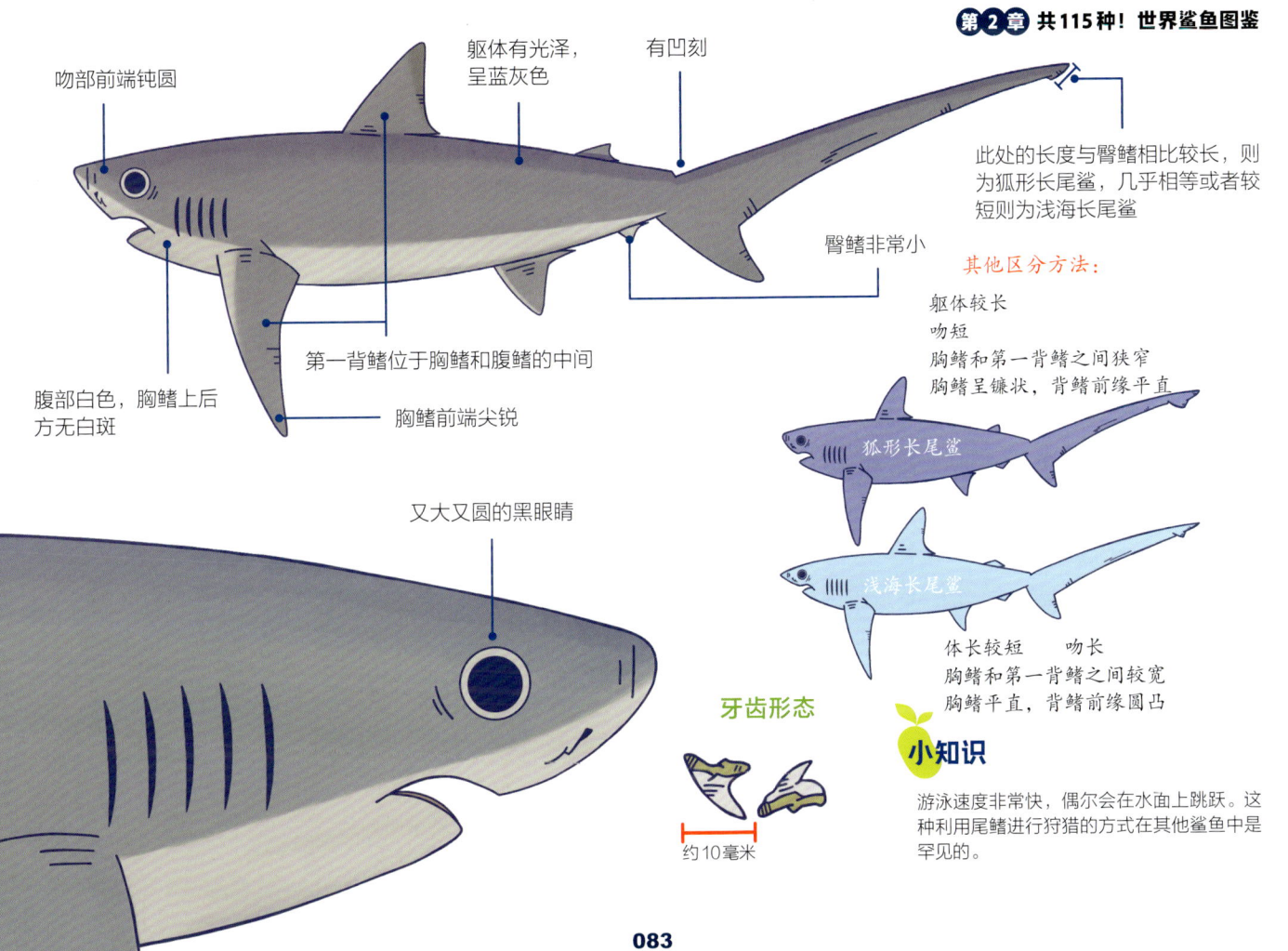

鲨鱼界的猫咪酱？！

大眼长尾鲨
Bigeye thresher

鼠鲨目

长尾鲨科

Alopias superciliosus

大眼长尾鲨头部有特别的"八"字形深纵沟。这一特征使它与狐形长尾鲨和浅海长尾鲨之间十分容易区分。

其大大的眼睛呈圆形且纵向伸展，眼窝延伸到头部后方，眼球能向上转动。因此，前方、侧向和上方都有广阔的视野。

大眼长尾鲨胸鳍和尾鳍很长，尾鳍上部的长度几乎达到全长的一半。

裙带菜碎碎念

希望那双大眼睛能凝视我一次。虽然往上看时会让人觉得有点毛骨悚然，但"依然很可爱"，拥有神秘的气质。

趣谈

其肉质有时会有酸味或苦味。

生存区域

分布图

资料
- 全长：3~4.8米
- 分布：太平洋、印度洋、大西洋、地中海的热带到温带海域
- 生息：近海到外洋的表层至500米以下的中层带
- 食性：小型鱼类、中型硬骨鱼类、鱿鱼等
- 繁殖：卵胎生。每胎2~4条幼仔（大多2仔）

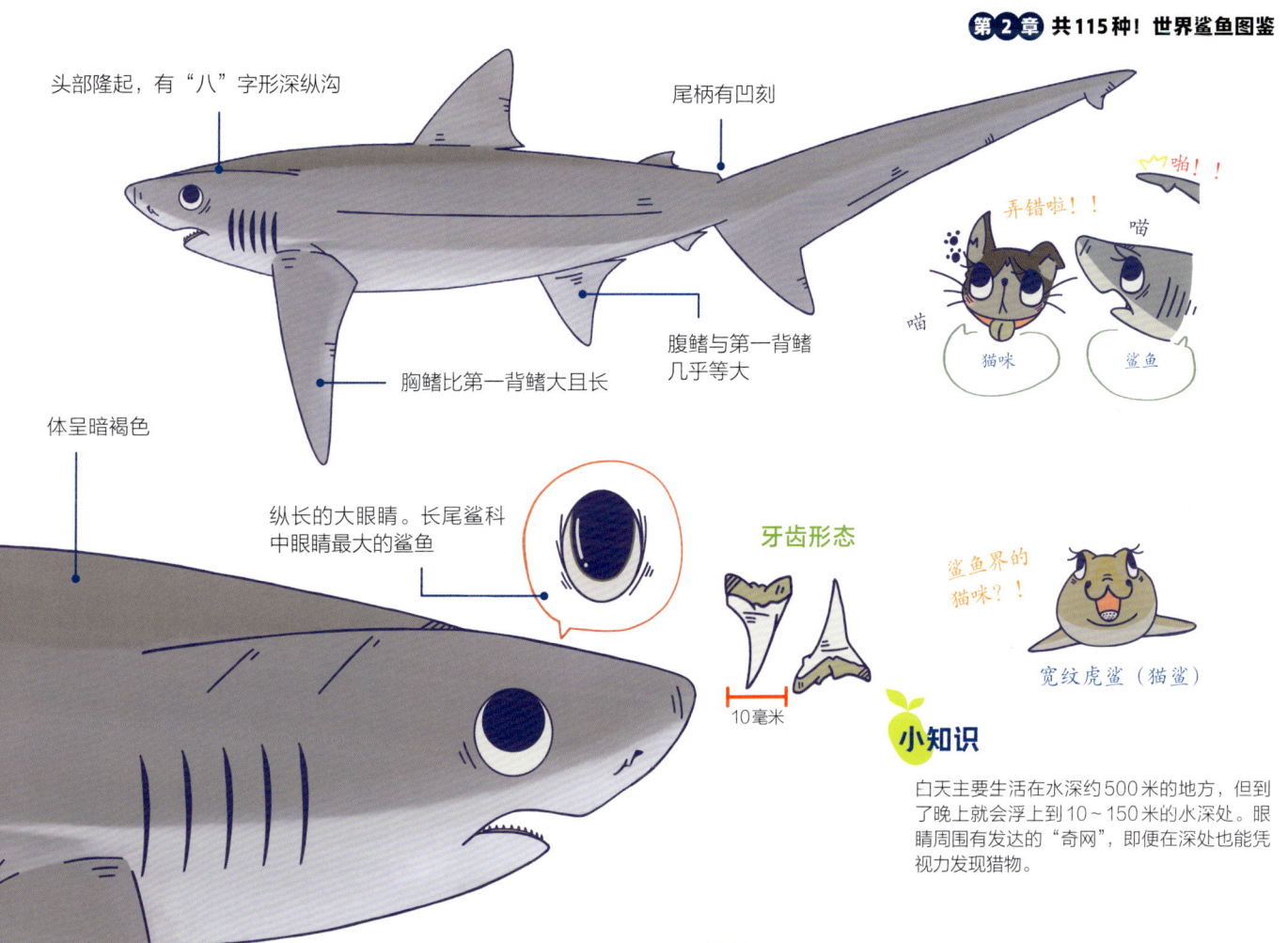

有时被称为"水鳄"？但我其实不是……

凶猛砂锥齿鲨

Smalltooth sand tiger shark

鼠鲨目

锥齿鲨科

Odontaspis ferox

凶猛砂锥齿鲨被称为"水鳄"。从外观上看，凶猛砂锥齿鲨与后鳍锥齿鲨（第88页）非常相似，但凶猛砂锥齿鲨体形更大，背鳍的位置更靠前。已知在哥伦比亚和黎巴嫩有两个进行季节洄游（随季节的变化成群迁徙）的凶猛砂锥齿鲨群体。

裙带菜碎碎念

外表看起来很凶猛，有着滴溜溜的大眼睛。是一种稀有的鲨鱼，很难见到，但偶尔会被饲养在水族馆（长期饲养还未成功）。

趣谈

在1亿年前的地层中发现了其牙齿化石，所以又被称为"活化石"。

生存区域

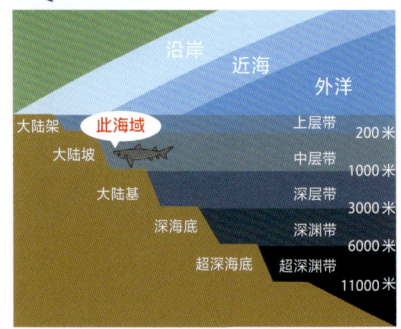

分布图

资料
- **全长**：3~4.5米
- **分布**：太平洋、印度洋、大西洋、地中海的热带到亚热带海域
- **生境**：水深15~1000米的海床、大陆架、大陆斜坡、珊瑚礁和岩礁深处
- **食性**：底栖的硬骨鱼类、软骨鱼类、甲壳类等
- **繁殖**：卵胎生，可能有子宫互食行为①

① 母体两个子宫中最先孵化出来的幼仔除了靠卵黄和未受精卵摄取营养外，还会吃掉周围的其余幼仔以获取营养，直到最后每个子宫仅剩下一条最强壮的幼仔。

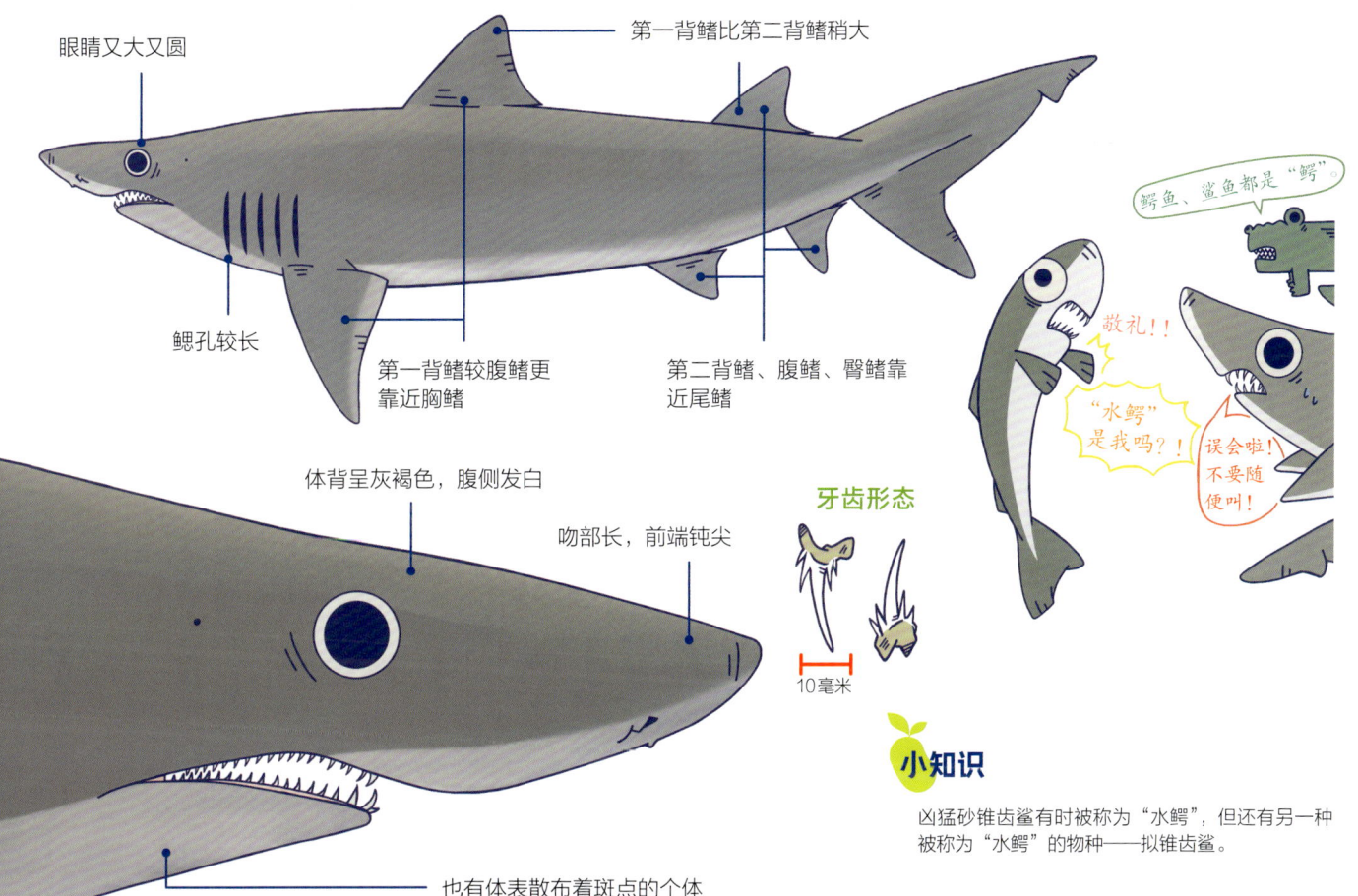

第 2 章 共115种！世界鲨鱼图鉴

牙齿形态

10毫米

小知识

凶猛砂锥齿鲨有时被称为"水鳄"，但还有另一种被称为"水鳄"的物种——拟锥齿鲨。

后鳍锥齿鲨

出生之前就开始了激烈的生存竞争!

Sand tiger shark

鼠鲨目

锥齿鲨科

Carcharias taurus

后鳍锥齿鲨有一个特点,就是可以将空气吸入胃中来调节浮力,代替鱼鳔,以便在水面换气。因此,即使不游动,后鳍锥齿鲨也能在水中悬停。母鲨的子宫内会产生多个未受精卵,供幼仔食用。子宫内的幼鲨会相互吞噬,最后只留下最强壮的幼鲨。

裙带菜碎碎念

虽然长相恐怖,但非常温文尔雅、稳重,姿态很显尊贵。

趣谈

据说,最近拍摄到了后鳍锥齿鲨在水下睡觉的画面。

生存区域

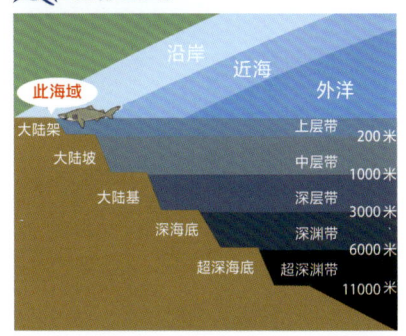

分布图

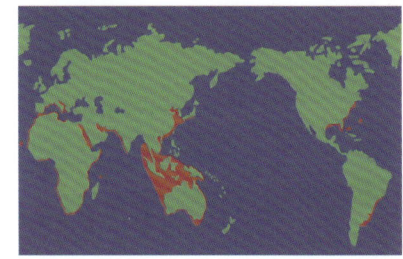

资料

- **全长:** 3~3.25米
- **分布:** 西太平洋、印度洋、大西洋、地中海、红海
- **生境:** 海岸边至水深约190米的海域。多见于水深15~25米处,以内湾、近海浅滩、珊瑚礁、水下洞穴等为居所。
- **食性:** 底栖硬骨鱼类、软骨鱼类、甲壳类等
- **繁殖:** 卵胎生,具有子宫相食行为。每胎产2条幼仔

第 2 章 共115种！世界鲨鱼图鉴

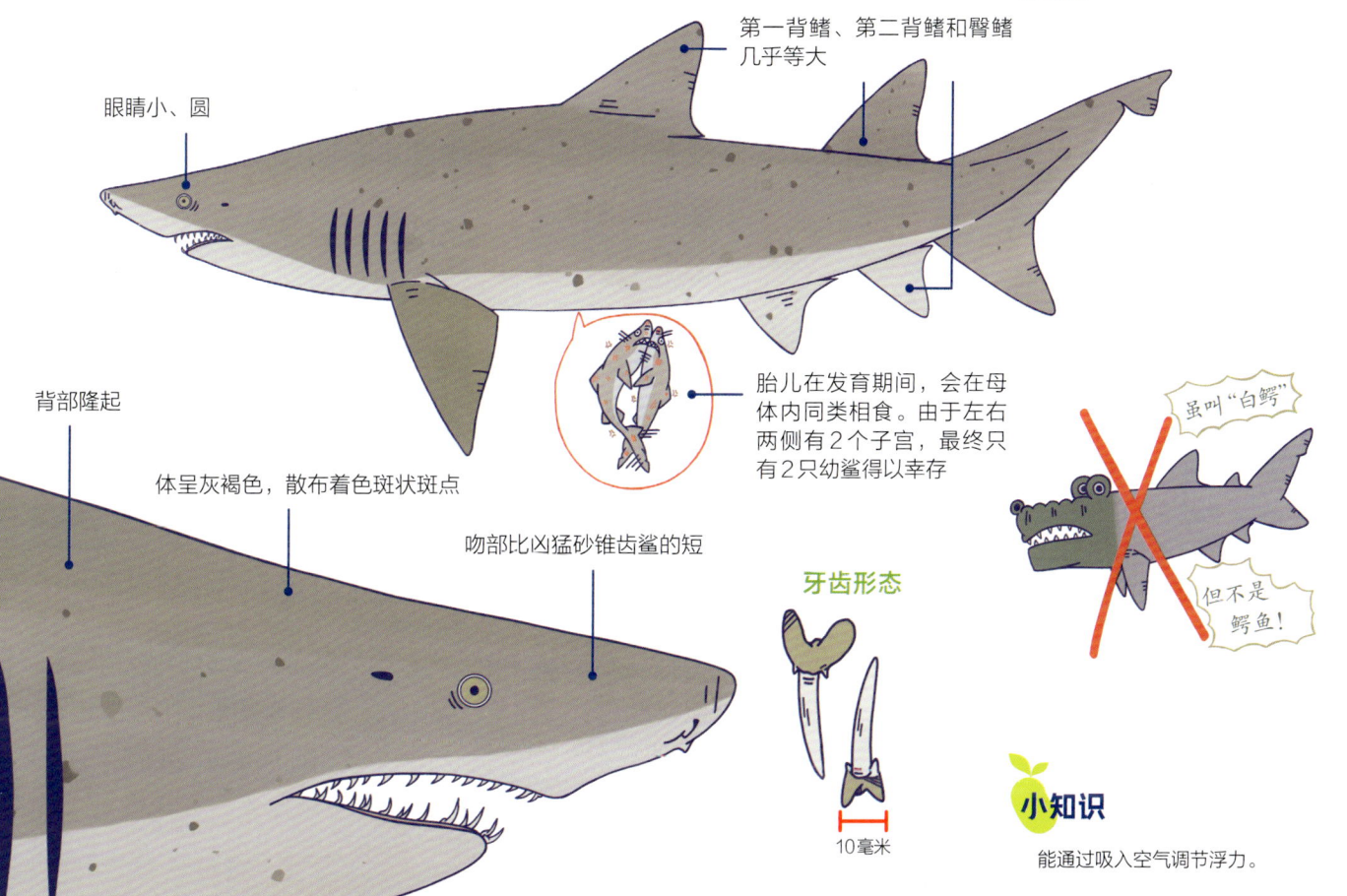

第一背鳍、第二背鳍和臀鳍几乎等大

眼睛小、圆

胎儿在发育期间，会在母体内同类相食。由于左右两侧有2个子宫，最终只有2只幼鲨得以幸存

背部隆起

体呈灰褐色，散布着色斑状斑点

吻部比凶猛砂锥齿鲨的短

牙齿形态

10毫米

虽叫"白鳄"

但不是鳄鱼！

小知识

能通过吸入空气调节浮力。

虽然小但也是鼠鲨同伴！

拟锥齿鲨

Crocodile shark

鼠鲨目

糙齿鲨科

Pseudocarcharias kamoharai

拟锥齿鲨，又称糙齿鲨或鳄鲛，最大也只有1.2米左右。在平均体长3米左右的鼠鲨族群中，拟锥齿鲨的体形是最小的。

与娇小的体形相反，拟锥齿鲨的眼睛大且发达，在漆黑的深海中也能洞察一切，很容易寻找和捕获猎物。

拟锥齿鲨会进行垂直洄游，白天在深水区活动，晚上则移动到浅水区觅食，其分布范围广阔。

裙带菜碎碎念

嘴角看起来很冷酷，但仔细看，眼睛又圆又大，非常可爱。身材也纤细可爱。

趣谈

肌肉发达，尾柄有侧突，能够自如游动。

🦈 生存区域

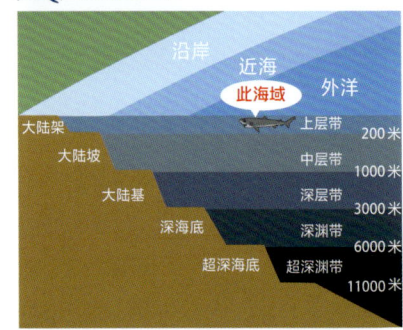

🦈 分布图

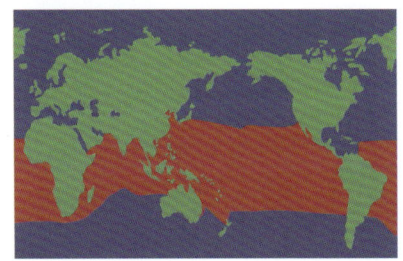

资料
- ●**全长**：最大约1.2米
- ●**分布**：太平洋、印度洋、大西洋的亚热带到热带海域
- ●**生境**：外洋的表层区域。可以潜至水深600米处
- ●**食性**：小型的硬骨鱼类、头足类、虾等甲壳类动物
- ●**繁殖**：卵胎生。从2个子宫中各产下2条幼仔，合计4条幼仔

第 2 章　共115种！世界鲨鱼图鉴

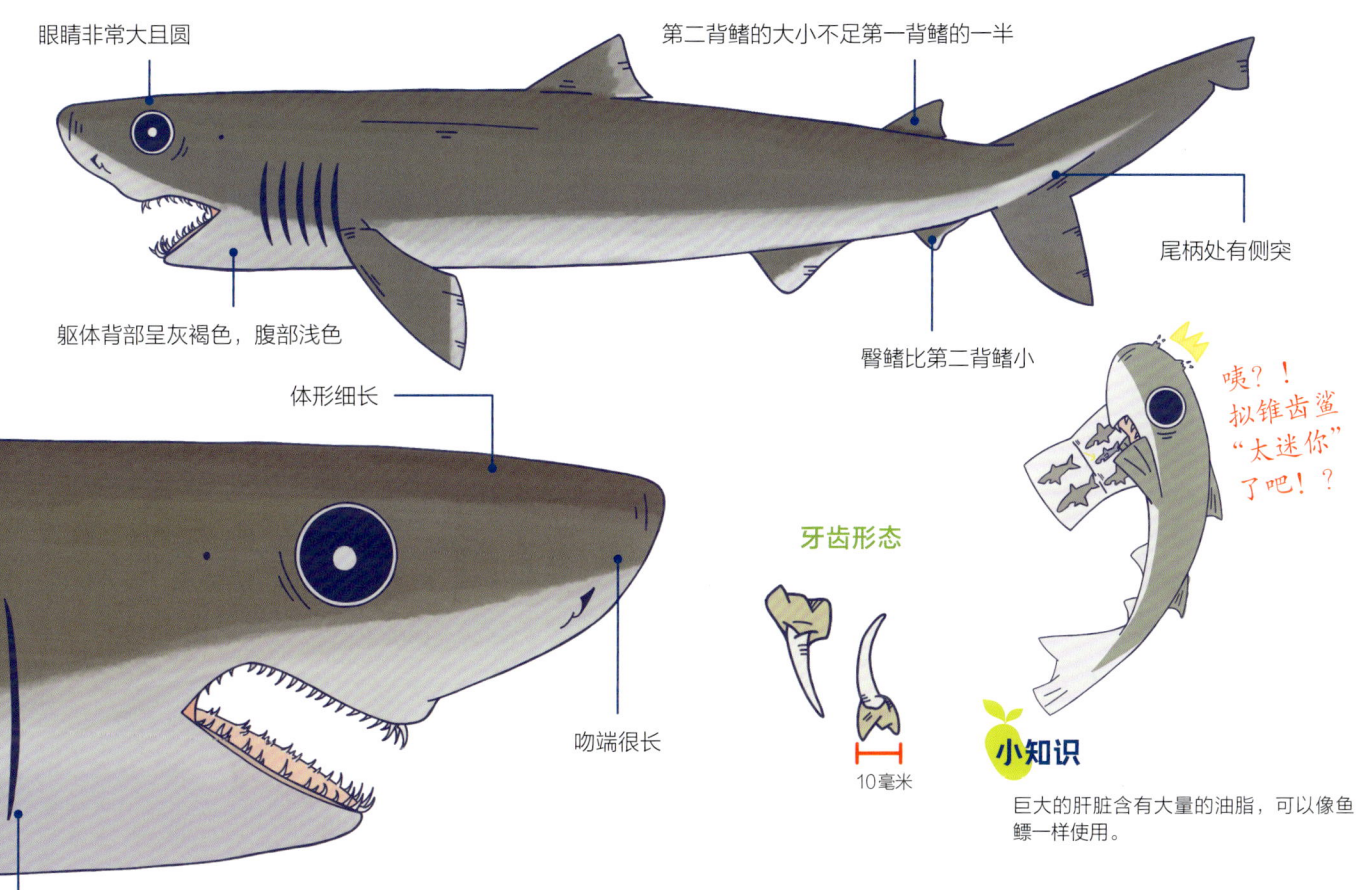

- 眼睛非常大且圆
- 第二背鳍的大小不足第一背鳍的一半
- 尾柄处有侧突
- 躯体背部呈灰褐色，腹部浅色
- 臀鳍比第二背鳍小
- 体形细长
- 吻端很长
- 鳃孔大

牙齿形态

10毫米

咦？！
拟锥齿鲨
"太迷你"
了吧！？

小知识

巨大的肝脏含有大量的油脂，可以像鱼鳔一样使用。

鲨鱼界里的匹诺曹？还是哥布林①？

欧氏剑吻鲨
Goblin shark

鼠鲨目

剑吻鲨科

mitsukurina owstoni

欧氏剑吻鲨是一种在深海中生活的罕见鲨鱼，被称为"活化石"。它的特征是有像"剑"一样的长吻。

欧氏剑吻鲨的颌部尽管可向前伸长，但通常都是收起的，只有在发现猎物、进行捕食的时候才会向前伸出。整个伸颌过程所需时间仅为0.3秒。有研究结果显示，其颌部伸出的速度在每秒3米以上，被认为是鱼类中攻击速度最快的。

裙带菜碎碎念

据我所知，欧氏剑吻鲨很受人特别是孩子喜爱。可弹射而出的双颌很帅。

趣谈

下颌可以向前伸出至全长的10%左右。

―――――――
① 哥布林是西方民间传说中一种相貌丑陋、喜欢恶作剧的妖怪。

生存区域

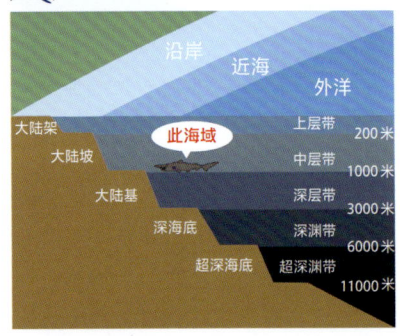

分布图

资料
- **全长**：4.5~6.2米
- **分布**：太平洋、印度洋、大西洋的深水水域
- **生境**：水深至1300米的大陆坡。有时会上浮到水深40米左右的浅海
- **食性**：小型硬骨鱼类、乌贼、章鱼等头足类，甲壳类等
- **繁殖**：卵胎生

第 2 章 共115种！世界鲨鱼图鉴

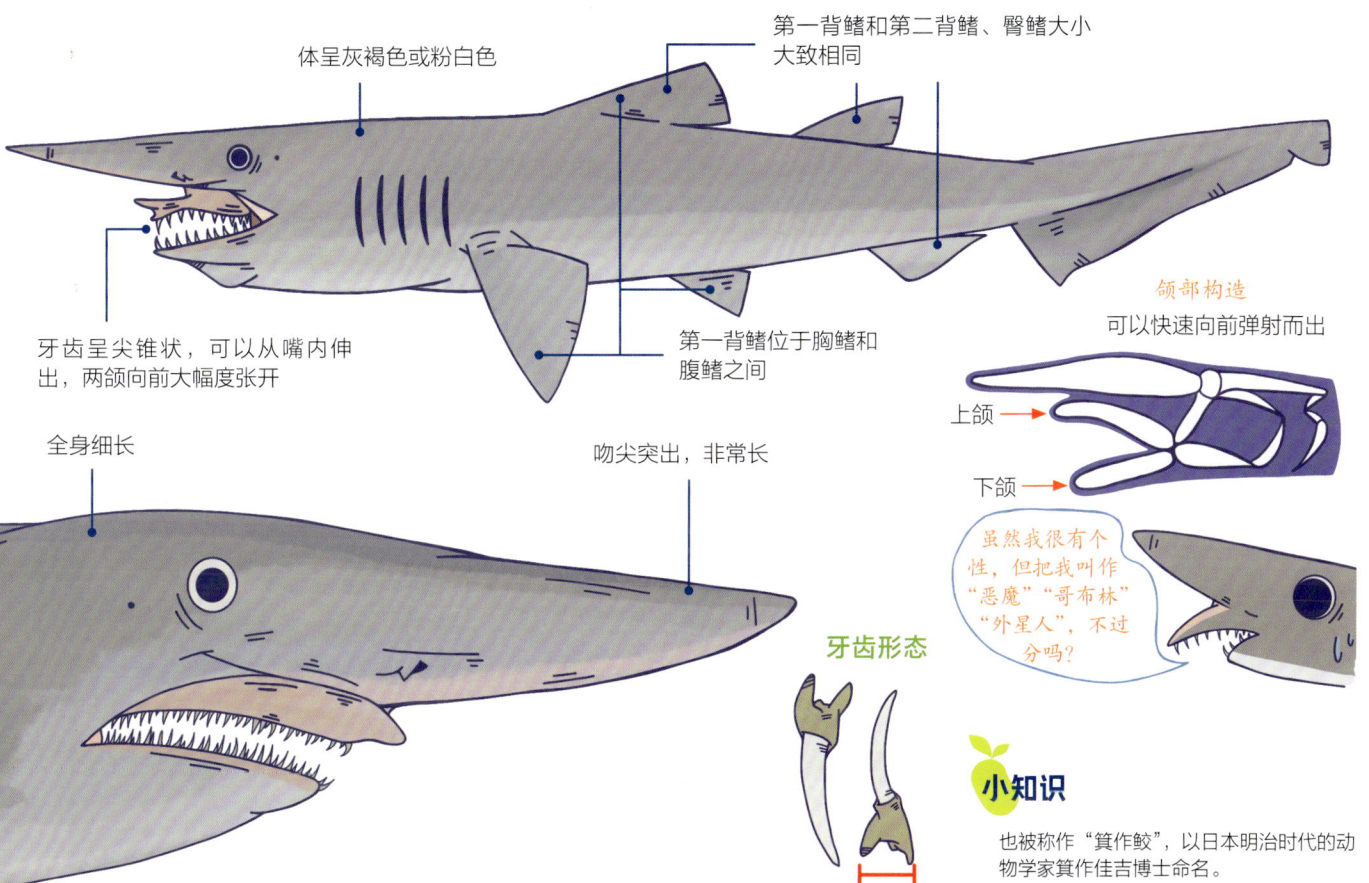

- 体呈灰褐色或粉白色
- 第一背鳍和第二背鳍、臀鳍大小大致相同
- 牙齿呈尖锥状，可以从嘴内伸出，两颌向前大幅度张开
- 第一背鳍位于胸鳍和腹鳍之间
- 全身细长
- 吻尖突出，非常长

颌部构造
可以快速向前弹射而出
上颌
下颌

虽然我很有个性，但把我叫作"恶魔""哥布林""外星人"，不过分吗？

牙齿形态
10毫米

小知识
也被称作"箕作鲛"，以日本明治时代的动物学家箕作佳吉博士命名。

为何恐惧

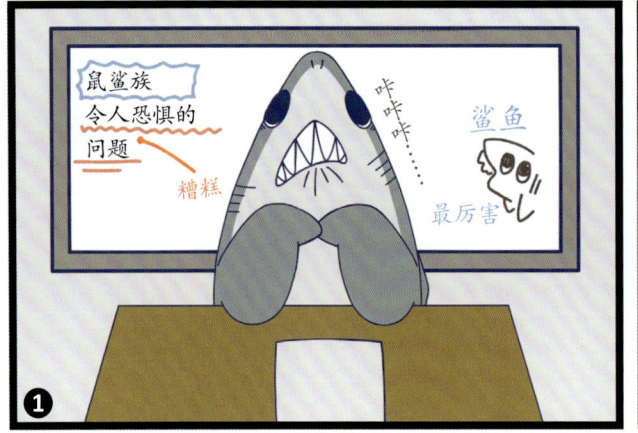
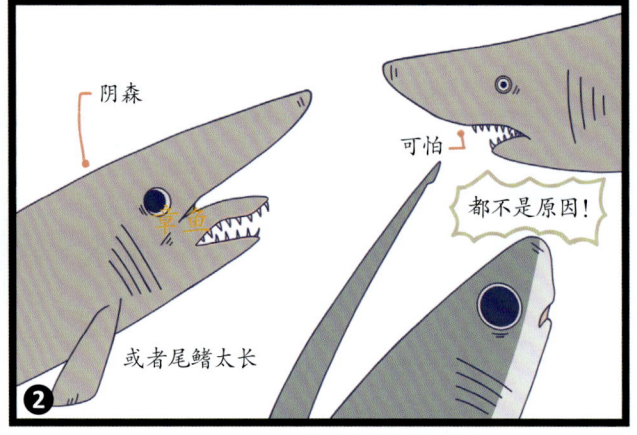
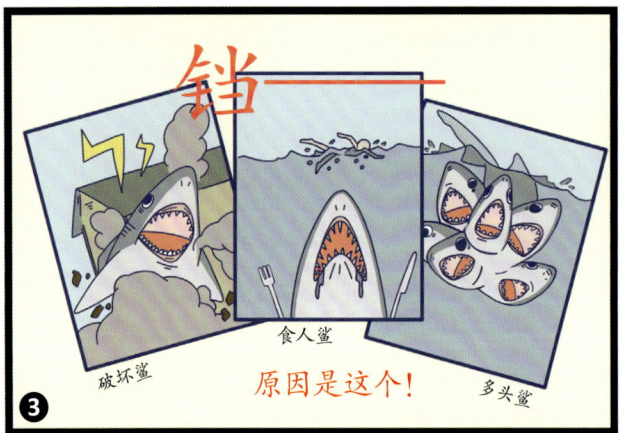

真鯊目

右满舵！用双髻敲钟吧！
路氏双髻鲨
Scalloped hammerhead

真鲨目

双髻鲨科

Sphyrna lewini

路氏双髻鲨具有铁锤一样的"头髻"。它的眼睛位于头髻两端，视野比其他鲨鱼更加宽广，但缺点是难以看到正前方。

双髻鲨的鼻孔也位于眼睛附近，其电感受器——罗伦氏瓮也要比其他鲨鱼更为发达。多数鲨鱼喜欢独来独往，而路氏双髻鲨则是以数百条的大群体一起行动。

裙带菜碎碎念
它与众不同的头部是其魅力所在，令人难忘。

趣谈
头部在游动时起到类似"飞机机翼"的作用，可有效减小阻力。

生存区域
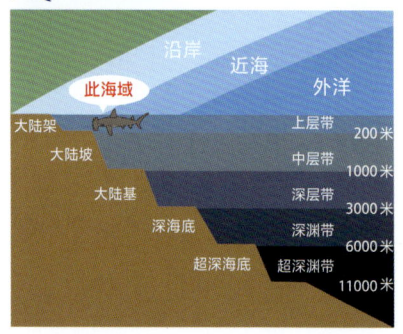

分布图
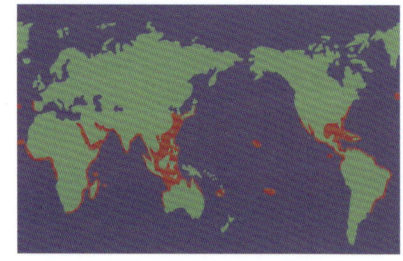

资料
- **全长**：2.5~4.3米
- **分布**：太平洋、印度洋、大西洋、地中海的温带至热带海域
- **生境**：岛周边、大陆架的浅海至水深约300米以下区域。偶尔也潜至1000米左右的深度
- **食性**：小型鲨鱼、鳐鱼等鱼类，章鱼等头足类动物
- **繁殖**：胎生。每胎产15~30条幼仔

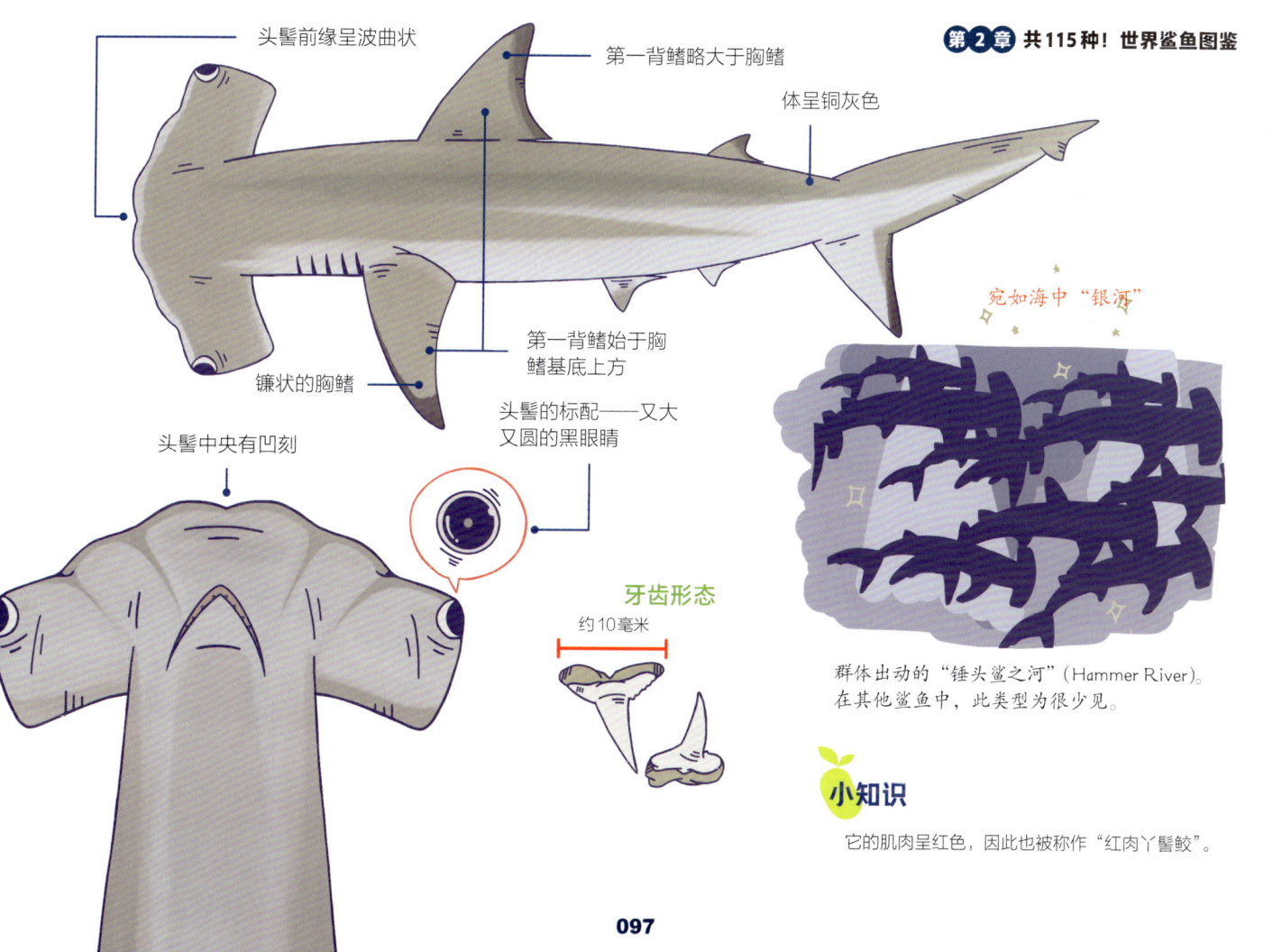

第 2 章 共115种！世界鲨鱼图鉴

- 头鬐前缘呈波曲状
- 第一背鳍略大于胸鳍
- 体呈铜灰色
- 第一背鳍始于胸鳍基底上方
- 镰状的胸鳍
- 头鬐的标配——又大又圆的黑眼睛
- 头鬐中央有凹刻

宛如海中"银河"

牙齿形态
约10毫米

群体出动的"锤头鲨之河"（Hammer River）。在其他鲨鱼中，此类型为很少见。

🍏 **小知识**

它的肌肉呈红色，因此也被称作"红肉丫髻鲛"。

锤头双髻鲨
Smooth hammerhead

双髻鲨界的"箭头"一定是我！

真鲨目

双髻鲨科

Sphyrna zygaena

锤头双髻鲨的肌肉呈白色。

其外观与路氏双髻鲨相似，但头部中央没有凹刻，前缘平滑。锤头双髻鲨是双髻鲨家族中分布纬度最高的物种。

裙带菜碎碎念

双髻鲨科的每个物种都有自己独特的头髻形态。

趣谈

虽然路氏双髻鲨在水族馆中经常能见到，但是锤头双髻鲨饲养困难，所以很少见。如果能遇到就太幸运了。

生存区域

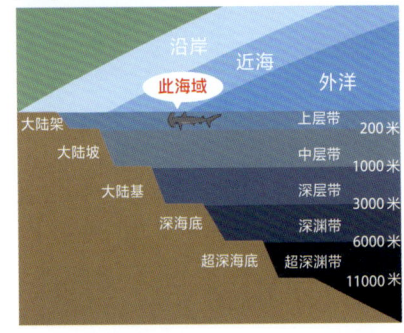

分布图

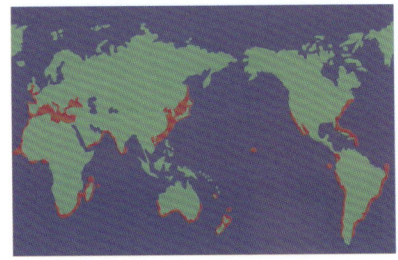

资料
- **全长**：2~4米
- **分布**：太平洋、印度洋、大西洋的热带、亚热带、温带海域
- **生境**：从沿岸到外洋区域，栖息范围广泛
- **食性**：小型鱼类，头足类，小型鳐鱼和鲨鱼等软骨鱼类
- **繁殖**：胎生。每胎产20~50条幼仔

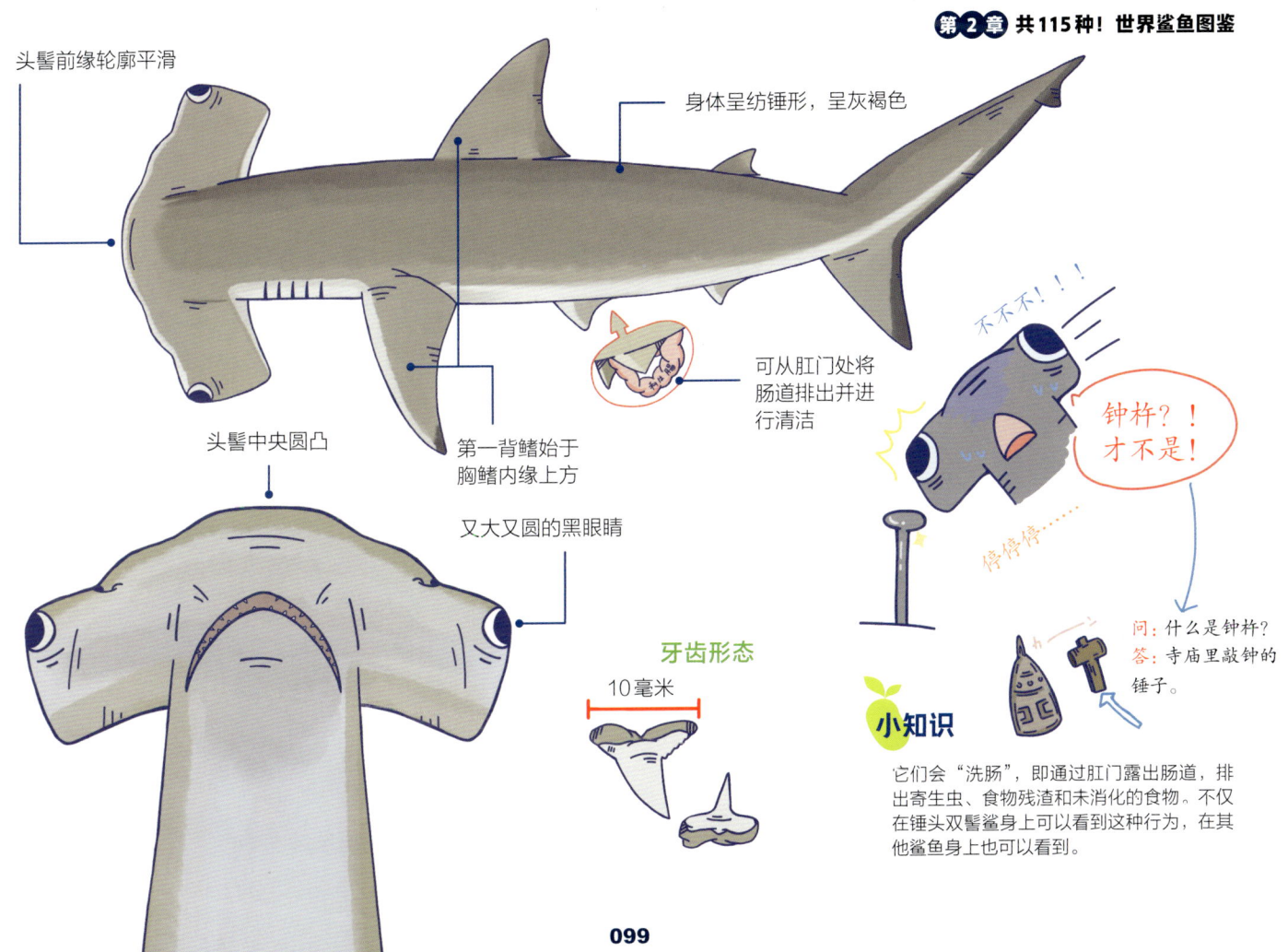

双髻鲨界里身躯最庞大！

无沟双髻鲨

Great hammerhead

真鲨目

双髻鲨科

Sphyrna mokarran

无沟双髻鲨是双髻鲨科中体形最大的物种。它的特点是头髻前缘平直，中央有凸刻，第一背鳍呈镰状，大而高耸。通过观察头髻与第一背鳍，可以将其与双髻鲨科其他物种进行区分。

它们最喜欢的食物是大型𫚉类。当无沟双髻鲨捕食𫚉鱼时，𫚉鱼的毒棘会扎进它的口中，但无沟双髻鲨对此类毒素免疫。有报道称在无沟双髻鲨的嘴里发现过𫚉鱼的毒棘。

裙带菜碎碎念

第一背鳍锋利健硕，呈镰状，非常迷人。

趣谈

平均长度为4~5米，但已确认存在长达6米的个体。鳍很大，所以被认为是高级鱼翅的原料。

生存区域

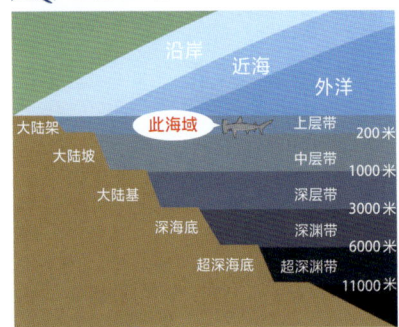

分布图

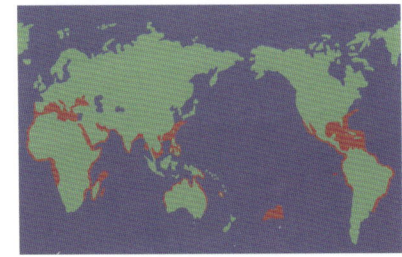

资料	
●**全长**：3~5米（最大6米）
●**分布**：大西洋、太平洋、印度洋的热带和亚热带水域
●**生境**：沿海到外洋区域。水深至80米的表层海域
●**食性**：硬骨鱼类、小型鳐鱼、𫚉类、小型鲨鱼等软骨鱼类
●**繁殖**：胎生。每胎产6~42条幼仔

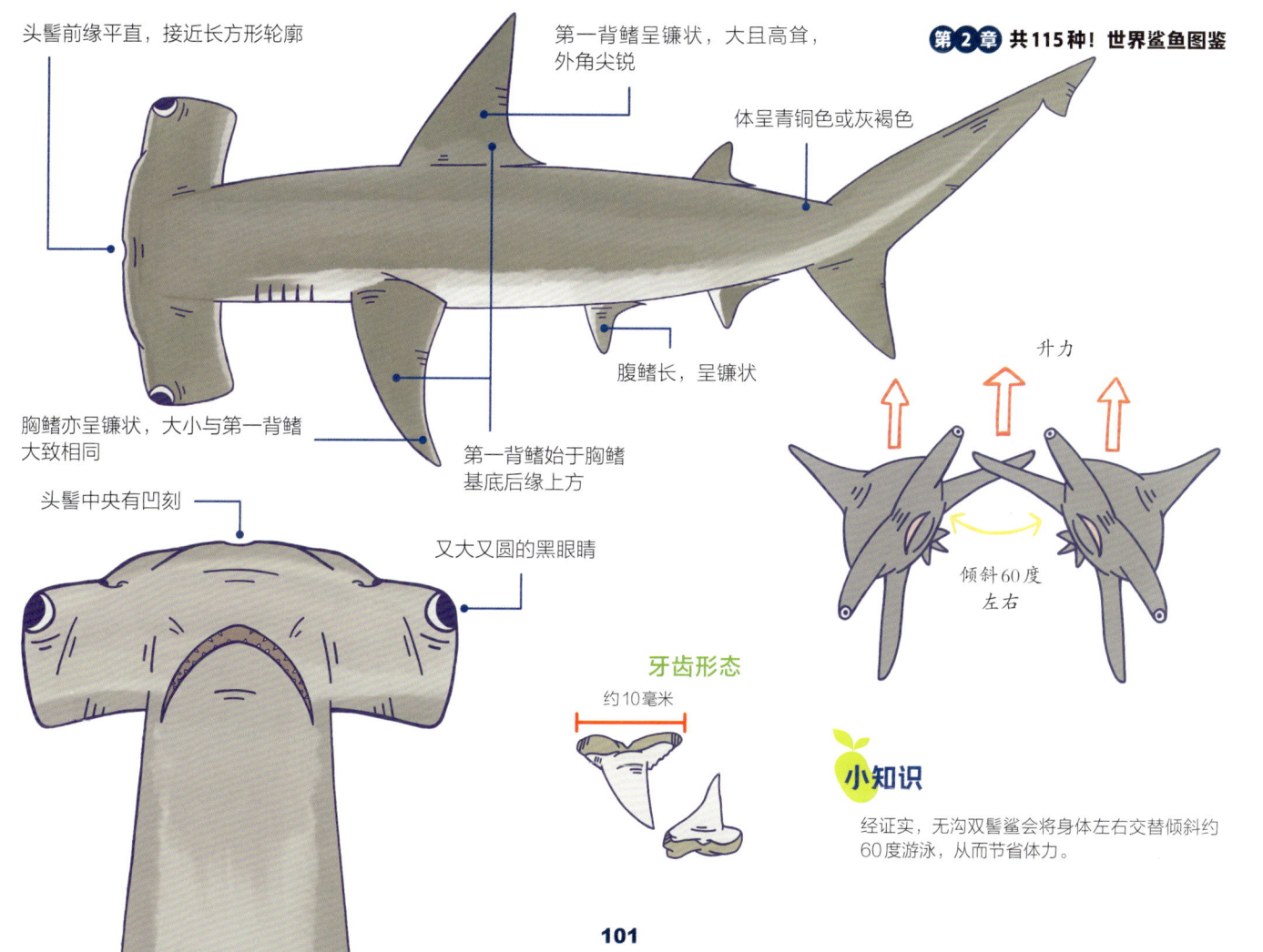

前往"龙宫城",请搭乘"丁字双髻鲨"航空!

丁字双髻鲨
Winghead shark

真鲨目

双髻鲨科

Eusphyra blochii

在双髻鲨科物种中,丁字双髻鲨拥有最宽的头髻,其宽度可达到全长的40%~50%。因此其位于头部两端的眼睛,拥有比其他鲨鱼更强的视觉能力和更为出色的立体视觉。同时,它们也具有较灵敏的嗅觉。颌部相对于头部来说较小。在母体内,胎儿的头髻会往后折叠。

裙带菜碎碎念

我想亲眼见见的鲨鱼之一。如果你摸摸它的头,它可能会给你带来好运。

趣谈

头髻很宽,罗伦氏瓮非常发达。

🦈 生存区域

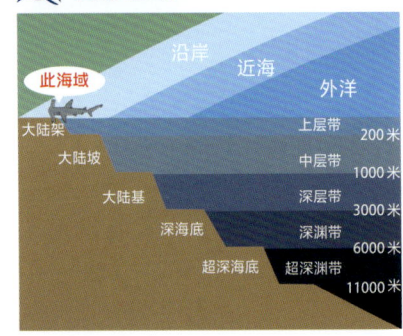

🐟 分布图

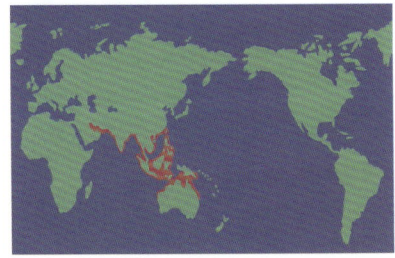

资料
- **全长**:1~1.8米
- **分布**:西太平洋、印度洋东北部的热带到亚热带地区。澳大利亚、东南亚、波斯湾等海域
- **生境**:大陆和岛屿周围的沿岸至大陆架海域
- **食性**:小型硬骨鱼类和头足类等
- **繁殖**:胎生。每胎产6~25条幼仔

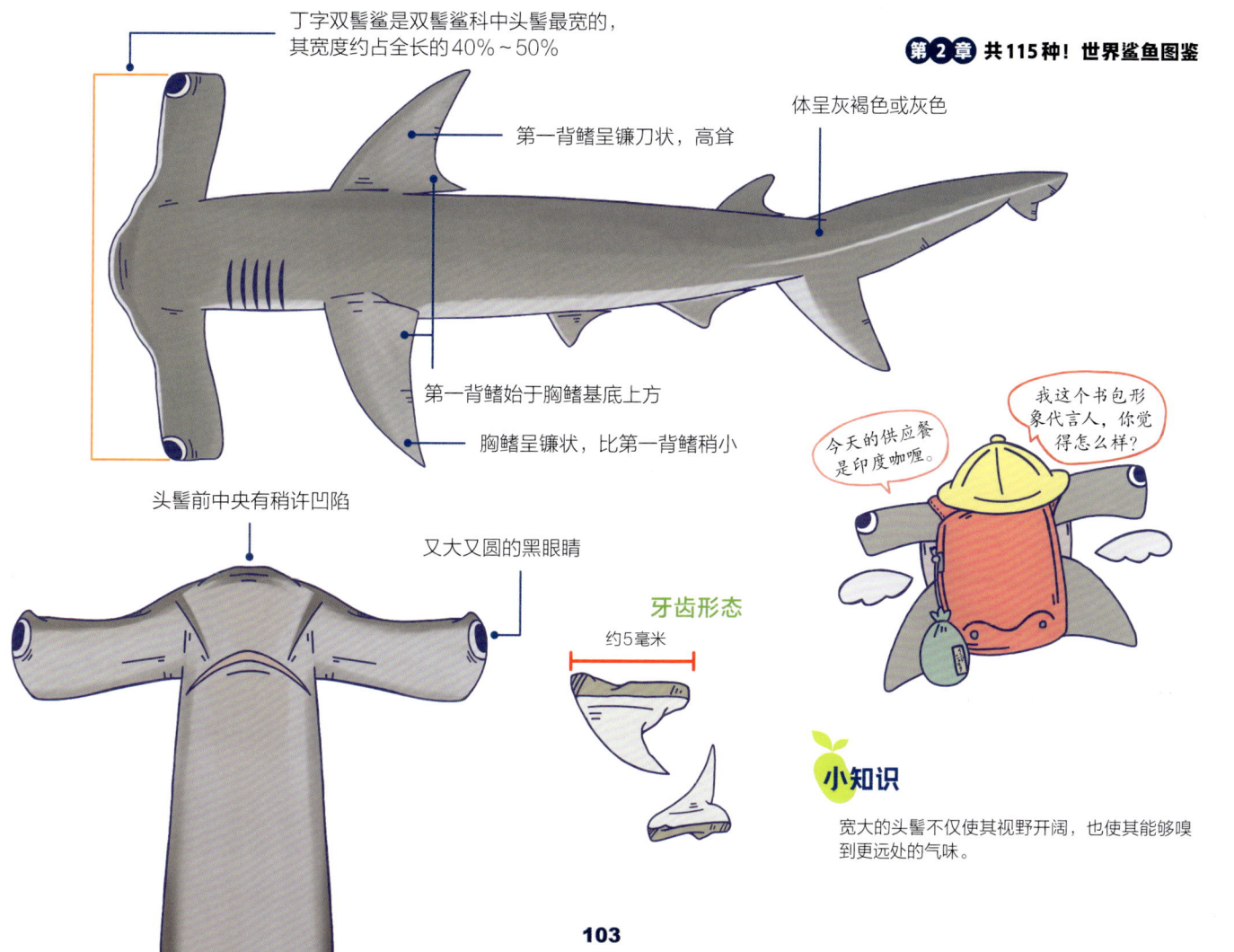

不是看着爸爸背影，而是看着妈妈的背影长大！！

窄头双髻鲨
Bonnethead shark

真鲨目

双髻鲨科

Sphyrna tiburo

窄头双髻鲨是双髻鲨科中体形最小的物种。顾名思义，其头髻较窄，前端呈圆形，形状像扇子或铁锹。

窄头双髻鲨是少数已被证实可以单性繁殖（孤雌生殖）的少数物种。这是在软骨鱼类中发现的首例单性繁殖物种。

此外，它是一种少见的植食性鲨鱼，可以进食并有效消化海草。

裙带菜碎碎念

能让我们感受到"生命具有无限可能性"的鲨鱼。"为母则刚"这句话很贴切！

趣谈

胆小，不具攻击性。它通过胃消化食物后吸收营养，而不是通过肠道。

生存区域

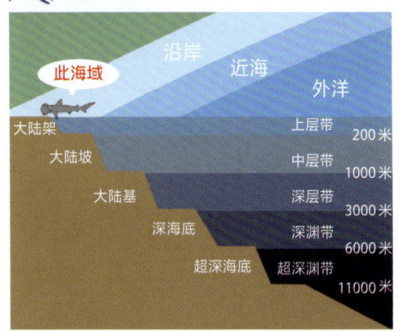

分布图

资料
- 全长：80厘米～1.5米
- 分布：南北美洲大陆附近的太平洋和大西洋温带海域
- 生境：沿岸的泥沙质海床、珊瑚礁、水深90米以上的大陆架海域
- 食性：小型鱼类、头足类、贝类、甲壳类等
- 繁殖：母体胎盘型胎生。每胎产4～21条幼仔

第 2 章 共115种！世界鲨鱼图鉴

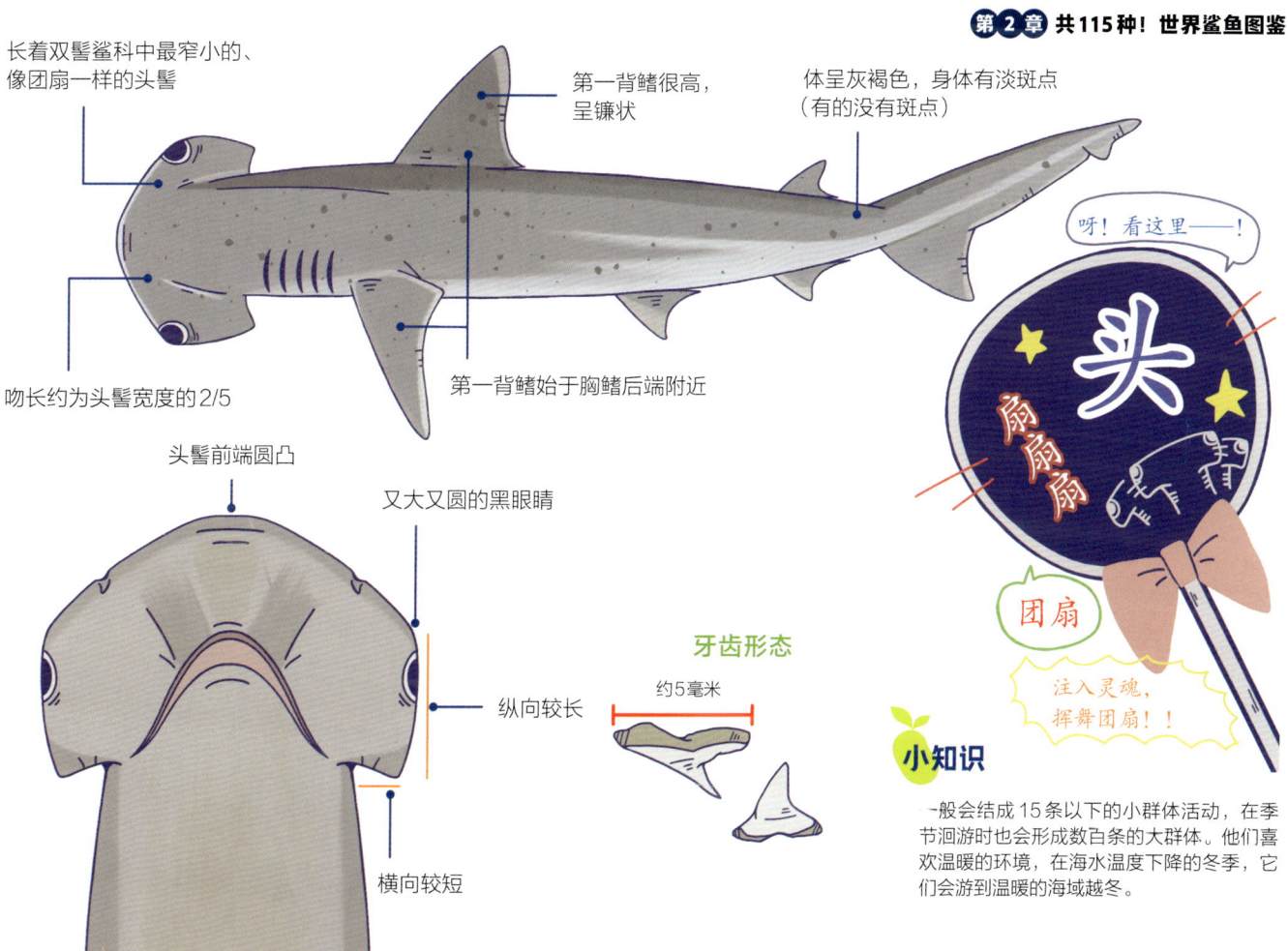

- 长着双髻鲨科中最窄小的、像团扇一样的头髻
- 第一背鳍很高，呈镰状
- 体呈灰褐色，身体有淡斑点（有的没有斑点）
- 吻长约为头髻宽度的 2/5
- 第一背鳍始于胸鳍后端附近
- 头髻前端圆凸
- 又大又圆的黑眼睛
- 纵向较长
- 横向较短

牙齿形态

约5毫米

呀！看这里——！

头 扇扇扇

团扇

注入灵魂，挥舞团扇！！

小知识

一般会结成15条以下的小群体活动，在季节洄游时也会形成数百条的大群体。他们喜欢温暖的环境，在海水温度下降的冬季，它们会游到温暖的海域越冬。

路行何方？那里？这里？
皱唇鲨
Banded houndshark

真鲨目

皱唇鲨科

Triakis scyllium

皱唇鲨的牙齿为多峰性，较为厚实，三个齿尖向外侧稍微倾斜。皱唇鲨性格温和，若在海里遇到人类，不仅不会主动攻击，反而会迅速逃跑。

皱唇鲨也可以生活在盐度较低的汽水水域①、浅滩、泥沙质海床等地。夜间它们会出现在浅水区，非常活跃。

---
① 盐度介于淡水与海水之间的水域。

裙带菜碎碎念
我太喜欢和锥齿鲨一起狂舞的皱唇鲨了，想一直看着它们。

趣谈
据说，皱唇鲨的头部与龟鳖的很像？

🦈 生存区域
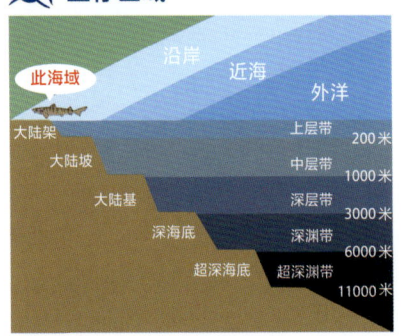

🦈 分布图

资料
- **全长**：1~1.5米
- **分布**：西北太平洋近海
- **生境**：栖息在内湾和沿岸的泥沙质海床上
- **食性**：小型硬骨鱼类和甲壳类等
- **繁殖**：卵胎生。每胎产10~24条幼仔

第 2 章　共115种！世界鲨鱼图鉴

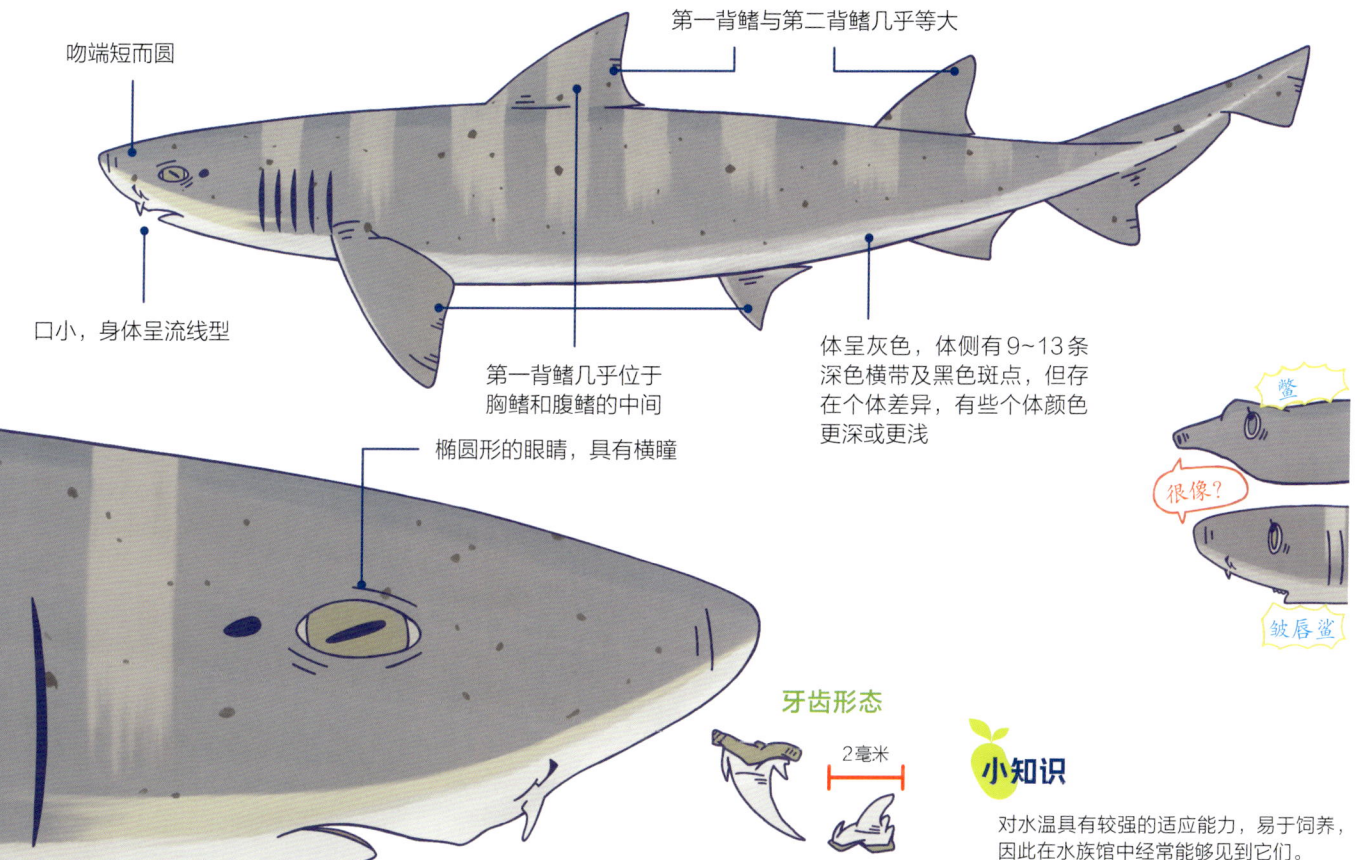

- 吻端短而圆
- 第一背鳍与第二背鳍几乎等大
- 口小，身体呈流线型
- 第一背鳍几乎位于胸鳍和腹鳍的中间
- 椭圆形的眼睛，具有横瞳
- 体呈灰色，体侧有9~13条深色横带及黑色斑点，但存在个体差异，有些个体颜色更深或更浅

鲨

很像？

皱唇鲨

牙齿形态

2毫米

🍎 **小知识**

对水温具有较强的适应能力，易于饲养，因此在水族馆中经常能够见到它们。

它的日本名字"永乐"听起来很吉利。

日本半皱唇鲨

Japanese topeshark

真鲨目

皱唇鲨科

Hemitriakis japanica

日本半皱唇鲨的各鳍边缘呈白色,没有特征性的斑点等花纹。椭圆形的眼睛位于背侧,从腹面看不见。牙齿较薄且如利刃般尖利,所以很容易与其他鲨鱼区分开来。也有地方称之为"翅鲨"。

日本半皱唇鲨非常温顺、安静,常常在底层海域活动。

裙带菜碎碎念

在水族馆里仔细观察它们,发现它们与其他鲨鱼的细微差别,是一件非常有趣的事情。

趣谈

有人把它们当宠物饲养。

生存区域

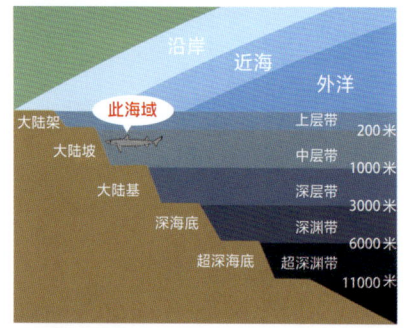

分布图

资料
- **全长**:最大1.2米
- **分布**:西北太平洋。日本千叶县以南等地
- **生境**:从水深100米的大陆架边缘到700米左右的大陆坡附近
- **食性**:小型硬骨鱼类、头足类、甲壳类等
- **繁殖**:胎生。每胎产8~22条幼仔

第 2 章 共115种！世界鲨鱼图鉴

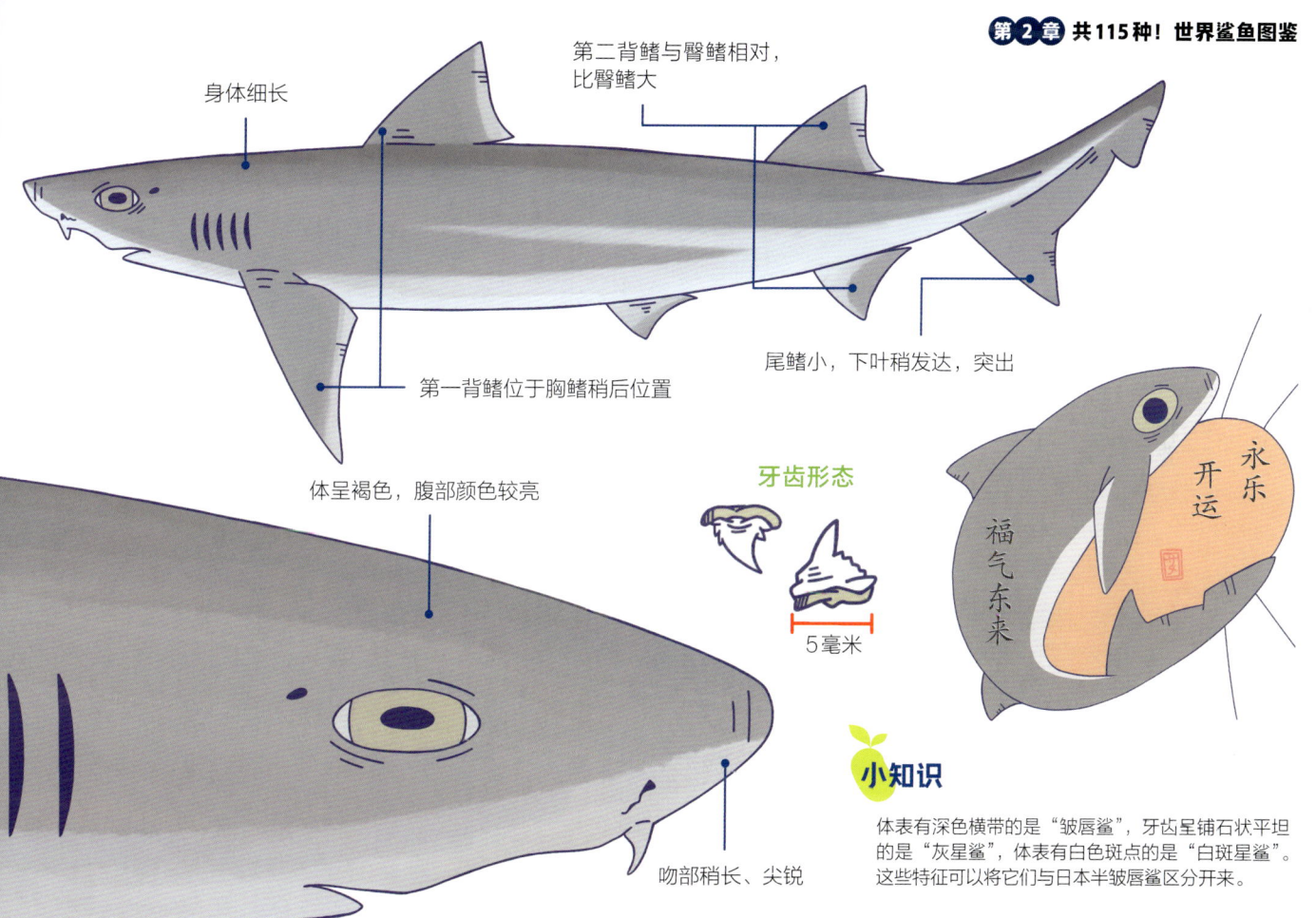

- 身体细长
- 第二背鳍与臀鳍相对，比臀鳍大
- 第一背鳍位于胸鳍稍后位置
- 尾鳍小，下叶稍发达，突出
- 体呈褐色，腹部颜色较亮
- 吻部稍长、尖锐

牙齿形态

5毫米

永乐开运
福气东来

小知识

体表有深色横带的是"皱唇鲨"，牙齿呈铺石状平坦的是"灰星鲨"，体表有白色斑点的是"白斑星鲨"。这些特征可以将它们与日本半皱唇鲨区分开来。

不想被做成料理啊！

翅鲨
School shark（Tope shark）

真鲨目

皱唇鲨科

Galeorhinus galeus

翅鲨的英文名称为"School shark"，但"school"并非指"学校"，而是"群体"的意思。这是因为它们具有成群结队洄游的习性。翅鲨行动迅速，性情活泼，但性格非常温顺。

裙带菜碎碎念

在欧美国家被作为食用鱼类。但切不可捕捞过度呀。

趣谈

翅鲨性格温和，像不像绅士？！

生存区域

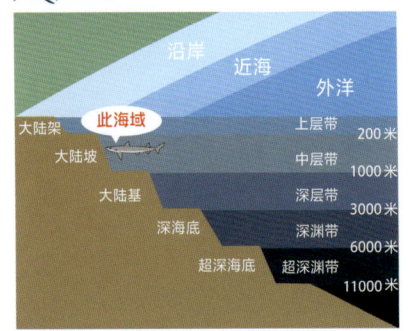

分布图

资料

- **全长**：1.3~2米
- **分布**：中、东及南太平洋，东北及南大西洋，地中海温带海域
- **生境**：从表层到水深800米左右的大陆架斜坡海域
- **食性**：硬骨鱼类、头足类、甲壳类等
- **繁殖**：胎生。每胎产6~52条幼仔

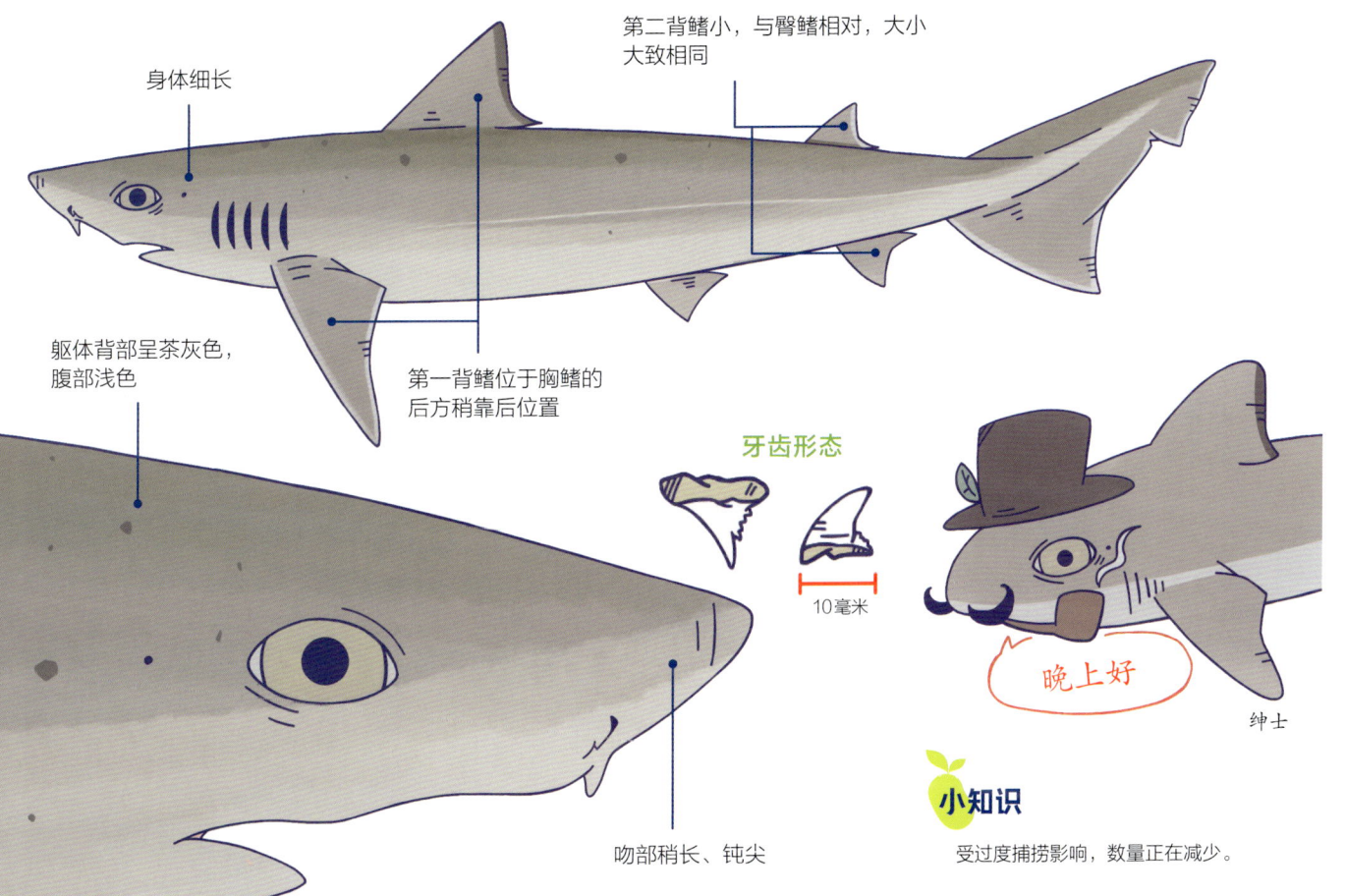

以美味闻名！但请不要滥捕！

灰星鲨
Spotless smooth-hound

真鲨目

皱唇鲨科

Mustelus griseus

灰星鲨与白斑星鲨（第114页）非常相似，但可以从以下几点进行区分：1.灰星鲨体侧没有白色斑点；2.繁殖方式大不相同；3.虽然两者存在同域分布，但灰星鲨的栖息地更窄。

裙带菜碎碎念

灰星鲨没有强烈的氨味，可食用，但也不要过度捕捞呀。

趣谈

在有些地方被称为"灰鲨"或"白布鲨"。

生存区域

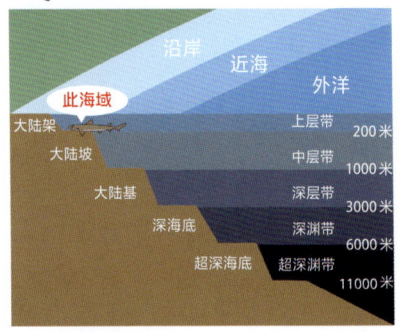

分布图

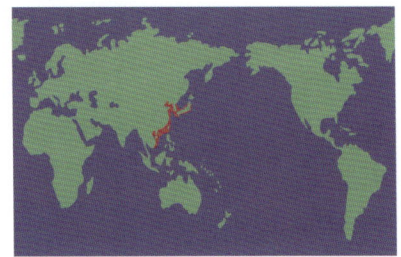

资料

- **全长**：80厘米~1.1米
- **分布**：西北太平洋的热带至温带海域
- **生境**：水深20~260米左右的泥沙质海床海域
- **食性**：虾、蟹、寄居蟹等甲壳类动物等
- **繁殖**：胎生（一说为卵胎生）

第 2 章 共115种！世界鲨鱼图鉴

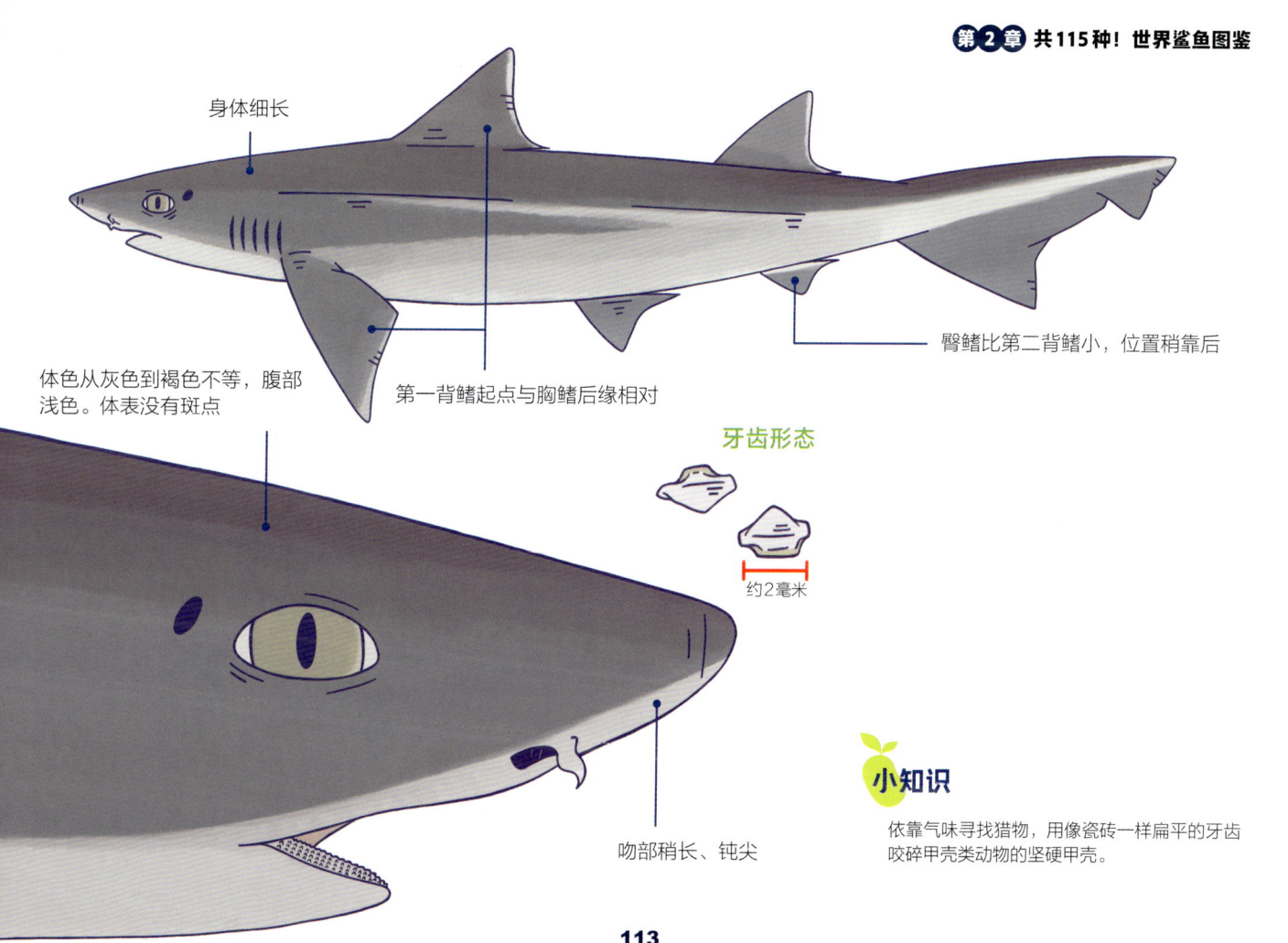

身体细长

臀鳍比第二背鳍小，位置稍靠后

第一背鳍起点与胸鳍后缘相对

体色从灰色到褐色不等，腹部浅色。体表没有斑点

牙齿形态

约2毫米

吻部稍长、钝尖

小知识

依靠气味寻找猎物，用像瓷砖一样扁平的牙齿咬碎甲壳类动物的坚硬甲壳。

海洋里镶嵌着漂亮的"星星"!

白斑星鲨

Starspotted smooth-hound

真鲨目

皱唇鲨科

Mustelus manazo

白斑星鲨与灰星鲨相似,但两者存在诸多区别,详见第112页。

裙带菜碎碎念

白斑星鲨可以被加工成鱼干和鱼糕等食品。

趣谈

因身上的白色斑点看起来像星空,所以它被叫作"白斑星鲨"。

🐟 生存区域

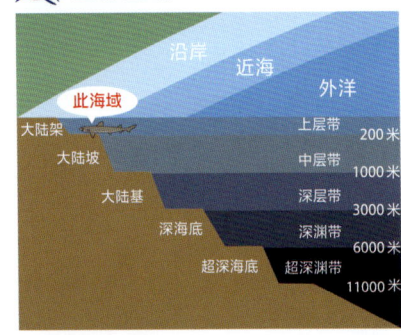

🐟 分布图

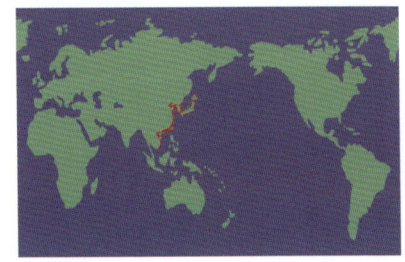

资料
- **全长**:1~1.3米
- **分布**:西北太平洋近海
- **生境**:水深0—200米的泥沙质海床上等。有时能潜入300米以下的深度
- **食性**:虾、蟹、寄居蟹等甲壳类,贝类,乌贼等头足类等
- **繁殖**:卵胎生。每胎产1~22条幼仔

第2章 共115种！世界鲨鱼图鉴

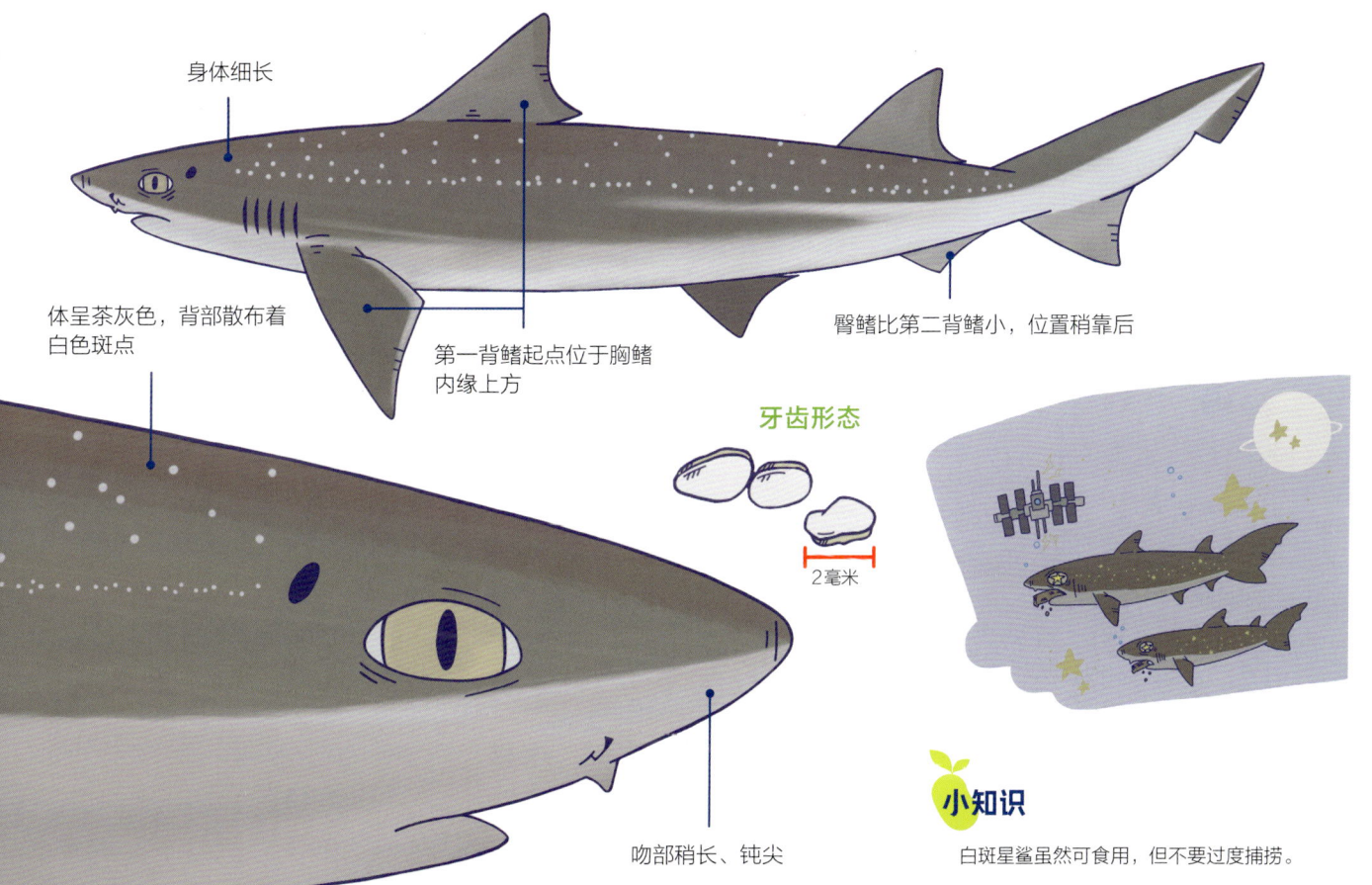

- 身体细长
- 体呈茶灰色，背部散布着白色斑点
- 第一背鳍起点位于胸鳍内缘上方
- 臀鳍比第二背鳍小，位置稍靠后
- 吻部稍长、钝尖

牙齿形态

2毫米

小知识

白斑星鲨虽然可食用，但不要过度捕捞。

再次问候！我是千寻。我稍微改了名字。

小齿拟皱唇鲨

False catshark

真鲨目

拟皱唇鲨科

Pseudotriakis microdon

小齿拟皱唇鲨的特征是头部宽扁，吻部钝圆。虽然口腔比例很大，但口中的牙齿很小，密密麻麻地排列在口中。

小齿拟唇鲨有巨大的肝脏，肝脏里含有大量的鱼肝油，相当于鱼鳔能够控制沉浮。

第一背鳍基底非常长，从胸鳍的位置一直延伸到腹鳍前端。

小齿拟皱唇鲨的肌肉松弛且柔软，所以游泳速度较慢。

裙带菜碎碎念

大块头搭配上酷酷的表情，是我的"菜"。

趣谈

上下颌有超过200排牙齿。

生存区域

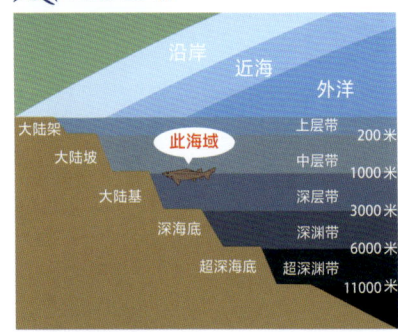

分布图

资料
- **全长**：2.5~3米
- **分布**：中、西太平洋，北大西洋，印度洋
- **生境**：水深200~2500米左右的大陆架和大陆坡海域
- **食性**：硬骨鱼类、头足类、甲壳类等底栖动物
- **繁殖**：卵胎生。每胎产2~4条幼仔

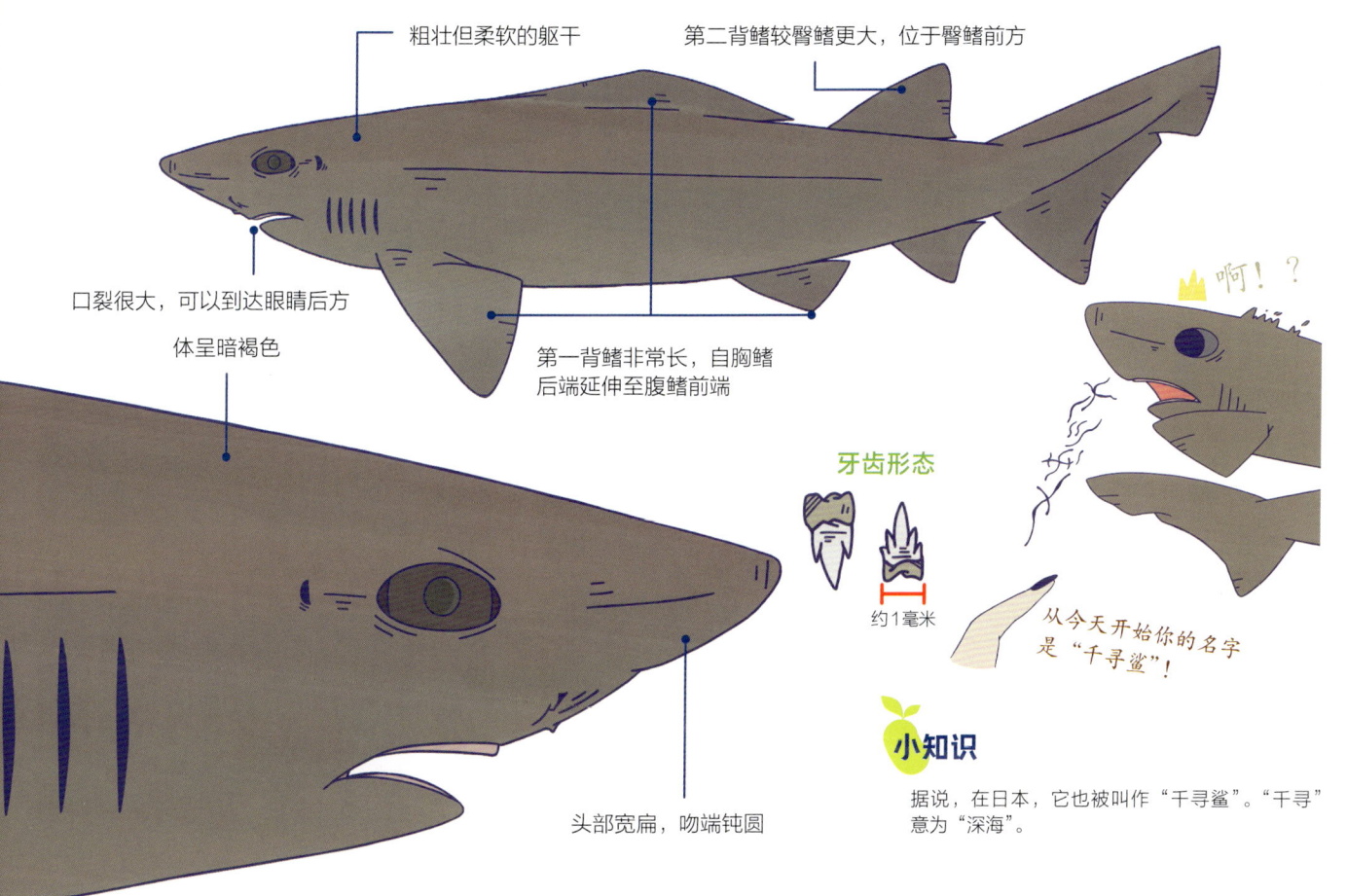

我的牙齿弹飞出来了，请不要介意！

半锯鲨

Snaggletooth shark

真鲨目

半沙条鲨科

Hemipristis elongata

半锯鲨为罕见物种，难得一见。因此，关于其生物学特性几乎未知。其各鳍呈镰状，胸鳍相对较小。鳃孔宽大，大约是眼径①的3倍。半锯鲨的主要特征是有单峰齿（齿侧无副齿），形态细长，边缘锋利，从口中向外突出。上颌齿边缘呈锯齿状，向后侧弯曲。受过度捕捞影响，半锯鲨的数量正在减少。

裙带菜碎碎念

半锯鲨拥有独特的颌齿。

生存区域

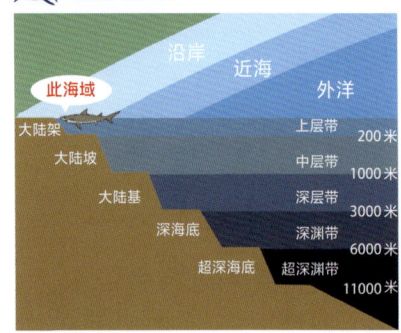

分布图

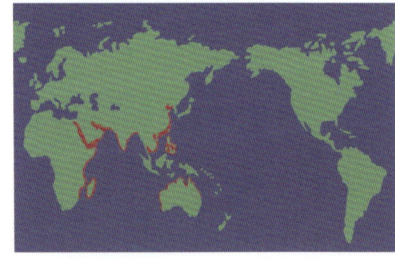

---

① 由眼前缘到后缘的直线距离。——编者注

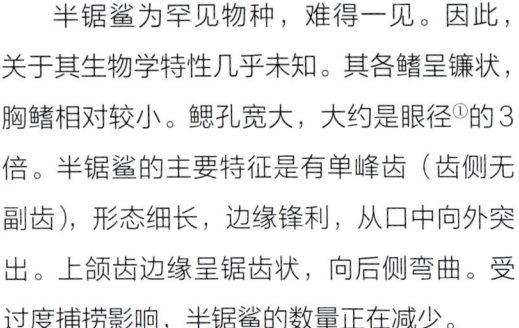

资料	
●全长	最大2.4米
●分布	西太平洋、印度洋的热带至温带海域等
●生境	从浅海到水深130米左右的大陆架上斜坡海域
●食性	硬骨鱼类、头足类等
●繁殖	胎生。每胎约产2~11条幼仔

第2章 共115种！世界鲨鱼图鉴

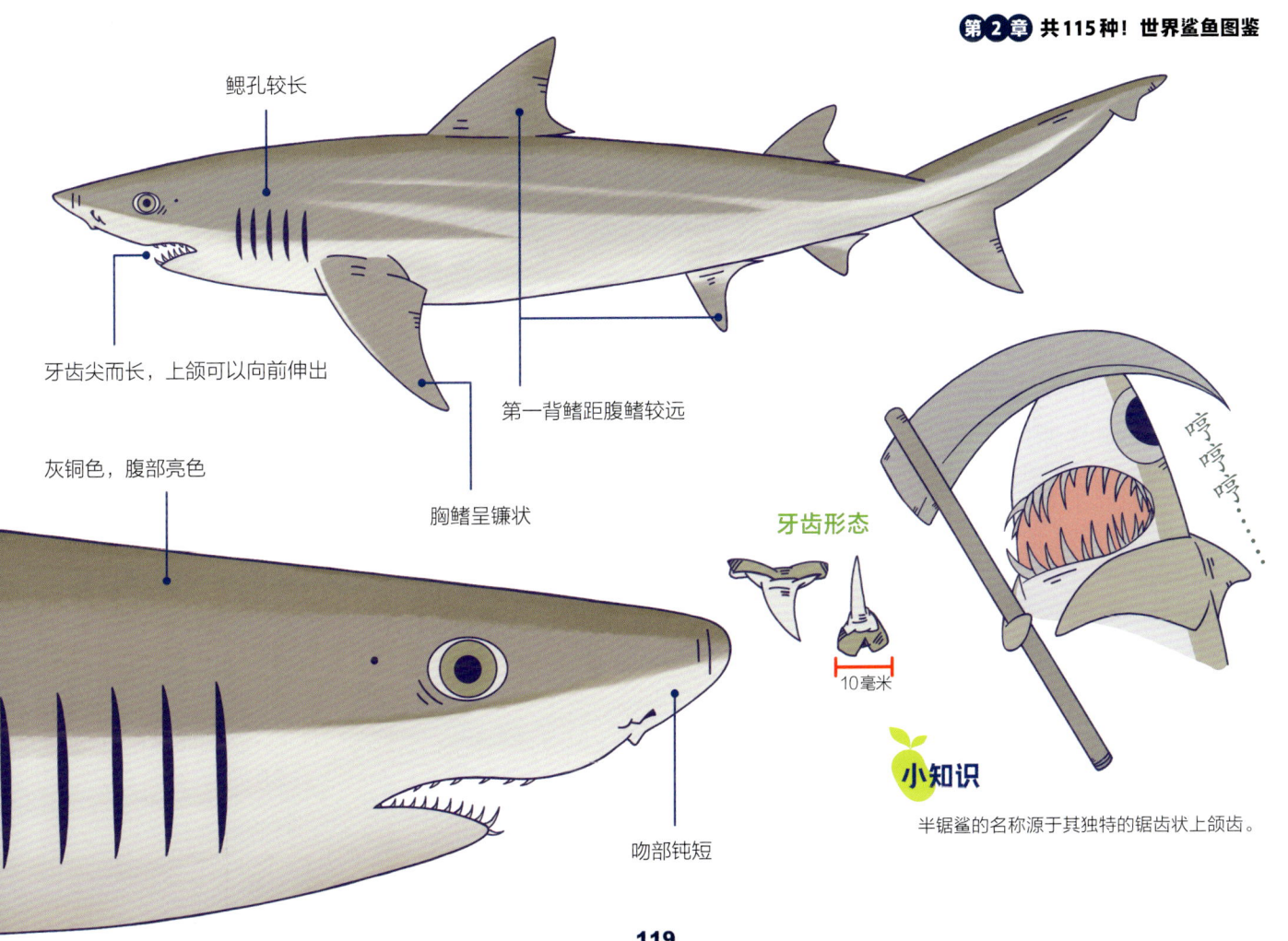

鳃孔较长

牙齿尖而长，上颌可以向前伸出

灰铜色，腹部亮色

第一背鳍距腹鳍较远

胸鳍呈镰状

吻部钝短

牙齿形态

10毫米

哼哼哼……

小知识

半锯鲨的名称源于其独特的锯齿状上颌齿。

贪吃的大胃王鲨鱼。

鼬鲨

Tiger shark

真鲨目

鼬鲨科

Galeocerdo cuvier

鼬鲨被称为"海洋垃圾箱",任何可入口的东西都会被其吞下。有时,它们甚至会吞下油桶和汽车号牌。幼年鼬鲨的背部有明显的深色条纹,随着年龄的增长条纹会逐渐淡去。鼬鲨的英文名"Tiger shark"便来源于其背部的花纹。

裙带菜碎碎念

以"凶猛和危险"出名,但仔细观察,会发现它长着一张可爱的脸。

趣谈

在澳大利亚,一条被送往水族馆的鼬鲨曾帮助当地警方破获了一起凶杀案。

生存区域

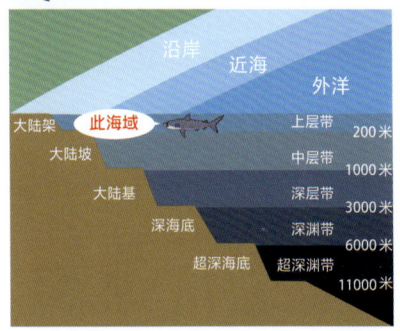

分布图

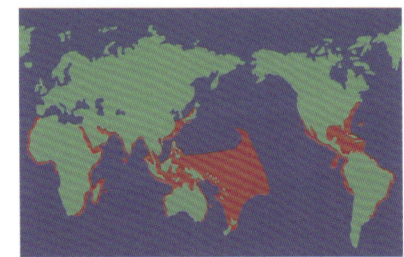

资料	
● **全长:**	4~5.5米(也有最大接近7米的个体报告)
● **分布:**	太平洋、印度洋、大西洋的热带、亚热带海域及温带海域
● **生境:**	栖息在沿岸及外洋表层区域至水深140米左右的海域
● **食性:**	硬骨鱼类,海龟、甲壳类,哺乳类、鸟类,软骨鱼类等
● **繁殖:**	卵胎生。每胎产10~80条幼仔

第 2 章　共115种！世界鲨鱼图鉴

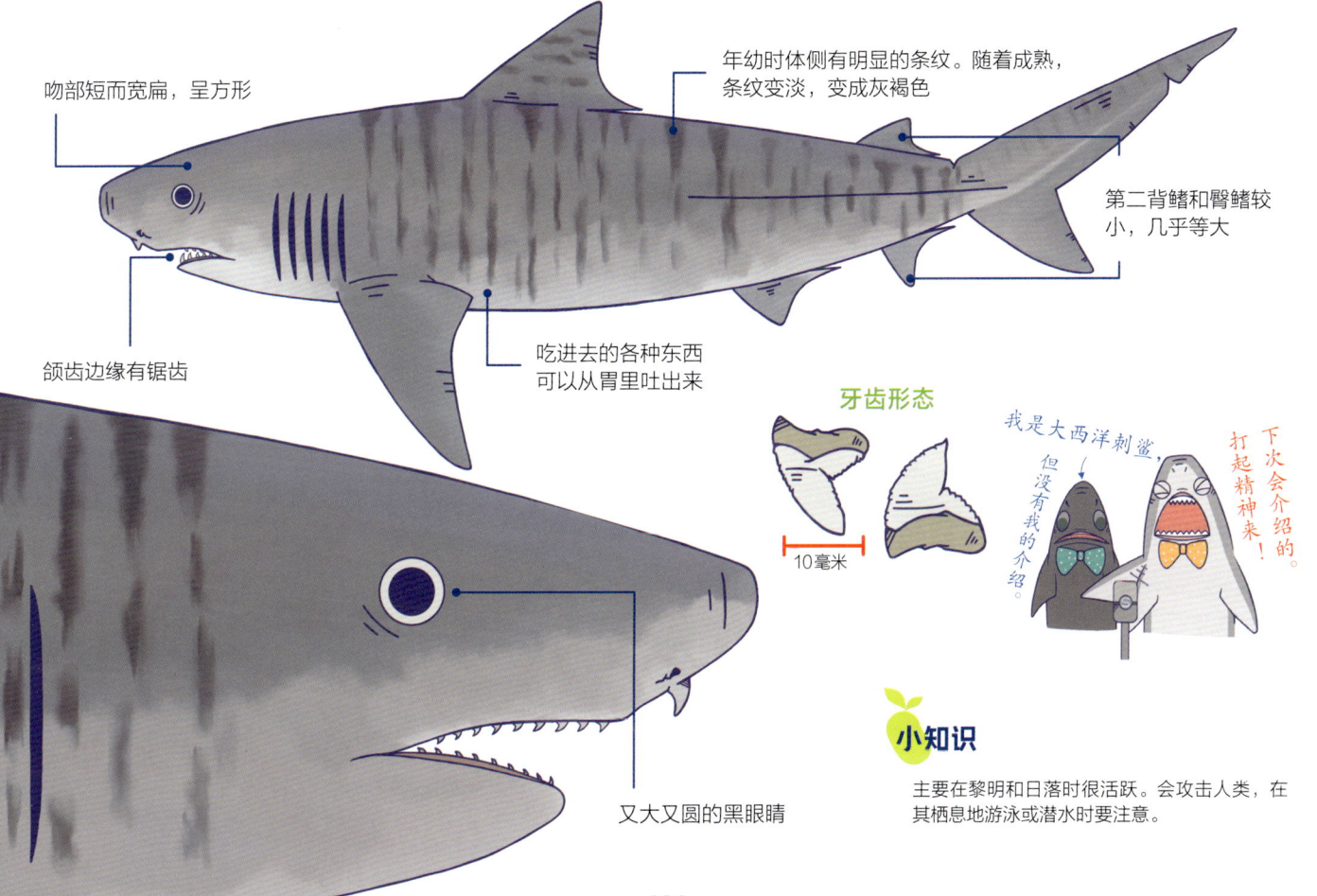

- 吻部短而宽扁，呈方形
- 年幼时体侧有明显的条纹。随着成熟，条纹变淡，变成灰褐色
- 第二背鳍和臀鳍较小，几乎等大
- 颌齿边缘有锯齿
- 吃进去的各种东西可以从胃里吐出来
- 又大又圆的黑眼睛

牙齿形态

10毫米

我是大西洋刺鲨，但没有我的介绍。

下次会介绍的，打起精神来！

🍏 **小知识**

主要在黎明和日落时很活跃。会攻击人类，在其栖息地游泳或潜水时要注意。

可能是柠檬味的？
犁鳍柠檬鲨
Sharptooth lemon shark

真鲨目

真鲨科

Negaprion acutidens

犁鳍柠檬鲨名字的由来，是因为它背部呈像柠檬一样的黄色。但是，其体色存在个体差异，有时黄色较浅，有时较深，有时接近灰色，所以仅根据体色有的很难辨别是不是柠檬鲨。

柠檬鲨无须不停游动，也可使水流通过鳃部进行呼吸，所以它们可以在海床上休憩。犁鳍柠檬鲨生性好动，好奇心强。

裙带菜碎碎念
多在水族馆饲养，如果你发现了它们，可以观察一下它们身体的颜色是否为偏柠檬黄的颜色。

趣谈
虽然叫犁鳍柠檬鲨，但不是柠檬味的呀。

生存区域

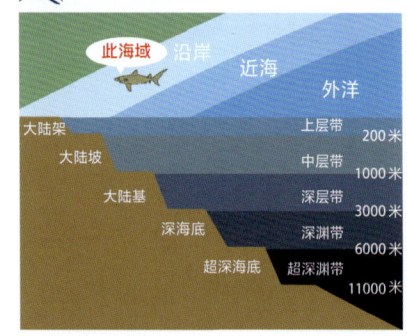

分布图

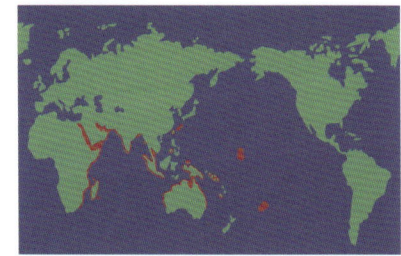

资料
- **全长**：2~3.1米
- **分布**：中西太平洋、印度洋的热带到亚热带海域
- **生境**：喜欢栖息在水深90米左右的海湾、河口、珊瑚礁区域及浑浊的海域
- **食性**：包括鲨鱼在内的软骨鱼类、硬骨鱼类、甲壳类、头足类等
- **繁殖**：胎生。每胎产10条左右幼仔

第 2 章 共115种！世界鲨鱼图鉴

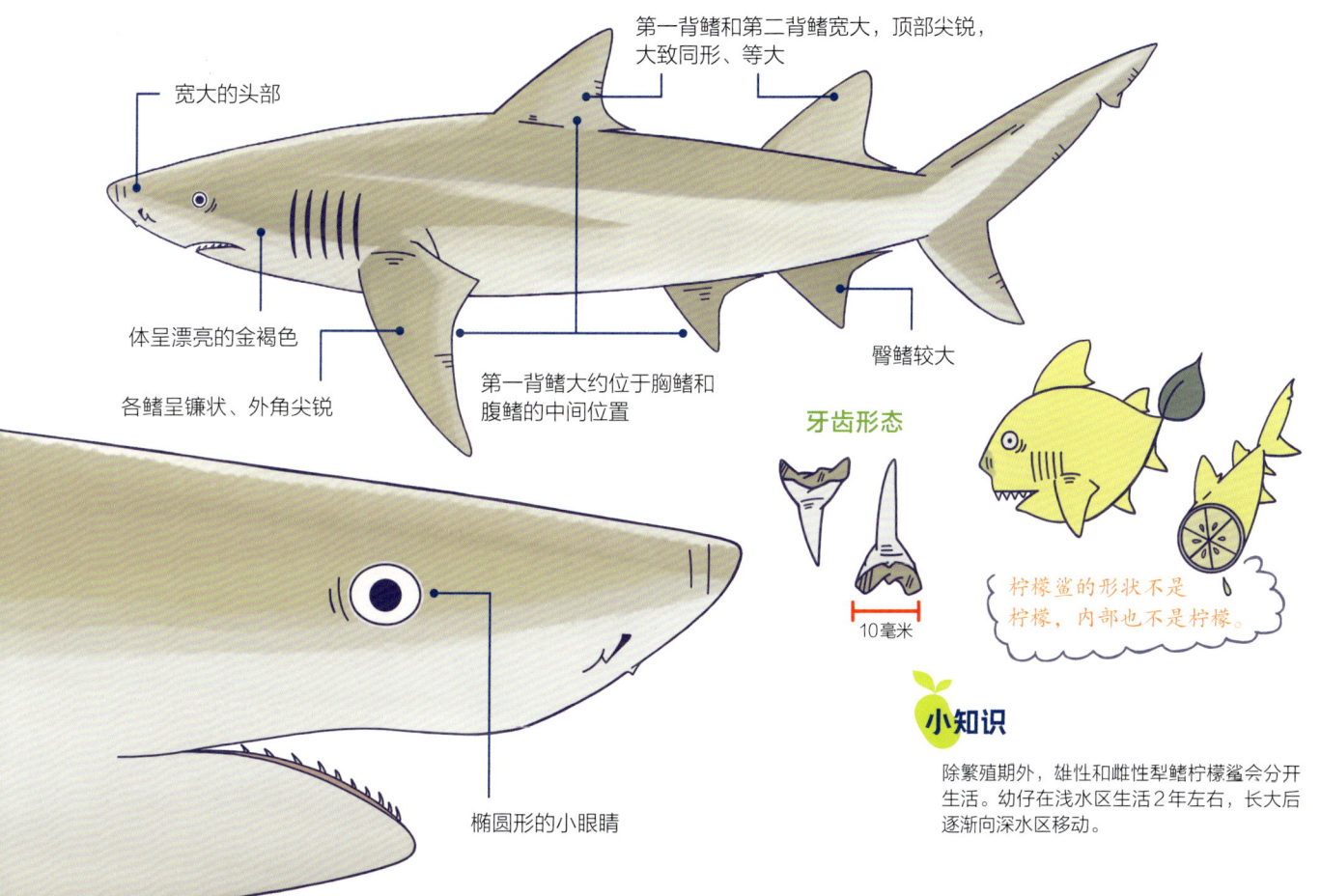

- 宽大的头部
- 第一背鳍和第二背鳍宽大，顶部尖锐，大致同形、等大
- 体呈漂亮的金褐色
- 各鳍呈镰状、外角尖锐
- 第一背鳍大约位于胸鳍和腹鳍的中间位置
- 臀鳍较大
- 椭圆形的小眼睛

牙齿形态

10毫米

柠檬鲨的形状不是柠檬，内部也不是柠檬。

小知识

除繁殖期外，雄性和雌性犁鳍柠檬鲨会分开生活。幼仔在浅水区生活2年左右，长大后逐渐向深水区移动。

虽是柠檬却不酸。

短吻柠檬鲨
Lemon shark

真鲨目

真鲨科

Negaprion brevirostris

短吻柠檬鲨（又叫柠檬鲨）适应能力很强，在红树林、岩礁、河口等地方也能长时间生存。这是因为它们具有在盐度较低和溶解氧（溶解于水中的氧气含量）较少的地方生存的能力。顺便一提，短吻柠檬鲨的英文名是"Lemon shark"，犁鳍柠檬鲨的英文名是"Sharptooth lemon shark"，别弄错了噢。

裙带菜碎碎念

如果要比喻尖鳍柠檬鲨和短吻柠檬鲨之间的关系，那可能是像"濑户内柠檬"和"地中海柠檬"这样的关系（这是我个人的看法）。

趣谈

不论昼夜，均会活动。

生存区域

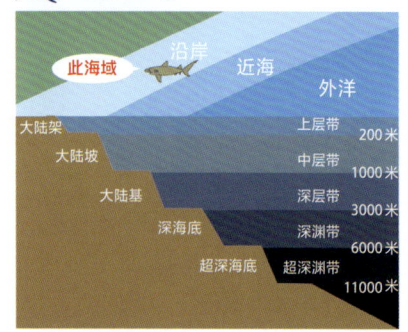

分布图

资料
- ●全长：2~3.7米
- ●分布：东太平洋热带沿岸、加勒比海、大西洋、西非沿岸等
- ●生境：喜欢栖息在水深90米以上的海湾、河口、珊瑚礁区域和浑浊的水域
- ●食性：包括鲨鱼在内的软骨鱼类、硬骨鱼类、甲壳类、头足类等
- ●繁殖：母体胎盘型胎生。每胎产4~17条幼仔

第 2 章 共115种！世界鲨鱼图鉴

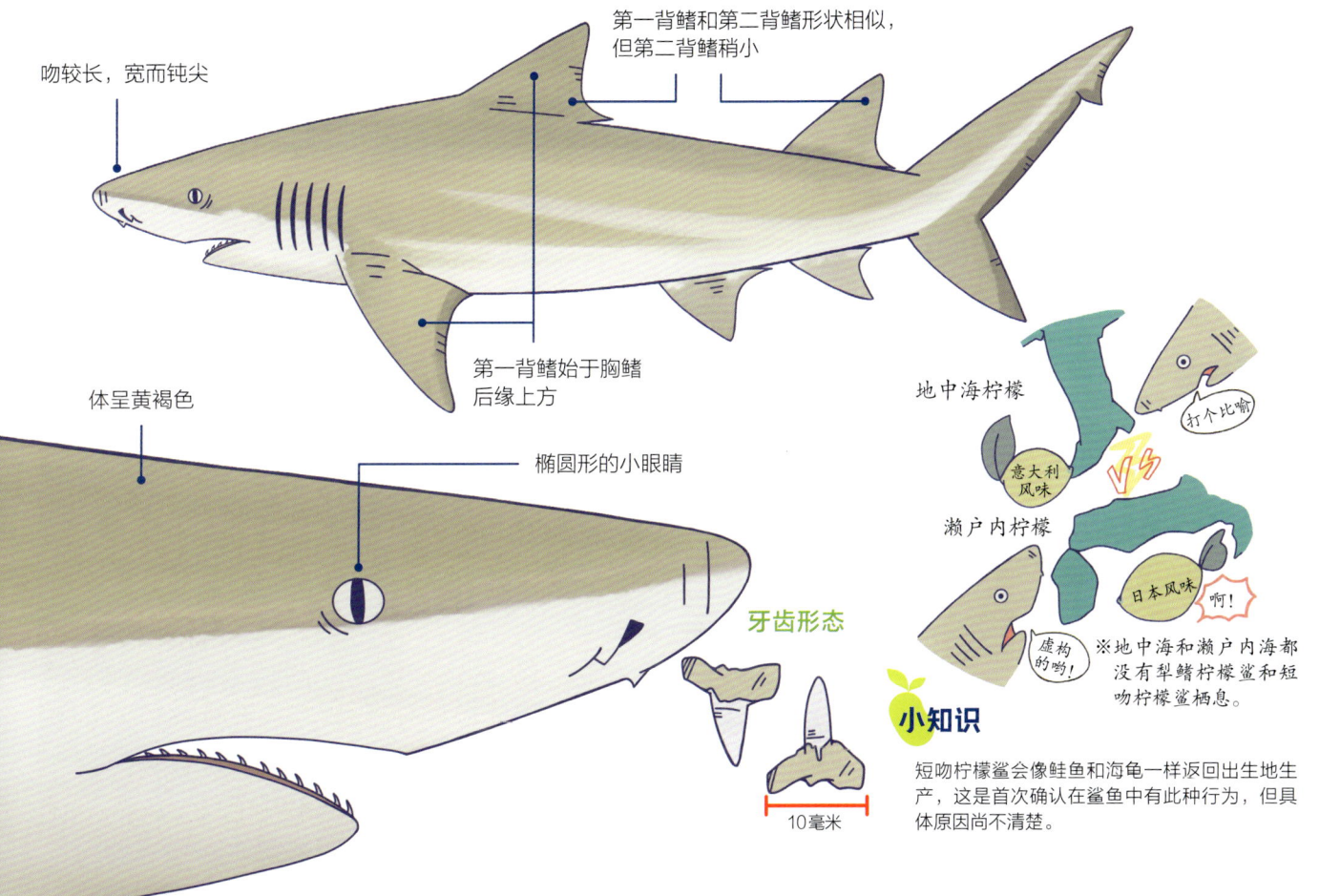

吻较长，宽而钝尖

第一背鳍和第二背鳍形状相似，但第二背鳍稍小

第一背鳍始于胸鳍后缘上方

体呈黄褐色

椭圆形的小眼睛

牙齿形态

10毫米

地中海柠檬

意大利风味

打个比喻

濑户内柠檬

日本风味

啊！

虚构的哟！

※地中海和濑户内海都没有犁鳍柠檬鲨和短吻柠檬鲨栖息。

小知识

短吻柠檬鲨会像鲑鱼和海龟一样返回出生地生产，这是首次确认在鲨鱼中有此种行为，但具体原因尚不清楚。

"船帆"一样的背鳍是标志。

铅灰真鲨
Sandbar shark

真鲨目

真鲨科

Carcharhinus plumbeus

铅灰真鲨的第一背鳍高大且直立，呈漂亮的等腰三角形。除了交配季节，雄性和雌性个体通常生活在不同的水域，各自结群生活。它们通常性格温和，不具攻击性。铅灰真鲨在白天和黑夜都比较活跃。

裙带菜碎碎念
在水族馆的水槽里优雅游泳的样子让人觉得帅气爆棚。

趣谈
它们会根据季节的变化迁徙到适宜栖息的海域。

生存区域
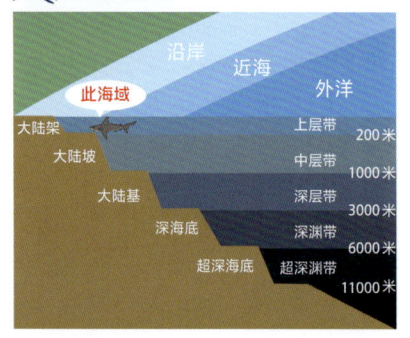

分布图
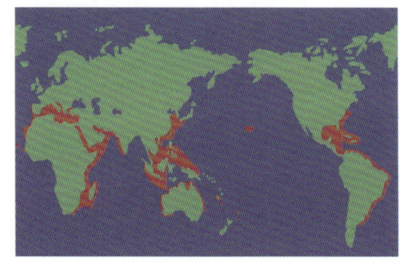

资料
- 全长：最大2.4米
- 分布：太平洋、大西洋、印度洋的热带、亚热带及温带海域
- 生境：从沿岸表层到水深300米左右的海域
- 食性：章鱼等头足类，包括鲨鱼在内的软骨鱼类和硬骨鱼类等
- 繁殖：胎生。每胎1~14条幼仔

第 2 章 共115种！世界鲨鱼图鉴

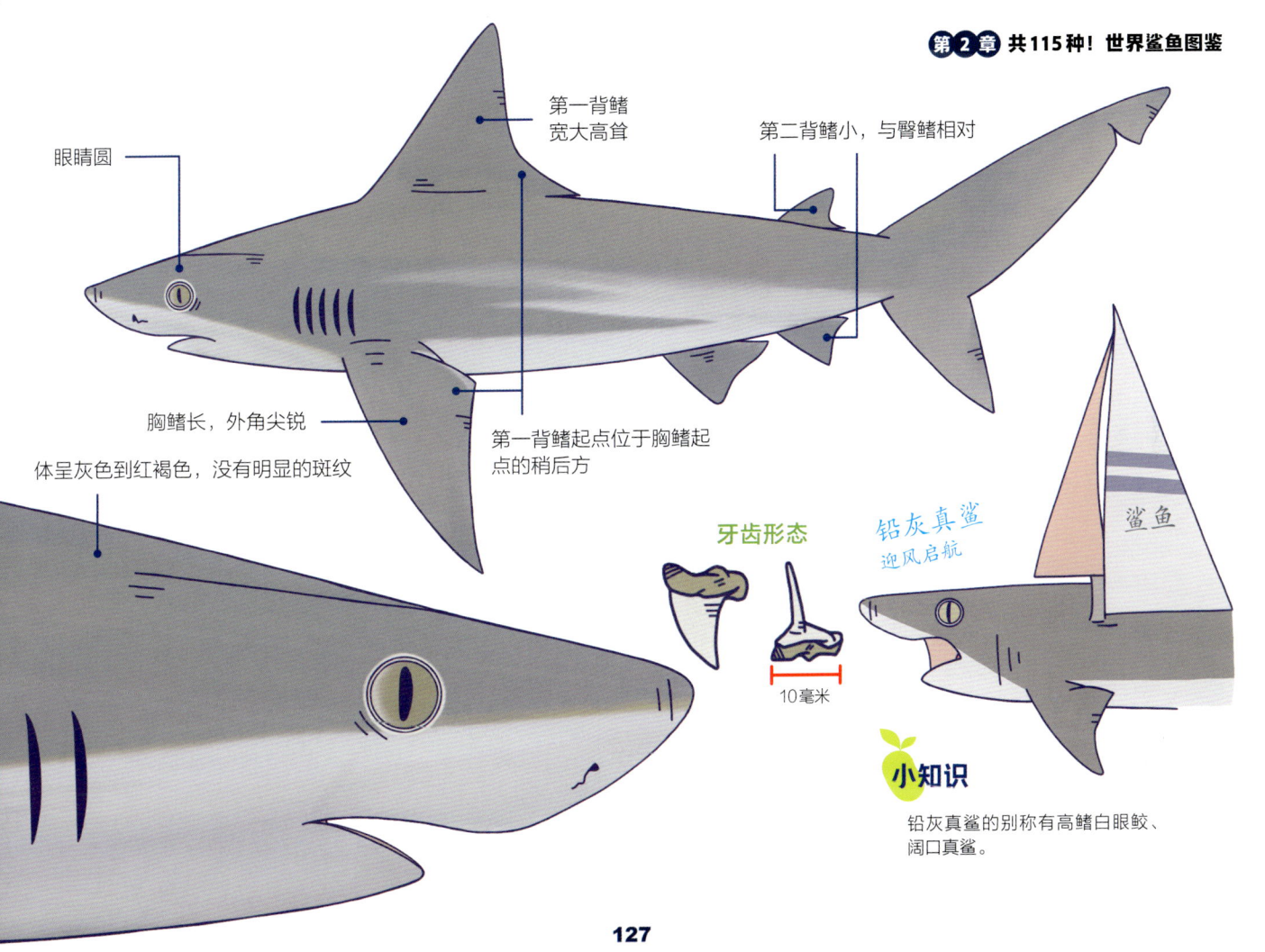

- 眼睛圆
- 第一背鳍宽大高耸
- 第二背鳍小，与臀鳍相对
- 胸鳍长，外角尖锐
- 体呈灰色到红褐色，没有明显的斑纹
- 第一背鳍起点位于胸鳍起点的稍后方

牙齿形态

10毫米

铅灰真鲨
迎风启航

鲨鱼

小知识

铅灰真鲨的别称有高鳍白眼鲛、阔口真鲨。

低鳍真鲨
我的领地不仅仅是大海！
Bull shark

真鲨目
真鲨科
Carcharhinus leucas

低鳍真鲨是少数几种能在淡水（河流、湖泊）中生存的鲨鱼之一。

低鳍真鲨可以通过肾脏和直肠腺等器官，调节体内的渗透压。这使它们能够在淡水中生存。比起清流，它们更喜欢浑浊的水体。

裙带菜碎碎念
身材高大魁梧，是鲨鱼界的"职业摔跤手"。被列入"危险鲨鱼"的前三位，遇见了必须小心。

趣谈
幼鱼经常进入淡水区域。它们生性凶猛，脾气暴躁，具有攻击性。

生存区域
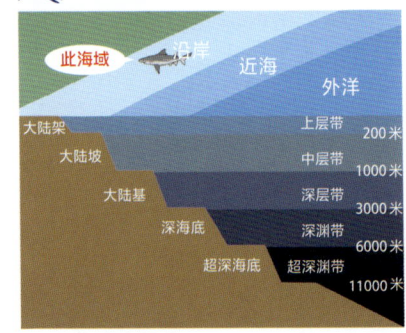

分布图

资料
- **全长**：3~3.6米左右
- **分布**：太平洋、印度洋、大西洋的热带到亚热带海域，河口，河川中下游及邻近的湖泊等淡水水域等
- **生境**：沿岸、浅海的海底附近和河口附近等
- **食性**：头足类、包括鲨鱼类在内的软骨鱼类、硬骨鱼类、海龟、海鸟类、哺乳类、鲸鱼的尸体
- **繁殖**：胎生。每胎1~13条幼仔

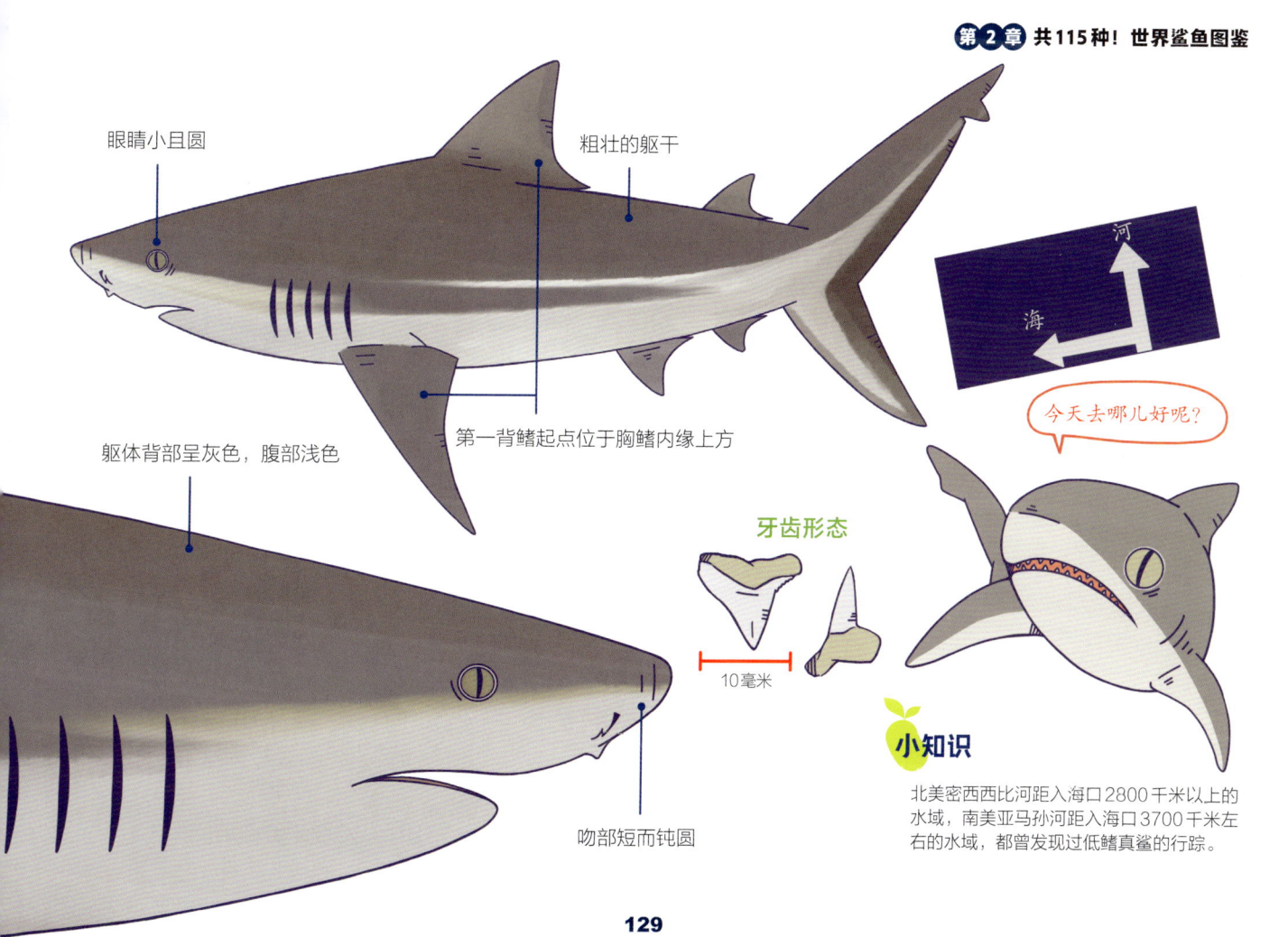

深受潜水员喜爱的"鲨鱼偶像"？
佩氏真鲨
Caribbean reef shark

真鲨目

真鲨科

Carcharhinus perezi

佩氏真鲨有时会在近海的海底暗礁附近盘旋，有时也会徘徊在沙洲、暗礁、水下洞穴等处。

它们平日的性格老实温和，对潜水员等漠不关心，因此通常可以安静地观察它们。但是，在有诱饵存在并引起"狂乱索饵"（鱼群因抢鱼饵变得狂乱）时，佩氏真鲨会变得具有攻击性，所以不能大意。

裙带菜碎碎念
它有时会让游客摸摸头，摸摸鱼鳍。那情景，就好像与偶像握手一样。

趣谈
看着温和，但有时也很凶猛。

生存区域
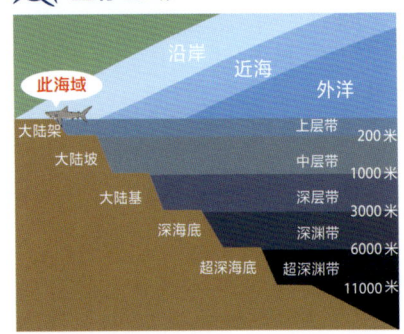

分布图
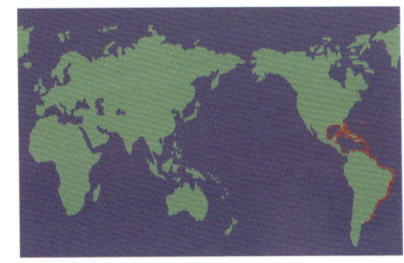

资料
- **全长**：约3米
- **分布**：大西洋西部的热带海域，包括美国东部沿岸、百慕大、墨西哥湾北部、加勒比海
- **生境**：以大陆架和岛屿、珊瑚礁区域为中心，水深30米以下的海域等
- **食性**：章鱼等头足类，硬骨鱼类
- **繁殖**：胎生。每胎3~6条幼仔

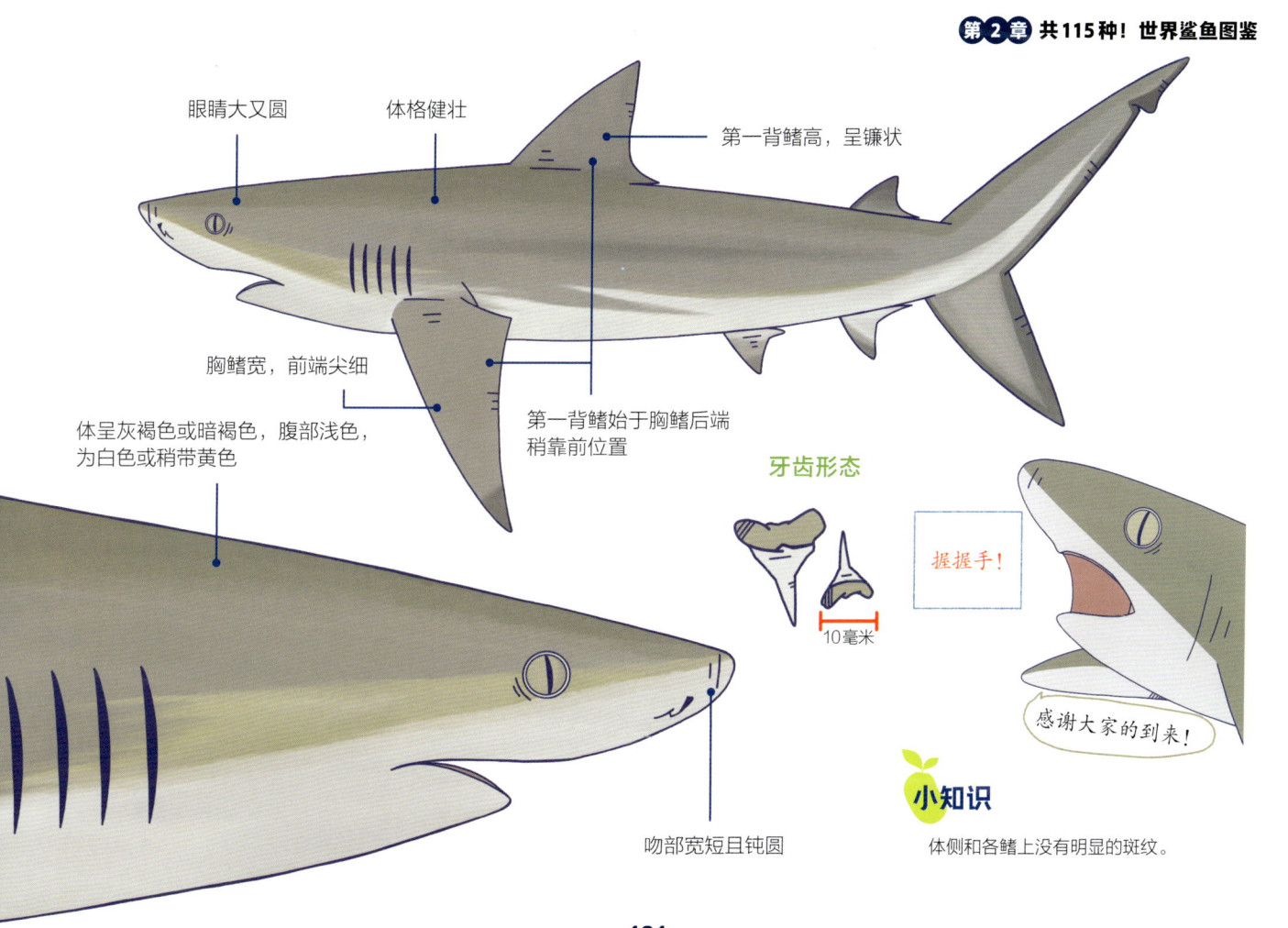

比起热水，更爱凉水。

短尾真鲨

Copper shark/Bronze whaler

真鲨目

真鲨科

Carcharhinus brachyurus

短尾真鲨的体格在真鲨族群中相对瘦长，各鳍边缘呈不明显的浅黑色，且没有白色边缘，上颌齿较窄且弯曲。短尾真鲨性情活跃，动作敏捷，有时会攻击人类。它们会集体狩猎，并进行季节性洄游。

裙带菜碎碎念

修长的吻部很有男子气概。很少有水族馆饲养这种鲨鱼，但它们在水族箱中游来游去的身影很潇洒。

趣谈

季节性洄游，每年都会往返于同一海域。

生存区域

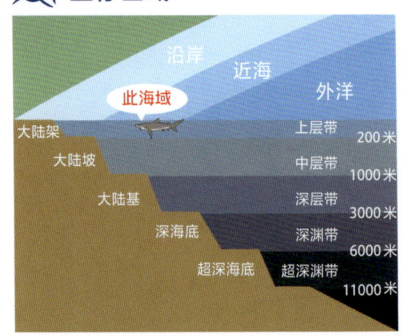

分布图

资料	
●全长：	最大约3.2米
●分布：	太平洋、印度洋、大西洋的温带海域、地中海
●生境：	近海表层水深100米以内的水域
●食性：	硬骨鱼类，乌贼、章鱼等头足类
●繁殖：	胎生。每胎13~24条幼仔

第 2 章 共115种！世界鲨鱼图鉴

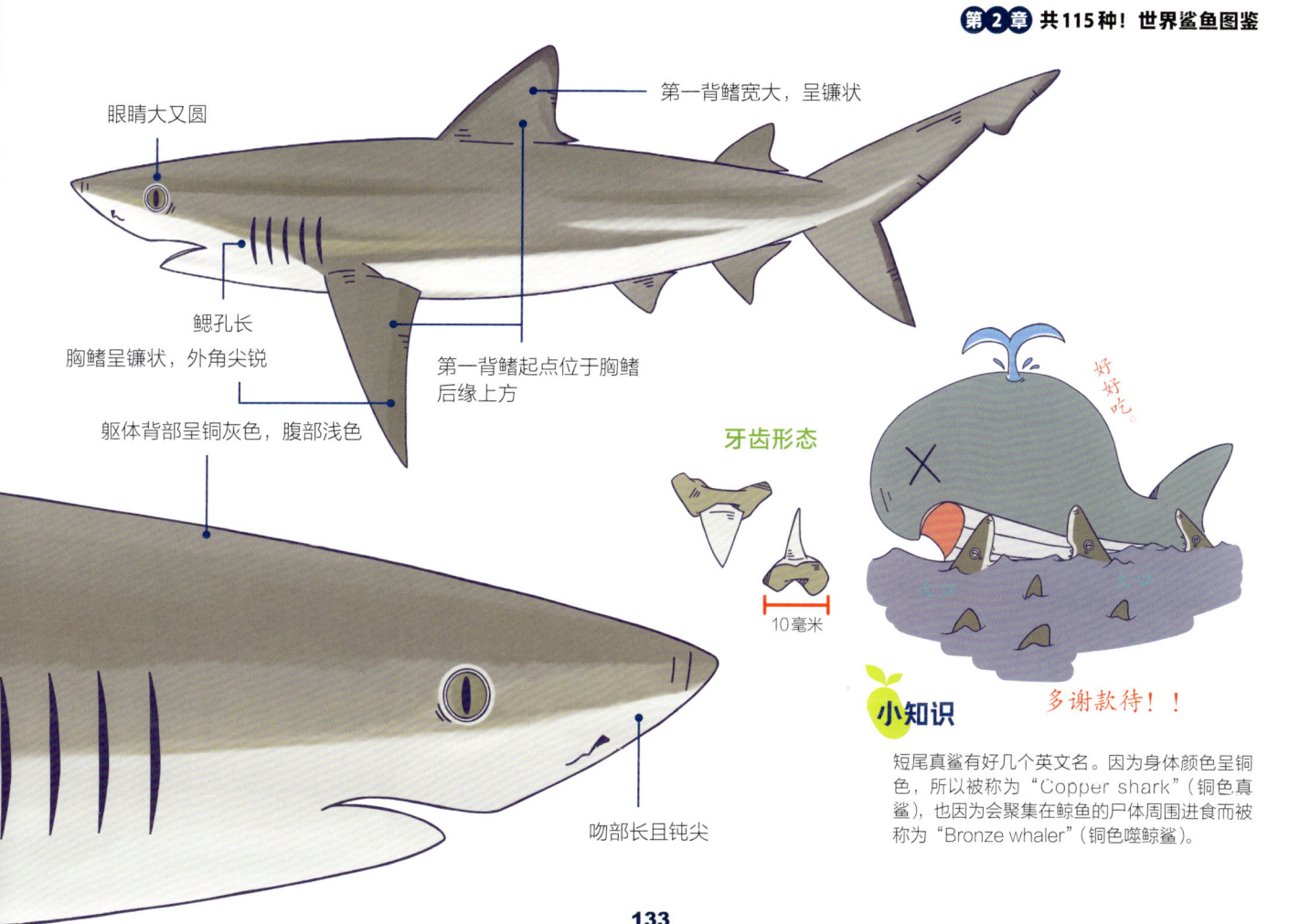

- 眼睛大又圆
- 第一背鳍宽大，呈镰状
- 鳃孔长
- 胸鳍呈镰状，外角尖锐
- 第一背鳍起点位于胸鳍后缘上方
- 躯体背部呈铜灰色，腹部浅色
- 吻部长且钝尖

牙齿形态

10毫米

好好吃。

多谢款待！！

小知识

短尾真鲨有好几个英文名。因为身体颜色呈铜色，所以被称为"Copper shark"（铜色真鲨），也因为会聚集在鲸鱼的尸体周围进食而被称为"Bronze whaler"（铜色噬鲸鲨）。

过"夜生活"的神秘鲨鱼。

长吻真鲨
Night shark

真鲨目

真鲨科

Carcharhinus signatus

长吻真鲨的特征是长且尖的吻部和绿色的瞳孔。其5对鳃裂①较短，第一背鳍较小。其经常在夜间被捕获，因此英文名被称作"Night shark"。

长吻真鲨生活在深海，会进行昼夜垂直迁移（一天中有规律地移动栖息深度）。白天栖息在深处活动，夜间浮上表层觅食。

① 鳃裂，是指咽部两侧一系列成对的裂缝，直接或间接与外界相通。——编者注

裙带菜碎碎念

闪烁着迷人光芒的绿色深邃眼睛是它的魅力所在。

趣谈

游泳速度很快，非常敏捷。

资料

- **全长**：最大2.8米
- **分布**：大西洋热带至温带海域
- **生境**：以沿岸水域和水深50~100米为中心，以及水深600米左右的大陆架和大陆坡等海域
- **食性**：小型硬骨鱼类、头足类、虾等甲壳类等。
- **繁殖**：胎生。每胎产4~18条幼仔

生存区域

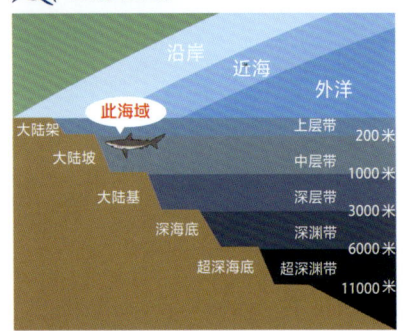

分布图

第 2 章 共115种！世界鲨鱼图鉴

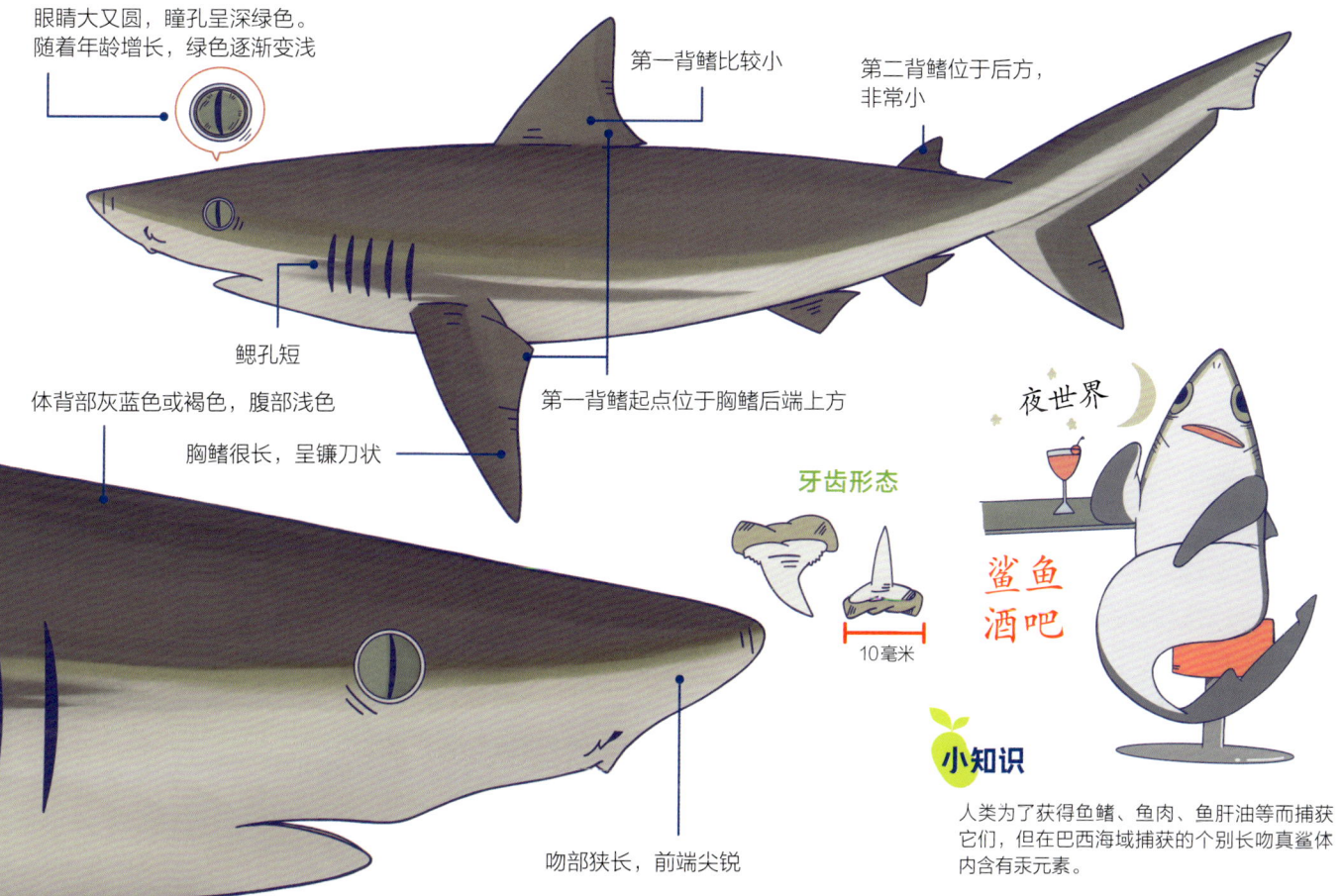

眼睛大又圆，瞳孔呈深绿色。随着年龄增长，绿色逐渐变浅

第一背鳍比较小

第二背鳍位于后方，非常小

鳃孔短

体背部灰蓝色或褐色，腹部浅色

第一背鳍起点位于胸鳍后端上方

胸鳍很长，呈镰刀状

牙齿形态

10毫米

吻部狭长，前端尖锐

夜世界

鲨鱼酒吧

小知识

人类为了获得鱼鳍、鱼肉、鱼肝油等而捕获它们，但在巴西海域捕获的个别长吻真鲨体内含有汞元素。

过度捕捞是因为很好吃吗？

加氏露齿鲨

Northern river shark

真鲨目

真鲨科

Glyphis garricki

加氏露齿鲨是在淡水中也能生存的罕见鲨鱼，其性情凶猛。

不过，在淡水流域中（河流、湖泊）只发现过加氏露齿鲨幼鱼，迟迟未见过成鱼①。

有一段时间，人们认为加氏露齿鲨"已经灭绝了"，但后来在市场上发现了被贩卖的加氏露齿鲨，人们才知道它们并没有灭绝。

裙带菜碎碎念

在淡水水域也能生存，想必身体很强健吧。希望滥捕现象减少，其数量能够增加。

🦈 生存区域

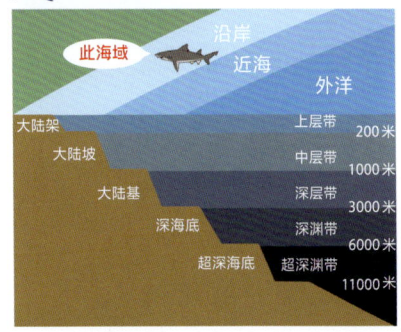

🐟 分布图

---

① 目前在新几内亚岛南部的淡水流域已有成年加氏露齿鲨。——编者注

资料
- **全长**：最大约2.5米
- **分布**：澳大利亚北部和新几内亚岛南部
- **生境**：河口及河川中下游流域，有时也见于沿岸海域
- **食性**：硬骨鱼类等
- **繁殖**：胎生。每胎产10条左右幼仔

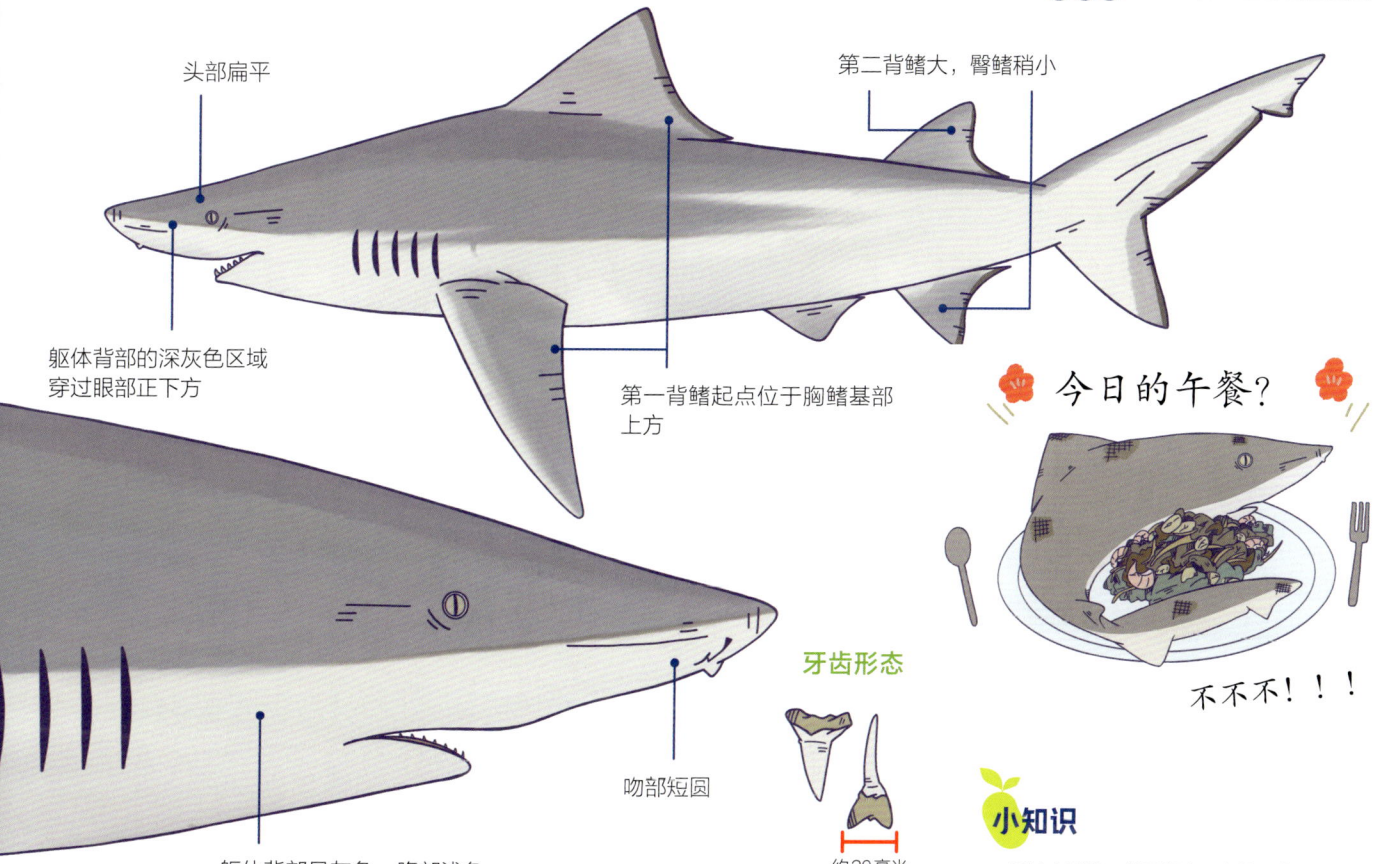

大块头，小眼睛。

安汶真鲨

Pigeye shark/Java shark

真鲨目

真鲨科

Carcharhinus amboinensis

安汶真鲨，又名钝鼻真鲨、高鳍真鲨，是一种罕见的鲨鱼。与低鳍真鲨（第128页）在形态上非常相似。喜欢浑浊的水域，有时会进入河口，但与低鳍真鲨不同，安汶真鲨会避开汽水水域，不会进入河流。虽有时会被捕获食用，但肉中含有雪卡毒素①。幼鱼不会长距离洄游，而成鱼的最长迁移距离记录为约1000千米。

① 一说为真鲨毒素（Carchatoxin）。

裙带菜碎碎念

其魅力在于身体粗壮，但眼睛小小的。

趣谈

基本上是独自生活，但偶尔也会有几条出现在同一地点。

生存区域

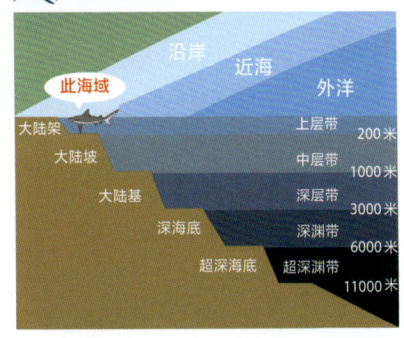

分布图

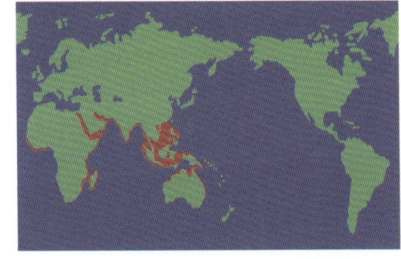

资料
- **全长**：2~2.8米
- **分布**：中东大西洋、印度洋西部、南海等
- **生境**：水深100米以内的沿岸、浅湾和河口、大陆架等水域
- **食性**：硬骨鱼类、头足类、甲壳类、软骨鱼类等
- **繁殖**：胎生。每胎产6~13条幼仔

第 2 章 共115种！世界鲨鱼图鉴

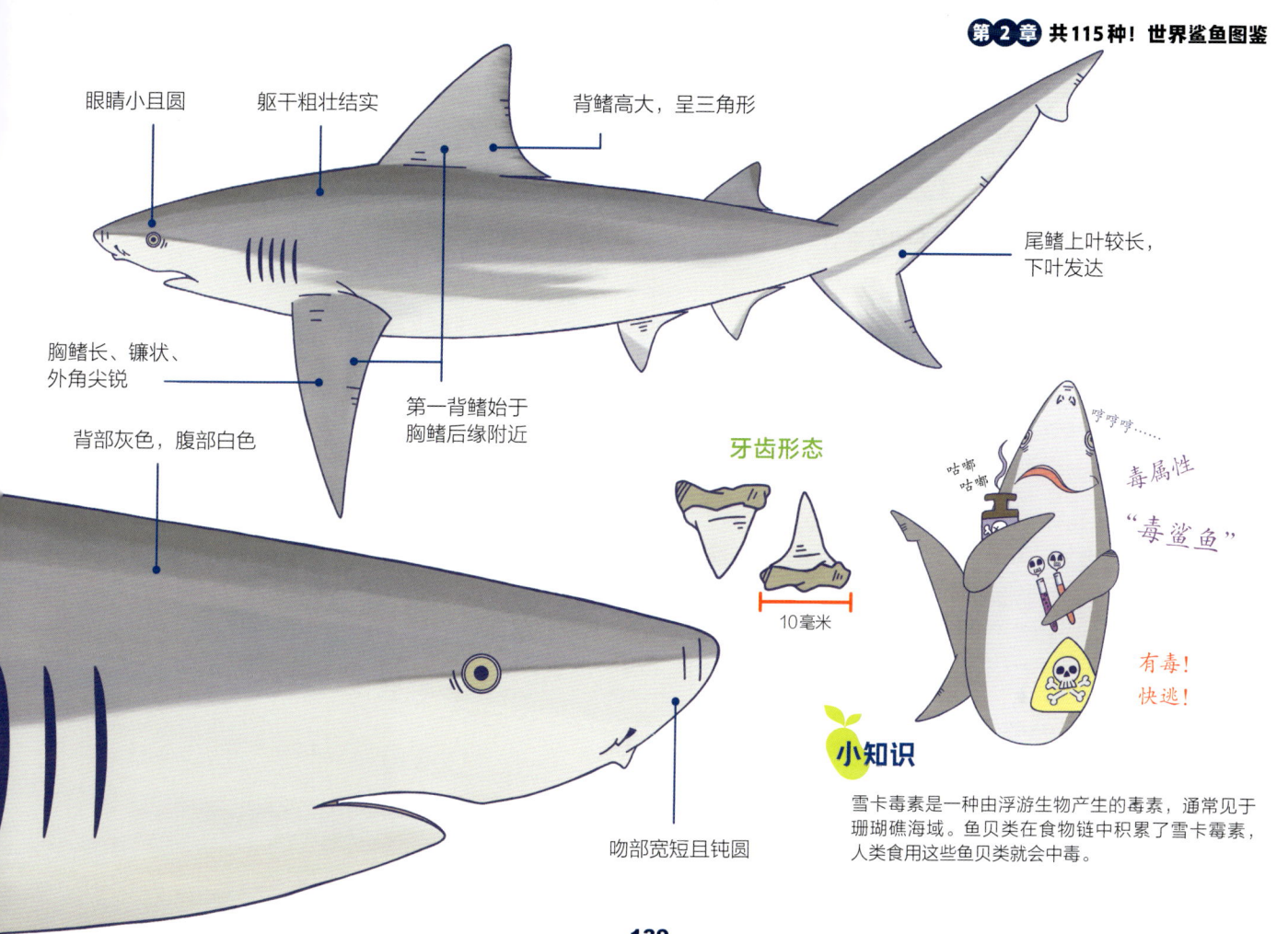

- 眼睛小且圆
- 躯干粗壮结实
- 背鳍高大，呈三角形
- 尾鳍上叶较长，下叶发达
- 胸鳍长、镰状、外角尖锐
- 第一背鳍始于胸鳍后缘附近
- 背部灰色，腹部白色
- 吻部宽短且钝圆

牙齿形态

10毫米

毒属性"毒鲨鱼"

有毒！快逃！

小知识

雪卡毒素是一种由浮游生物产生的毒素，通常见于珊瑚礁海域。鱼贝类在食物链中积累了雪卡毒素，人类食用这些鱼贝类就会中毒。

仅凭名字来判断栖息地就大错特错啦！

直翅真鲨

Galapagos shark

真鲨目

真鲨科

Carcharhinus galapagensis

直翅真鲨，又名加拉帕戈斯真鲨，栖息在加拉帕戈斯群岛、夏威夷及周边岛屿等地，并不是加拉帕戈斯群岛的特有物种。

它们通常群居，如果遇到威胁，就会变得具有攻击性。攻击前，它们会弓起背部，放低胸鳍，晃动身体，并左右游动，恐吓敌人。

直翅真鲨有时也会闯入人们的生活区，遇到时要小心。

裙带菜碎碎念

我想吐槽：这是只有加拉帕戈斯群岛才有的固有物种吗？为何要以"加拉帕戈斯"命名？①

趣谈

它们的恐吓行为在其他真鲨同类中也可以看到。

生存区域

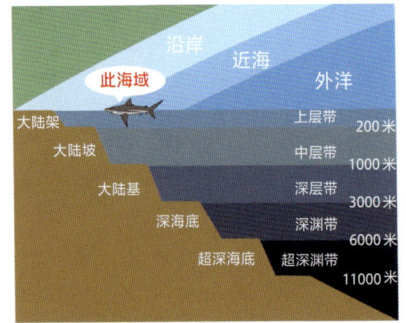

分布图

① 这是由于直翅真鲨的模式产地（第一次被发现并命名的地点）位于加拉帕戈斯群岛。——编者注

资料
- **全长**：3~3.7米
- **分布**：太平洋、大西洋、印度洋的热带到亚热带海域
- **生境**：外洋和岛屿周边水深180米以内的浅海区域
- **食性**：头足类、硬骨鱼类、软骨鱼类、甲壳类等
- **繁殖**：胎生。每胎4~16条幼仔

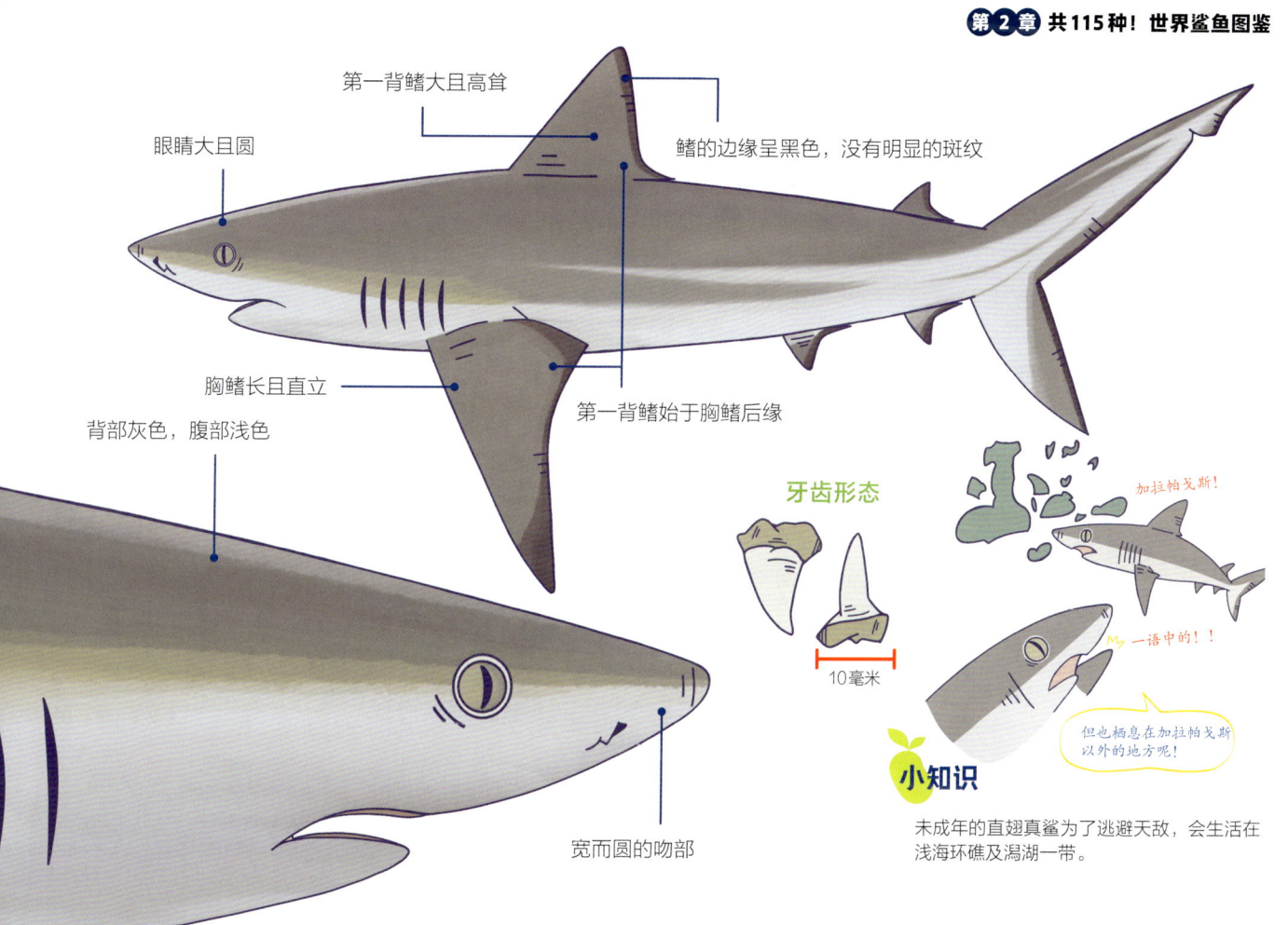

平滑真鲨

背鳍很小!

Silky shark

真鲨目

真鲨科

Carcharhinus falciformis

平滑真鲨，又称镰状真鲨，是一种大洋性鲨鱼，有着长且钝圆的吻部。

平滑真鲨的特点是第一背鳍和胸鳍的外角圆滑，背鳍相对较小。这种鲨鱼很活跃，游速很快，当它感到威胁时会有威吓行动。

裙带菜碎碎念

想触摸它那看起来很高级的、引以为傲的丝滑身体。

趣谈

幼鱼远离成鱼，在外洋的"育儿场"成群生活。因为皮肤光滑，所以英文名叫"Silky shark"（丝鲨）。

生存区域

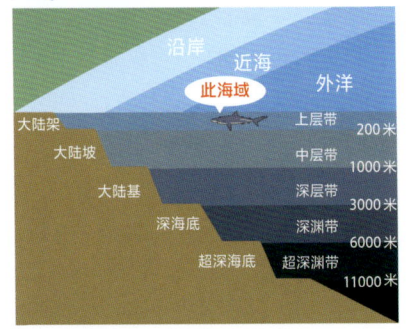

分布图

资料

- **全长**：最大3.5米
- **分布**：广泛分布于世界各地的热带和亚热带海域
- **生境**：栖息在外洋的表层区域。有时会进入沿岸区域或潜入水深500米甚至更深的水域
- **食性**：大型硬骨鱼类、头足类等
- **繁殖**：胎生。每胎产1~16条幼仔

第 2 章 共115种！世界鲨鱼图鉴

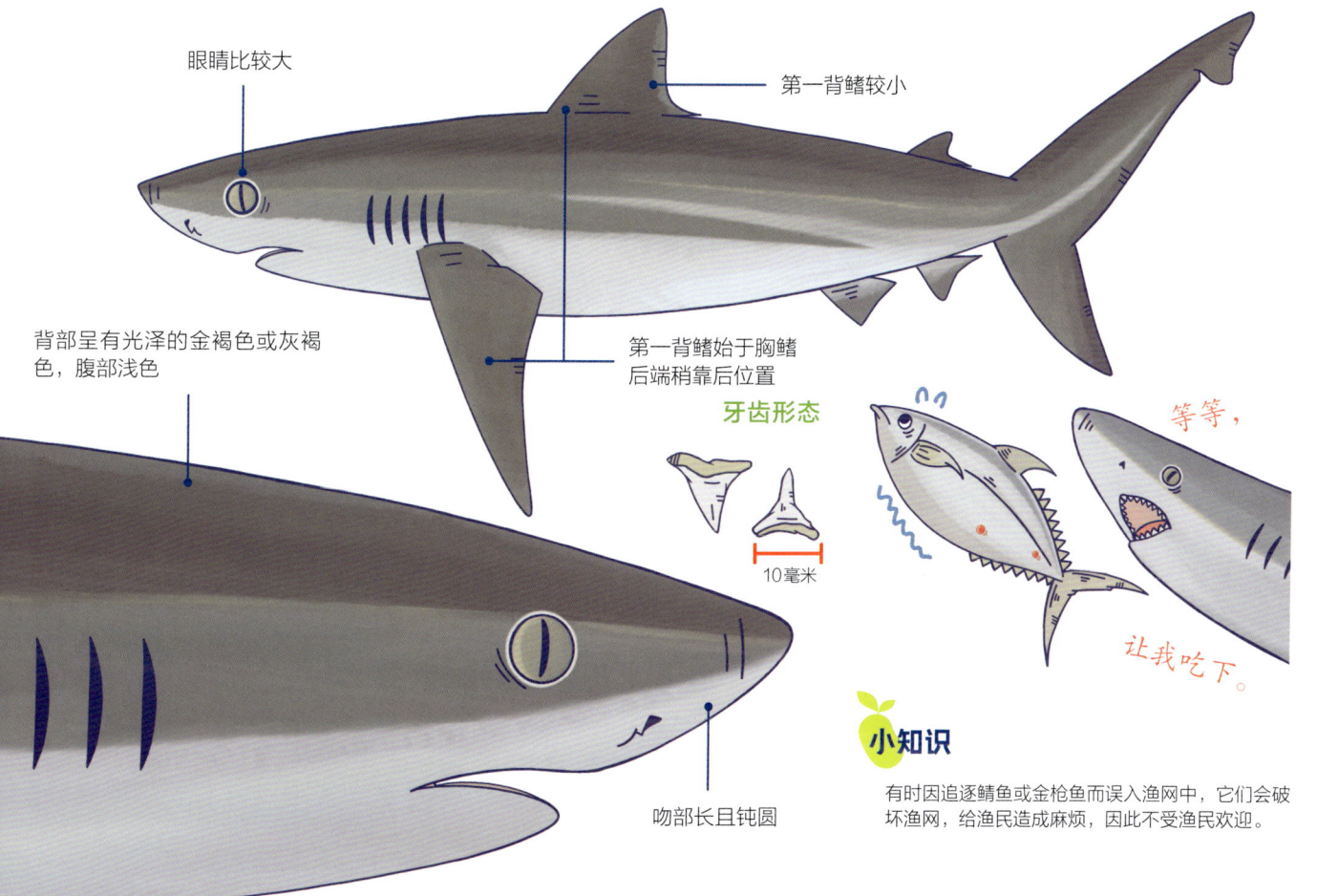

眼睛比较大

第一背鳍较小

背部呈有光泽的金褐色或灰褐色，腹部浅色

第一背鳍始于胸鳍后端稍靠后位置

牙齿形态

10毫米

吻部长且钝圆

等等，让我吃下。

🍋 小知识

有时因追逐鲭鱼或金枪鱼而误入渔网中，它们会破坏渔网，给渔民造成麻烦，因此不受渔民欢迎。

围棋中的黑方——乌翅真鲨！
乌翅真鲨
Blacktip reef shark

真鲨目

真鲨科

Carcharhinus melanopterus

这种鲨鱼的各鳍末端呈黑色，因此而得名乌翅真鲨。

灰褐色的体色可以与周围环境融为一体，产生模糊身体轮廓的视觉效果，使其不易被天敌发现。

乌翅真鲨虽然胆小，但在兴奋状态下有时也会咬人，因此见到时要小心。

裙带菜碎碎念

在水族馆较常遇见。充满魅力的鳍端闪耀着黑色。

趣谈

有报告称它们也分布、栖息在日本附近海域。

🦈 生存区域

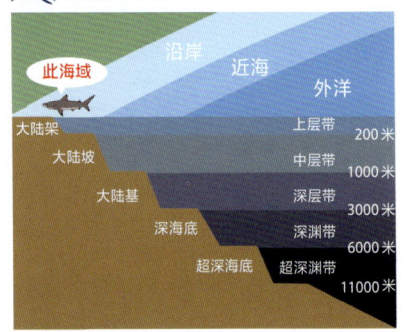

🦈 分布图

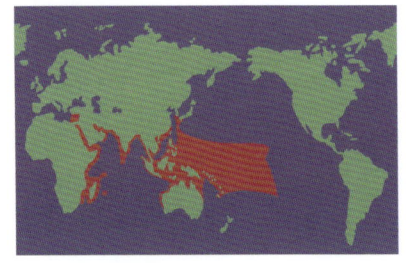

资料
- ●**全长**：最大约1.8米
- ●**分布**：中、西太平洋，印度洋的热带到亚热带海域，地中海东部等（地中海的种群系由红海自苏伊士运河游入）
- ●**生境**：珊瑚礁及其周边水域，以及浅滩的海域
- ●**食性**：硬骨鱼类，乌贼、章鱼等头足类等
- ●**繁殖**：胎生。每胎产2~4条幼仔

第 2 章 共115种！世界鲨鱼图鉴

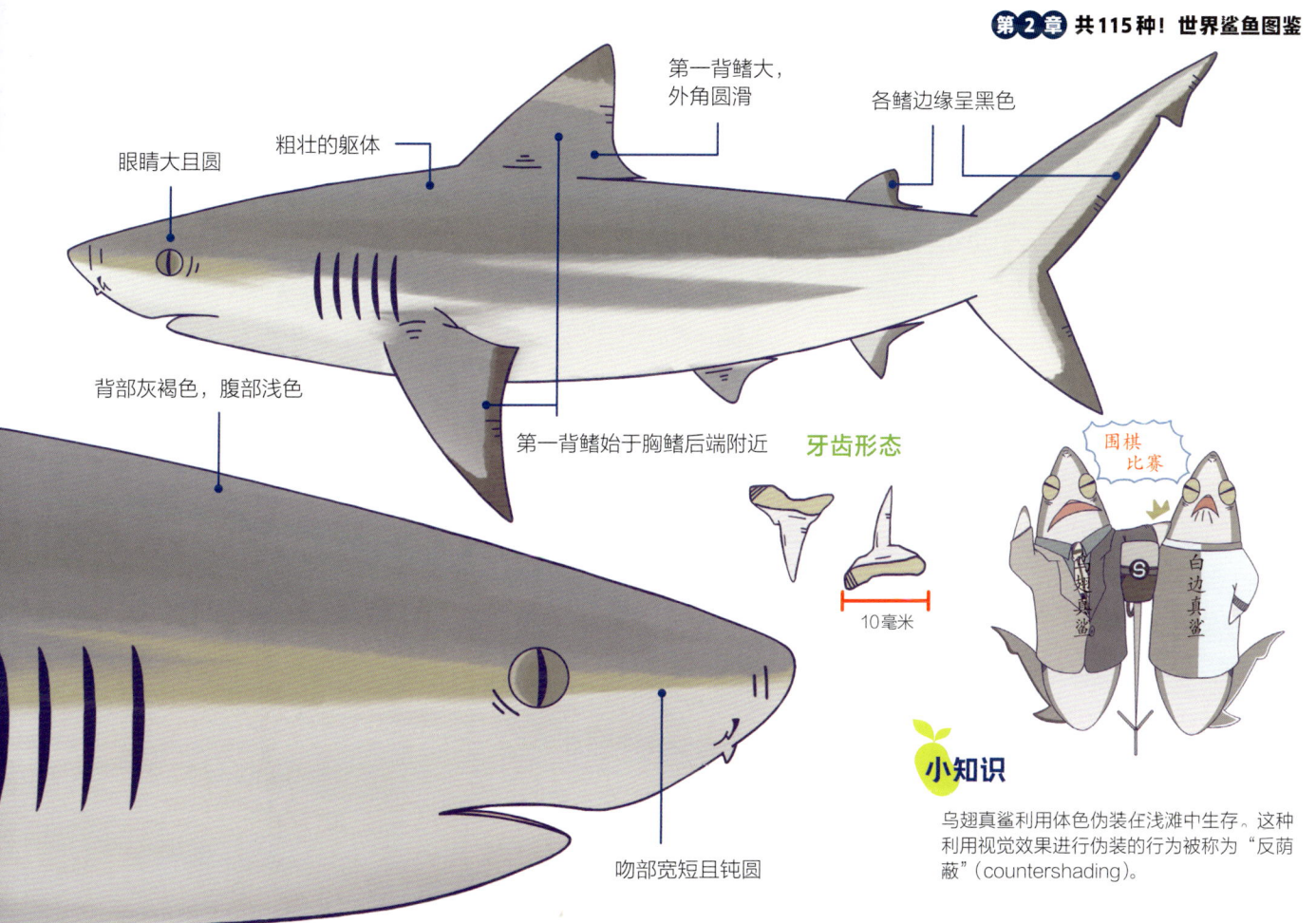

- 眼睛大且圆
- 粗壮的躯体
- 第一背鳍大，外角圆滑
- 各鳍边缘呈黑色
- 背部灰褐色，腹部浅色
- 第一背鳍始于胸鳍后端附近
- 吻部宽短且钝圆

牙齿形态

10毫米

围棋比赛

乌翅真鲨　白边真鲨

小知识

乌翅真鲨利用体色伪装在浅滩中生存。这种利用视觉效果进行伪装的行为被称为"反荫蔽"（countershading）。

围棋中的白方——白边真鲨！

白边真鲨
Silvertip shark

真鲨目

真鲨科

Carcharhinus albimarginatus

白边真鲨的各鳍边缘都是银白色的，因此而得名。与体形较小的乌翅真鲨不同，白边真鲨可以长到近3米。

与其他凶猛的真鲨相比，白边真鲨虽然相对温和，但拥有很强的领地意识，一旦感受到有外来者入侵，立马就会进入攻击状态。有时也会看到以体形较大的成年雌鲨为核心的群体。

裙带菜碎碎念

乌翅真鲨在水族馆经常能见到，但白边真鲨在水族馆中并不多见，白色的鳍端是它的魅力所在。

趣谈

当它们抓住猎物时，会将猎物撕碎然后吃掉。

生存区域

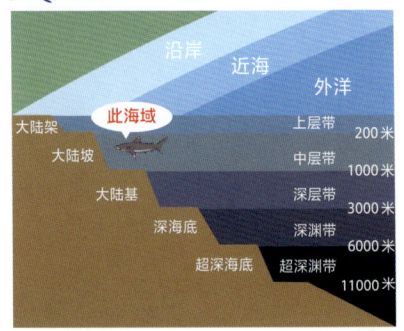

分布图

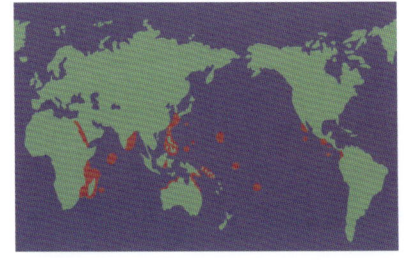

资料
- **全长**：最大约3米
- **分布**：太平洋、印度洋热带海域等
- **生境**：大陆、岛屿周边，水深30米的表层区域，偶尔也会出现于800米的中深层区域等
- **食性**：硬骨鱼类、章鱼等头足类、包括小型鲨鱼在内的软骨鱼类等
- **繁殖**：卵胎生。每胎产1~11条幼仔

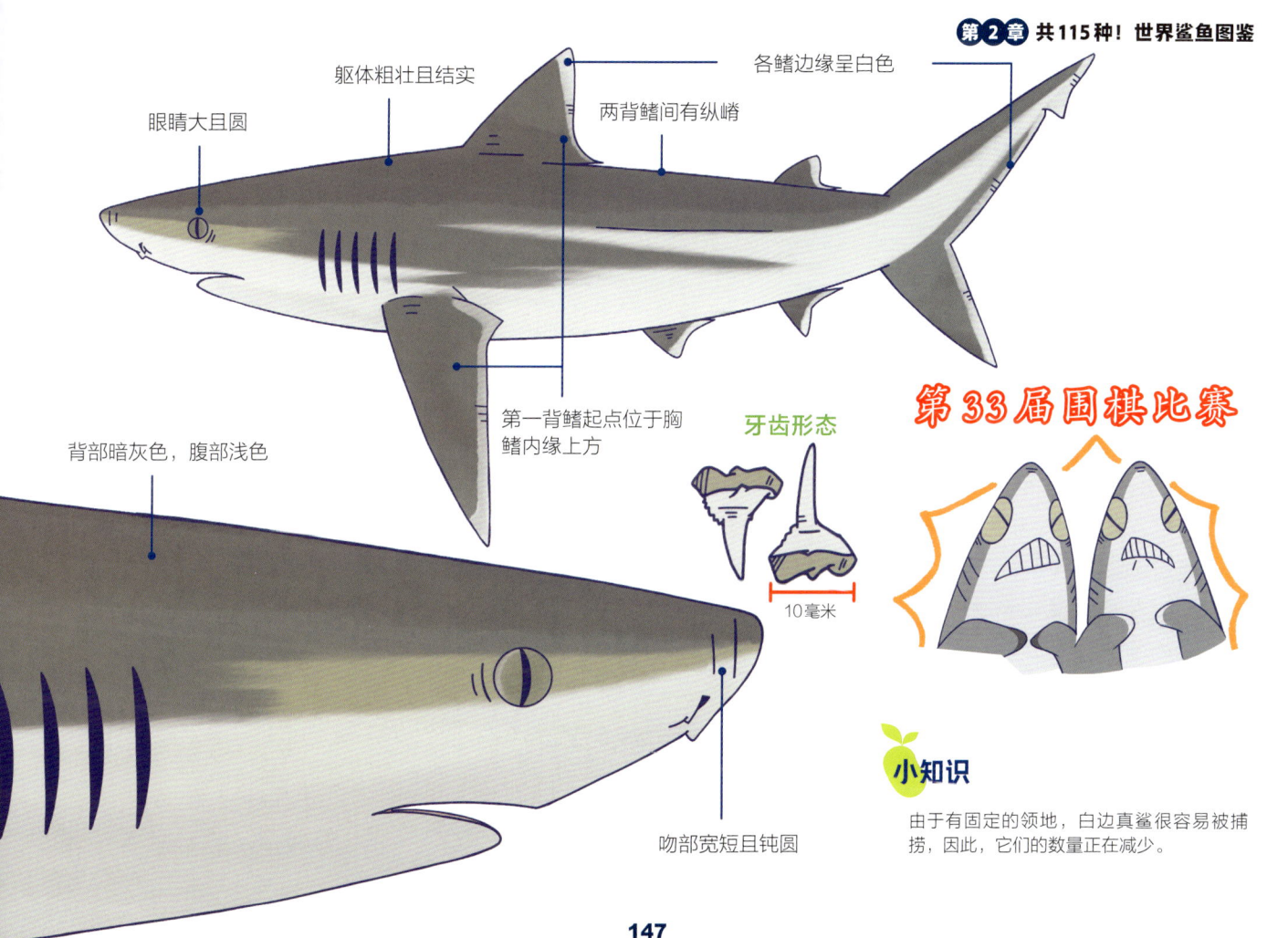

第2章 共115种！世界鲨鱼图鉴

- 眼睛大且圆
- 躯体粗壮且结实
- 各鳍边缘呈白色
- 两背鳍间有纵嵴
- 第一背鳍起点位于胸鳍内缘上方
- 背部暗灰色，腹部浅色
- 吻部宽短且钝圆

牙齿形态

10毫米

第33届围棋比赛

小知识

由于有固定的领地，白边真鲨很容易被捕捞，因此，它们的数量正在减少。

会在海面上旋转跳跃。

黑边鳍真鲨
Blacktip shark

真鲨目

真鲨科

Carcharhinus limbatus

黑边鳍真鲨常见于世界各地的热带和亚热带海域。除了独特的尖锐吻部，黑边鳍真鲨的胸鳍和背鳍、尾鳍下叶末端都有黑色边缘。

黑边鳍真鲨非常活跃，游泳速度很快，会进行群体狩猎。但是，在狩猎过程中，面对一大群小鱼时，有时会引发"狂乱索饵"，一旦进入这种状态，它们也会攻击同伴。

裙带菜碎碎念

真鲨属物种的区别通常是通过微小的差异和栖息地等来辨别。当它们处在水族馆的同一展缸中时，真是很难区分。

趣谈

有说法认为鲨鱼在捕食时，大脑由于无法及时处理当前状况，会产生"狂乱索饵"。

生存区域

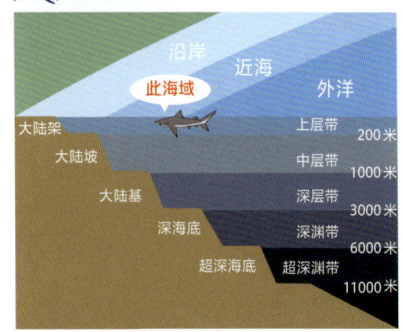

分布图

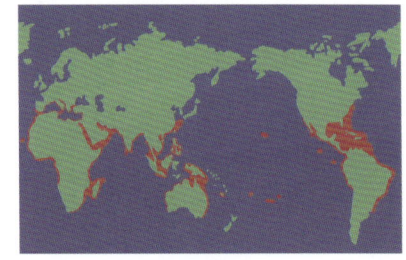

资料	
●全长：	最大2~2.9米
●分布：	太平洋、大西洋、印度洋的热带、亚热带海域
●生境：	沿岸及外洋浅海、河口区域等
●食性：	头足类、竹荚鱼、沙丁鱼等硬骨鱼类等
●繁殖：	胎生。每胎产1~10条幼仔

第 2 章 共115种！世界鲨鱼图鉴

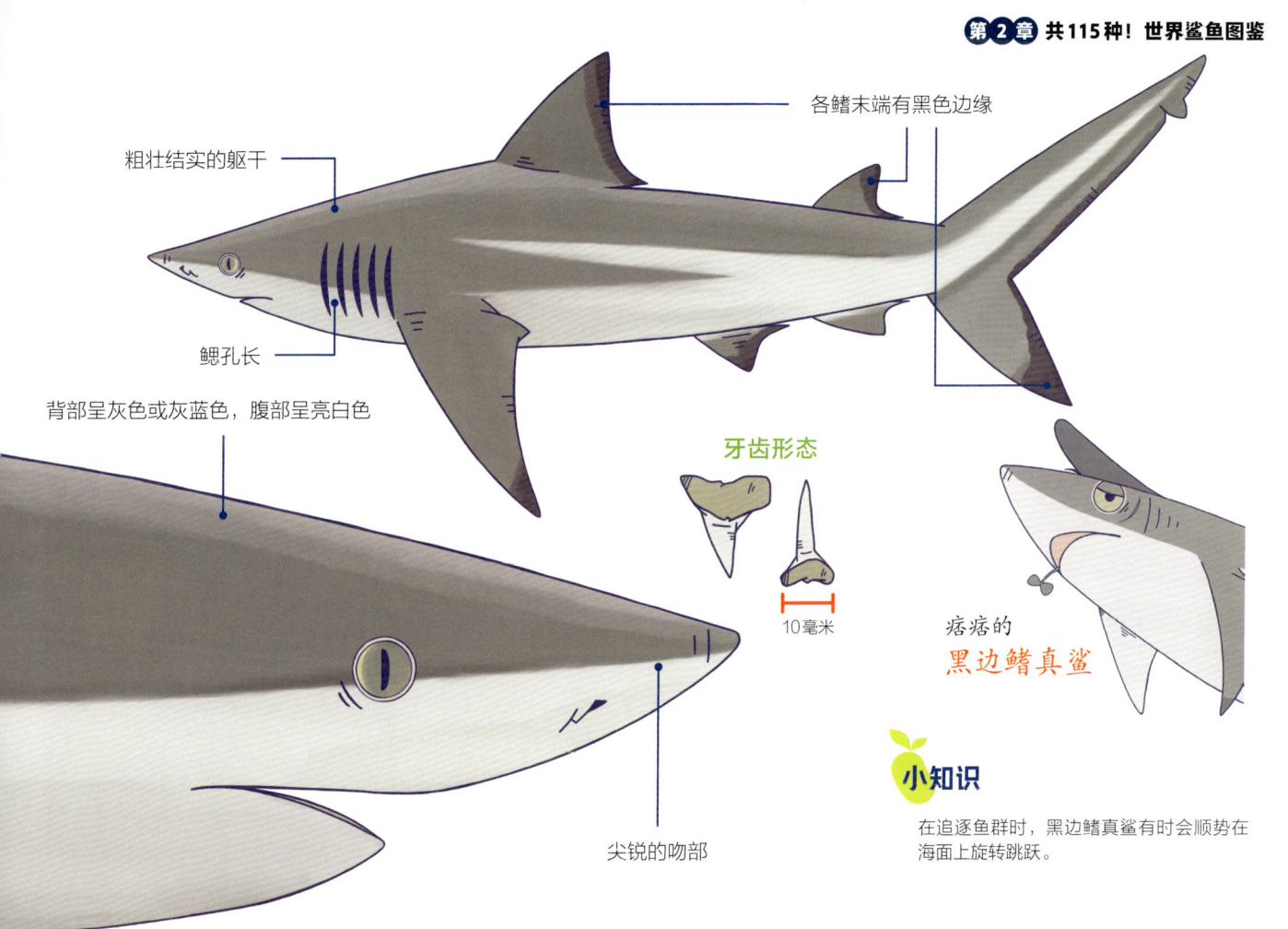

- 各鳍末端有黑色边缘
- 粗壮结实的躯干
- 鳃孔长
- 背部呈灰色或灰蓝色，腹部呈亮白色
- 尖锐的吻部

牙齿形态

10毫米

痞痞的
黑边鳍真鲨

小知识

在追逐鱼群时，黑边鳍真鲨有时会顺势在海面上旋转跳跃。

149

尖吻很可爱？
宽尾斜齿鲨
Spadenose shark

真鲨目

真鲨科

Scoliodon laticaudus

宽尾斜齿鲨的吻部宽扁且修长，形状像铲子。两颌牙齿的齿尖很大，向外倾斜，边缘光滑。体长不到1米。

它们有时会成群活动。宽尾斜齿鲨的适应性强，但能否适应淡水环境尚不清楚。它们偶尔也会进入河口的汽水水域。

裙带菜碎碎念

有着可爱的尖吻，身形小巧。

趣谈

雌性每年繁殖一次。

🦈 生存区域

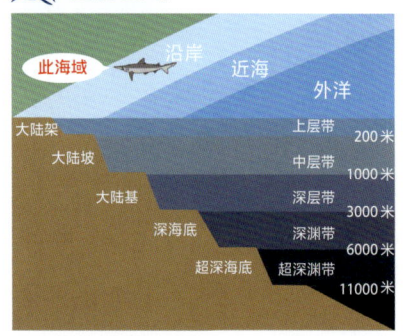

🦈 分布图

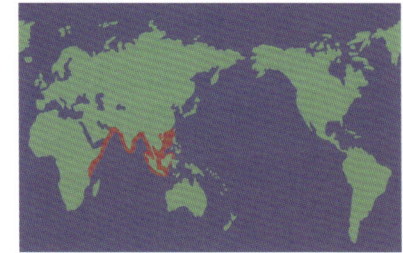

资料
- 全长：65~75厘米
- 分布：西太平洋①、印度洋的热带到亚热带海域
- 生境：沿岸海域及河口地带
- 食性：小型硬骨鱼类和无脊椎动物等
- 繁殖：胎生。每胎产14条左右幼仔

① 西太平洋的"宽尾斜齿鲨"于2010年被确定为独立物种——大吻斜齿鲨（*Scoliodon macrorhynnchos*）。——编者注

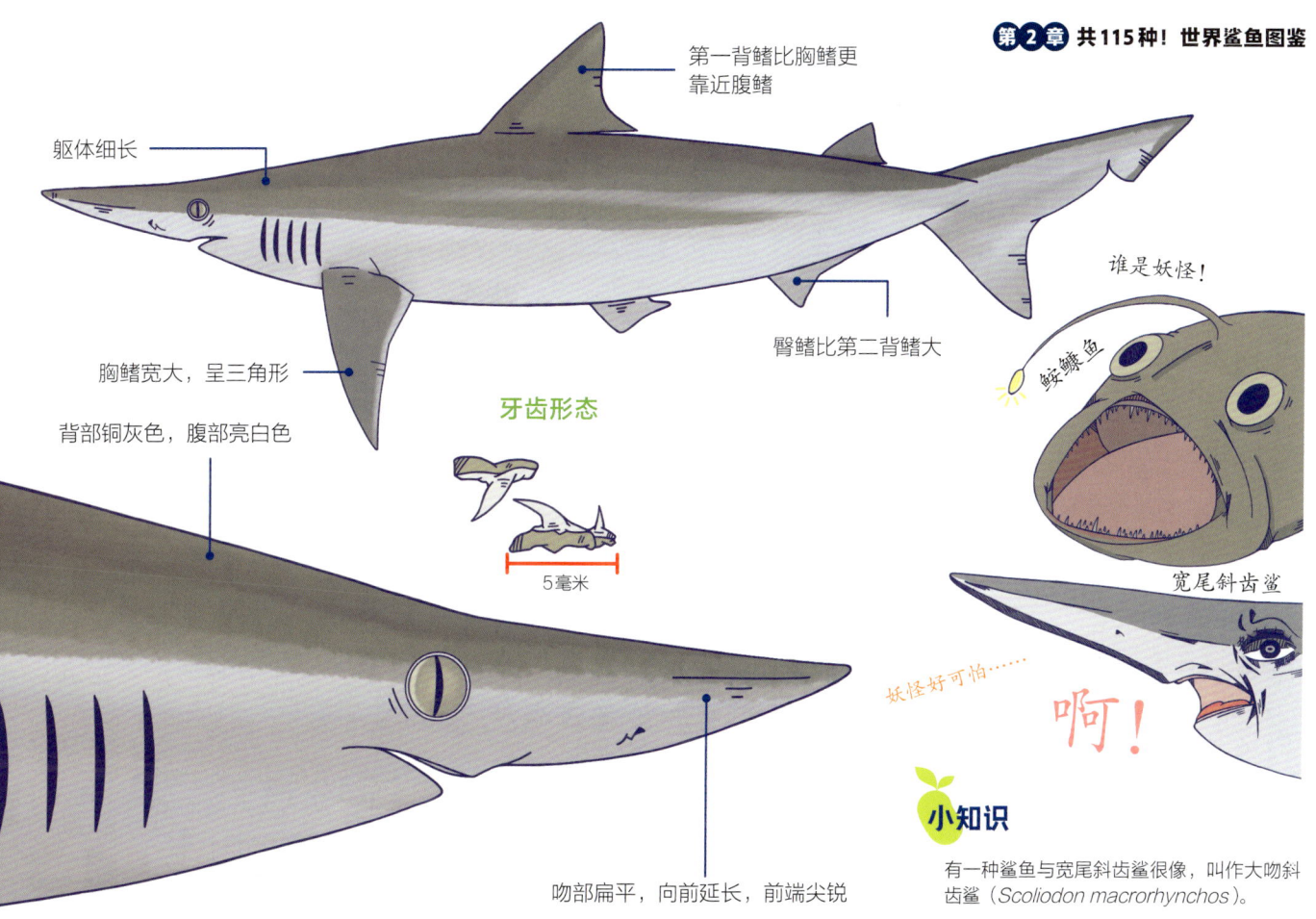

第 2 章 共115种！世界鲨鱼图鉴

第一背鳍比胸鳍更靠近腹鳍

躯体细长

臀鳍比第二背鳍大

胸鳍宽大，呈三角形

背部铜灰色，腹部亮白色

牙齿形态

5毫米

谁是妖怪！

鮟鱇鱼

宽尾斜齿鲨

妖怪好可怕……

啊！

吻部扁平，向前延长，前端尖锐

小知识

有一种鲨鱼与宽尾斜齿鲨很像，叫作大吻斜齿鲨（*Scoliodon macrorhynchos*）。

说谁"脏"呢！？真没礼貌！
长鳍真鲨
Oceanic whitetip shark

真鲨目

真鲨科

Carcharhinus longimanus

　　长鳍真鲨，也叫污斑白眼鲛、远洋白鳍鲨。这种鲨鱼的各鳍末端有大片的白色斑块，这个图案看起来如同污渍，因此得名污斑白眼鲛。它们好奇心旺盛，性情非常凶猛。由于栖息于外洋，这种鲨鱼很少被人类遇见，但是如果在出海的时候遇到它们，需要格外注意。

　　长鳍真鲨的背鳍和胸鳍宽大，外角宽圆，常常可以看到它们展开胸鳍在洋面缓慢、优雅地游动。

裙带菜碎碎念
"污斑白眼鲛"听起来有点可爱。

趣谈
食性很杂，偶尔也会攻击人类。

生存区域

分布图

资料
- ●**全长**：3.5~4米
- ●**分布**：太平洋、印度洋、大西洋、地中海的热带至亚热带海域
- ●**生境**：外洋表层至水深约150米的海域
- ●**食性**：大型硬骨鱼类、鸟类、海龟和鲸类尸体等
- ●**繁殖**：胎生。每胎可产1~15条幼仔

第 2 章 共115种！世界鲨鱼图鉴

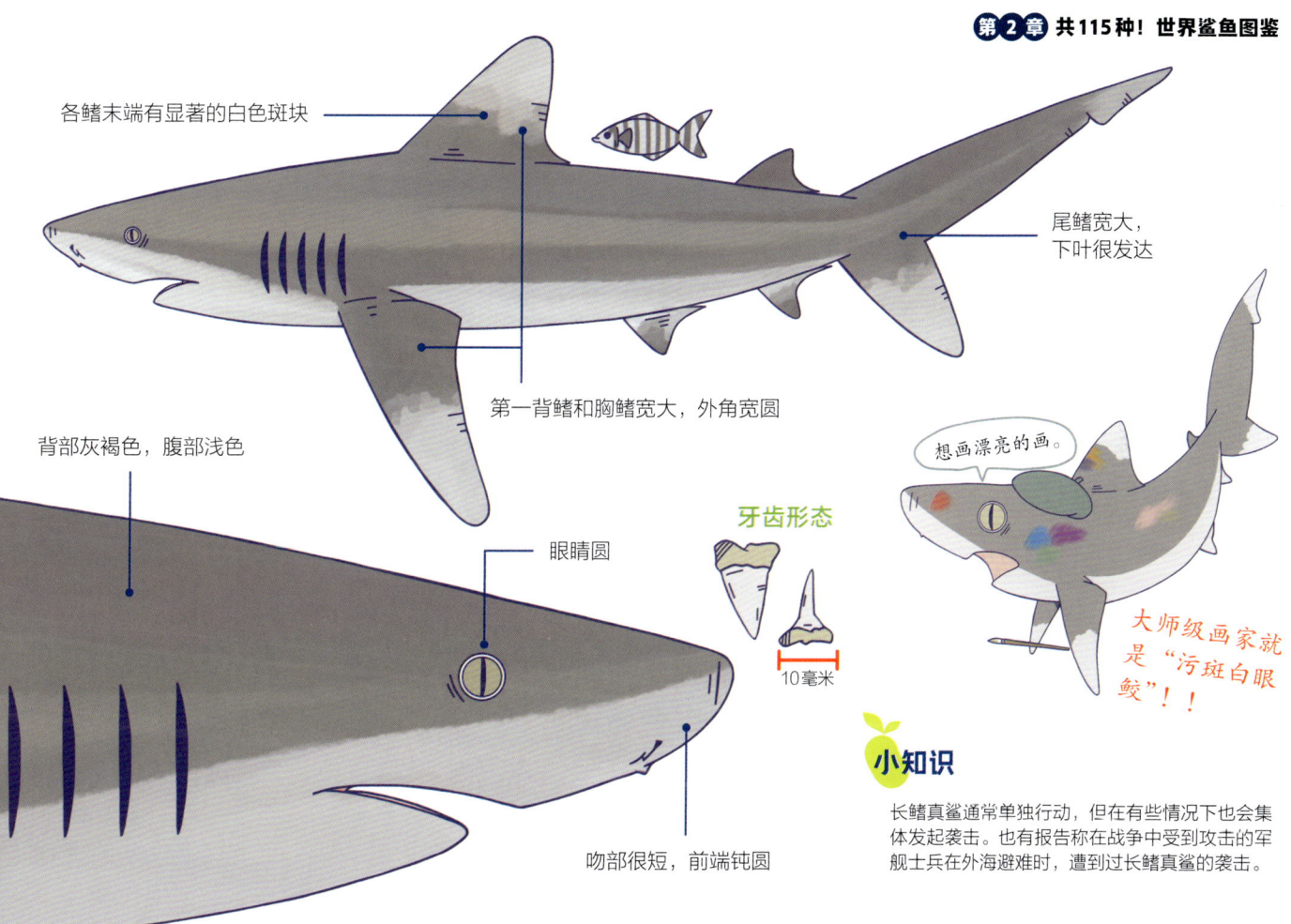

各鳍末端有显著的白色斑块

尾鳍宽大，下叶很发达

第一背鳍和胸鳍宽大，外角宽圆

背部灰褐色，腹部浅色

眼睛圆

牙齿形态

10毫米

吻部很短，前端钝圆

想画漂亮的画。

大师级画家就是"污斑白眼鲛"！！

小知识

长鳍真鲨通常单独行动，但在有些情况下也会集体发起袭击。也有报告称在战争中受到攻击的军舰士兵在外海避难时，遭到过长鳍真鲨的袭击。

棱角分明的俊俏五官。
大青鲨
Blue Shark

真鲨目

真鲨科

Prionace glauca

大青鲨的吻部长而尖,身体呈流线型。虽然外表很帅气,但是性情凶猛,有时也会袭击人类。

大青鲨拥有强有力的尾鳍和柔软的脊椎骨,可以扭动、弯曲身体,活动敏捷。体背部呈漂亮的蓝色,鲜艳美丽,但在死亡后就会褪为灰色。

裙带菜碎碎念

想将鲨鱼界的"帅哥奖"颁发给它。

趣谈

大青鲨会根据季节和生长等因素进行长距离洄游,其迁移距离特别长。

生存区域

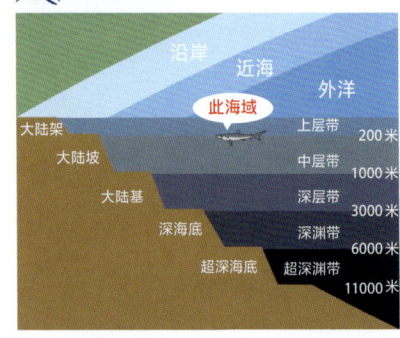

分布图

资料
- **全长**:3~3.8米
- **分布**:太平洋、印度洋、大西洋的热带到亚寒带海域等
- **生境**:外洋表层到中深层海域。有时会进入近海和沿海
- **食性**:硬骨鱼类、乌贼等头足类等
- **繁殖**:胎生。通常每胎产25~35条幼仔,有时超过100条

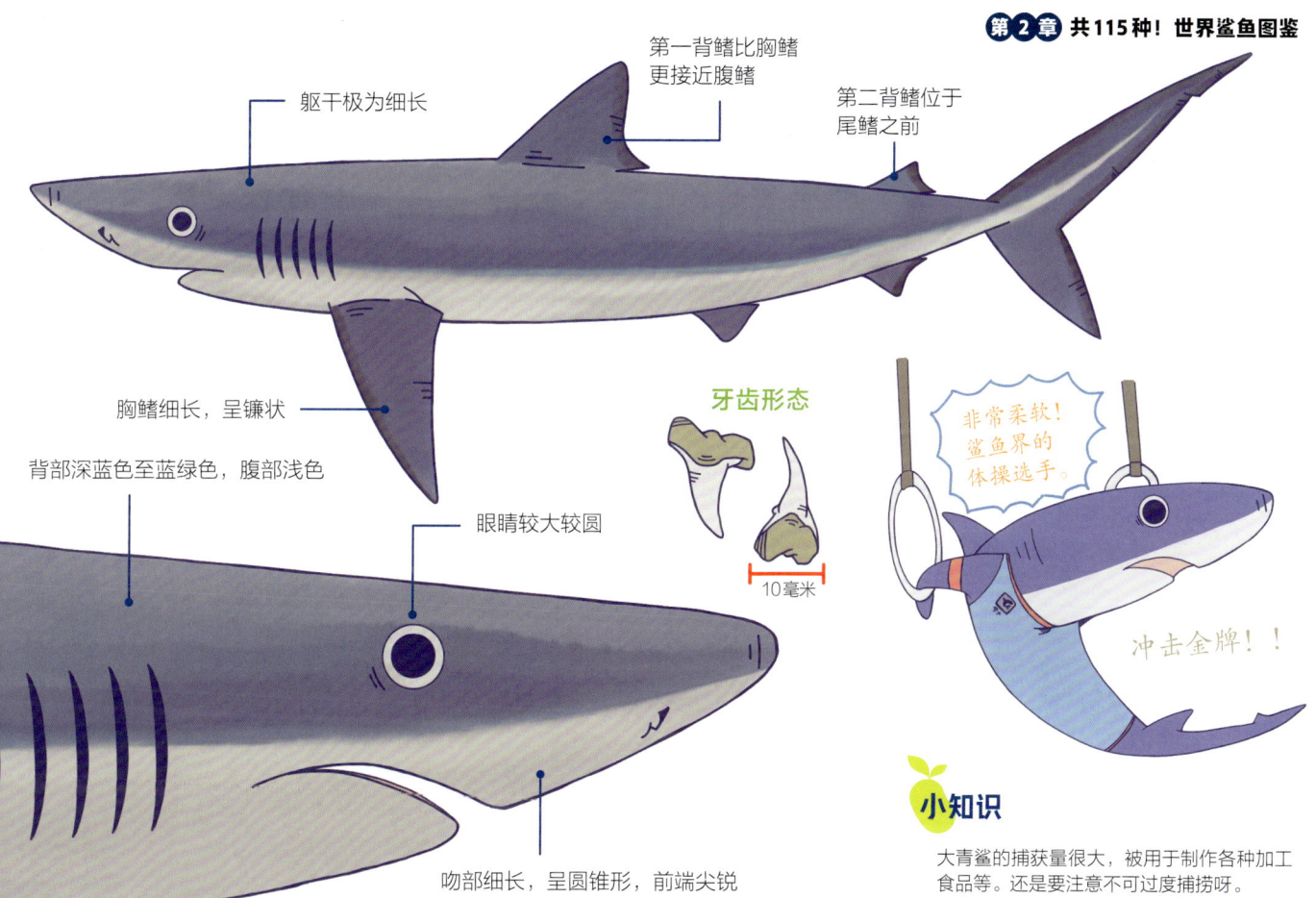

我看起来像睡着了吗？
灰三齿鲨
Whitetip reef shark

真鲨目

真鲨科

Triaenodon obesus

灰三齿鲨是夜行性鲨鱼，白天主要在海床上或岩缝中休憩。因为它一动不动的样子看起来就像"睡觉"一样，便有了"睡鲨"①这个名字。到了晚上，灰三齿鲨变得活跃起来，游动迅速。会成群追捕猎物。灰三齿鲨可以通过大口吸入海水来呼吸，所以不用一直游动。其体内可能含有雪卡毒素。

裙带菜碎碎念

在水族馆很常见。仔细观察，可以看到它们在展缸角落处成群聚集在一起。

趣谈

胆小，但如果你放松警惕，鲁莽地伸出手，它可能会咬你。

① 和后文中介绍的睡鲨科鱼类不是一个概念。——编者注

生存区域

分布图

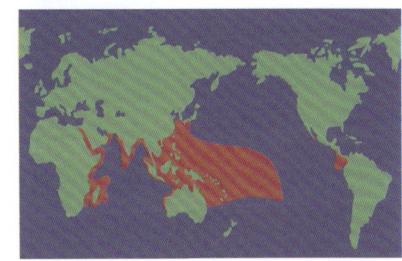

资料
- **全长**：最大约2米
- **分布**：太平洋、印度洋热带海域
- **生境**：水深8~40米的岩礁、珊瑚礁、泥沙质海床等海域
- **食性**：硬骨鱼类、头足类、甲壳类等
- **繁殖**：胎生。每胎产1~5条幼仔

第 2 章 共115种！世界鲨鱼图鉴

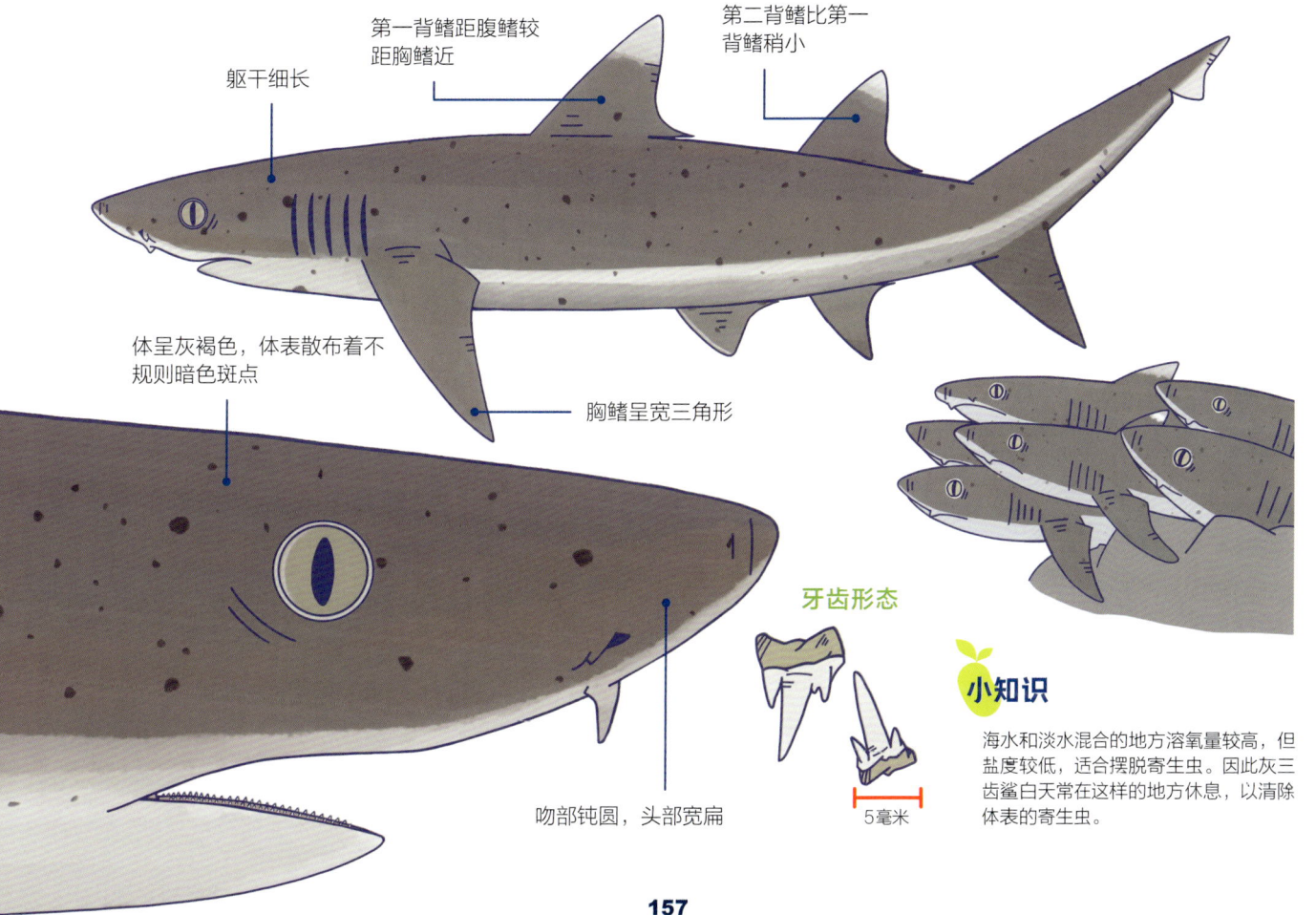

- 第一背鳍距腹鳍较距胸鳍近
- 第二背鳍比第一背鳍稍小
- 躯干细长
- 体呈灰褐色，体表散布着不规则暗色斑点
- 胸鳍呈宽三角形
- 吻部钝圆，头部宽扁

牙齿形态

5毫米

小知识

海水和淡水混合的地方溶氧量较高，但盐度较低，适合摆脱寄生虫。因此灰三齿鲨白天常在这样的地方休息，以清除体表的寄生虫。

成为鲨鱼界的旗鱼！
剑鼻鲨
Daggernose shark

真鲨目

真鲨科

Isogomphodon oxyrhynchus

剑鼻鲨拥有锋利的锥状牙齿，体长超过1米，以小鱼为主食。宽阔的双颌和细小的颌牙适合捕食小型猎物。它们的牙齿很小，对人类几乎无害。

剑鼻鲨吻部细长，前端尖锐，就像剑鱼一样。其特征是胸鳍十分宽大。近年来，剑鼻鲨的数量在减少，濒临灭绝。

裙带菜碎碎念
如果在大海里遇到剑鼻鲨的话，会被吓一跳吧。

趣谈
喜欢浑浊的水域。

生存区域
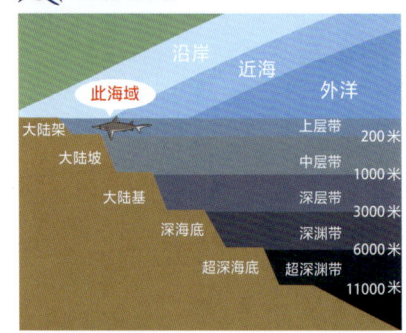

分布图

资料
- **全长**：最大约1.6米
- **分布**：南美洲东北部沿岸的热带海域
- **生境**：大陆和岛屿附近海域
- **食性**：小型硬骨鱼类和头足类等
- **繁殖**：卵胎生。每胎产2~8条幼仔

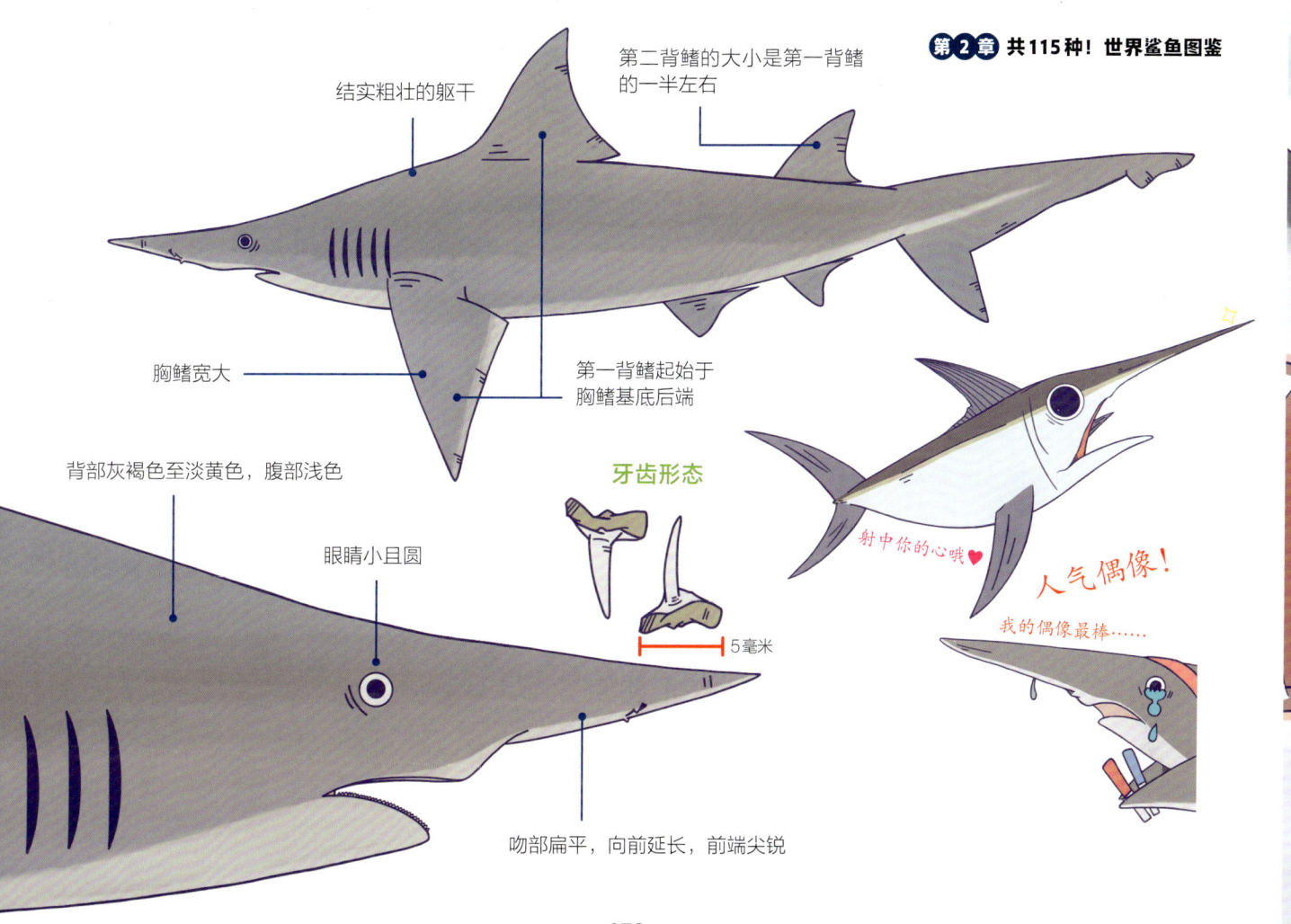

真难与其他真鲨区分开来！

灰真鲨
Dusky shark

真鲨目

真鲨科

Carcharhinus obscurus

灰真鲨会避开河口等低盐度的水域生活。背鳍较小和胸鳍呈镰状是灰真鲨的特征。

它们生长和性成熟速度非常缓慢，繁殖力也很弱。受过度捕捞影响，其数量正在减少。

未成年的灰真鲨有时也会被低鳍真鲨等大型鲨鱼捕食。

裙带菜碎碎念
需要仔细观察才能将它与其他真鲨区分开来。

趣谈
有季节性洄游的习性。

生存区域
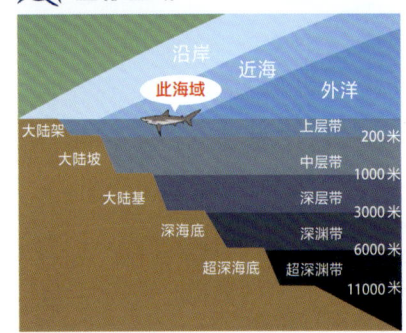

分布图
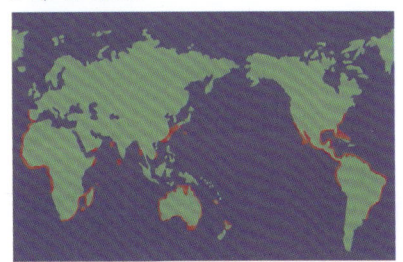

资料	
●全长	最大4.2米
●分布	广泛分布于世界范围内的热带至暖温带海域
●生境	生活在沿岸到外洋的表层水域。有时会潜至400米左右的深海海域
●食性	硬骨鱼类、头足类、甲壳类等
●繁殖	胎生。每胎产2~18条幼仔

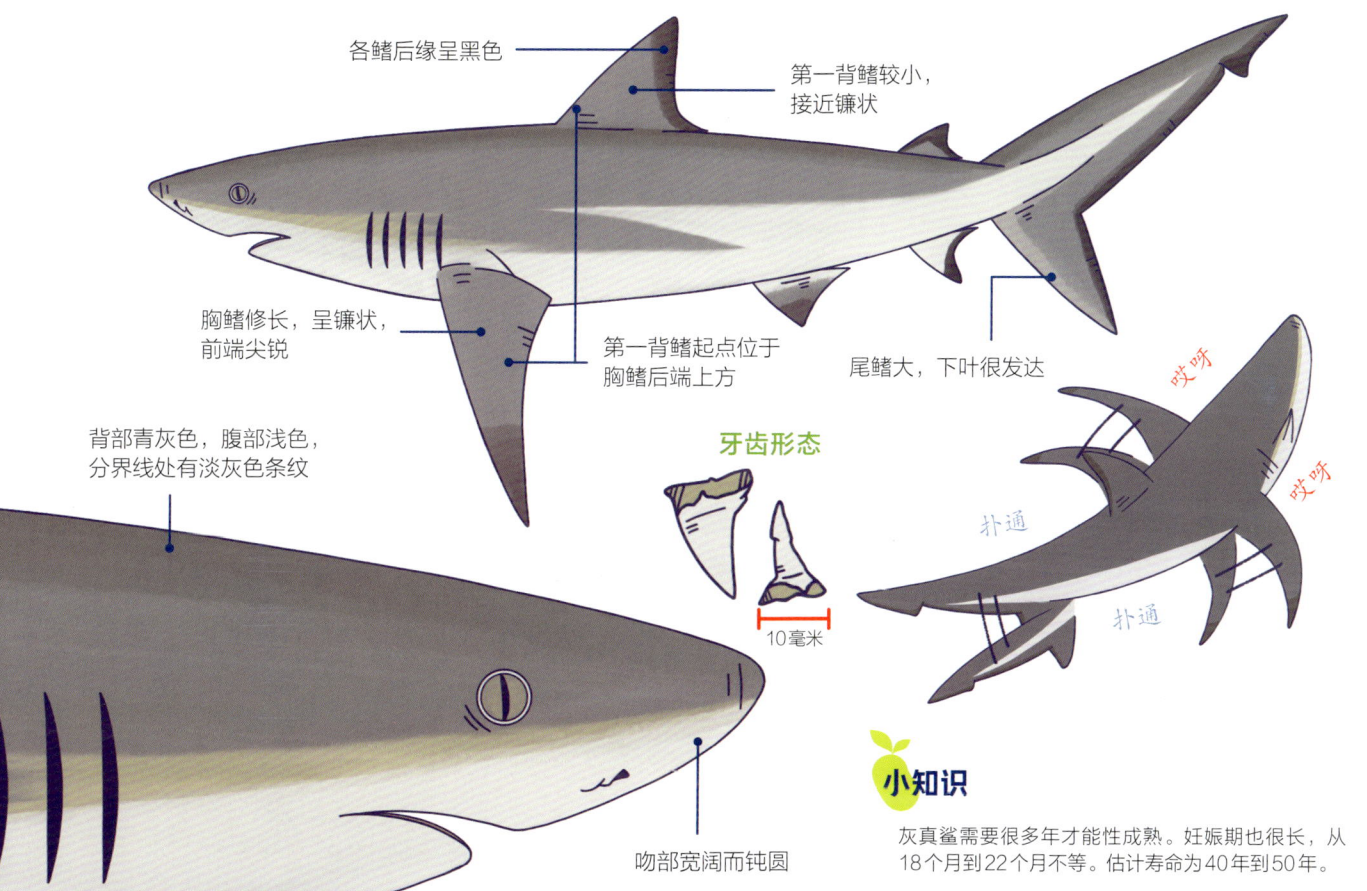

长矛般坚硬的吻部让我傲娇！

麦氏真鲨
Hardnose shark

真鲨目

真鲨科

Carcharhinus macloti

麦氏真鲨的主要特征是细长尖锐的吻部，吻部软骨因高度钙化而十分坚硬。英文名"Hardnose shark"（硬鼻真鲨）即是由此而来。

麦氏真鲨的躯干纤细。胸鳍很小，五对鳃孔很短。麦氏真鲨的眼睛较大。研究表明，它们不喜欢进行长距离迁移。

由于过度捕捞，它们的数量正在减少。

裙带菜碎碎念
我想摸摸它们钙化的吻部，看看它有多硬。

趣谈
它们通常成群生活，但雄性和雌性会分开活动。

🦈 生存区域
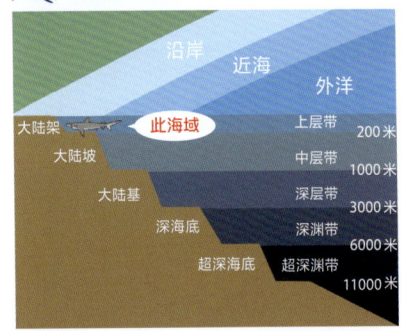

🦈 分布图
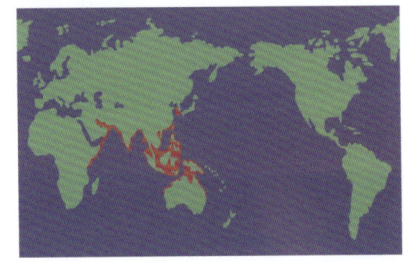

资料
- **全长**：最大1.1米
- **分布**：从坦桑尼亚到韩国、澳大利亚北部的印度洋、西太平洋海域
- **生境**：沿岸区域和水深200米左右的大陆架海域
- **食性**：小型硬骨鱼类、头足类、甲壳类等
- **繁殖**：胎生。每胎产1~2条幼仔

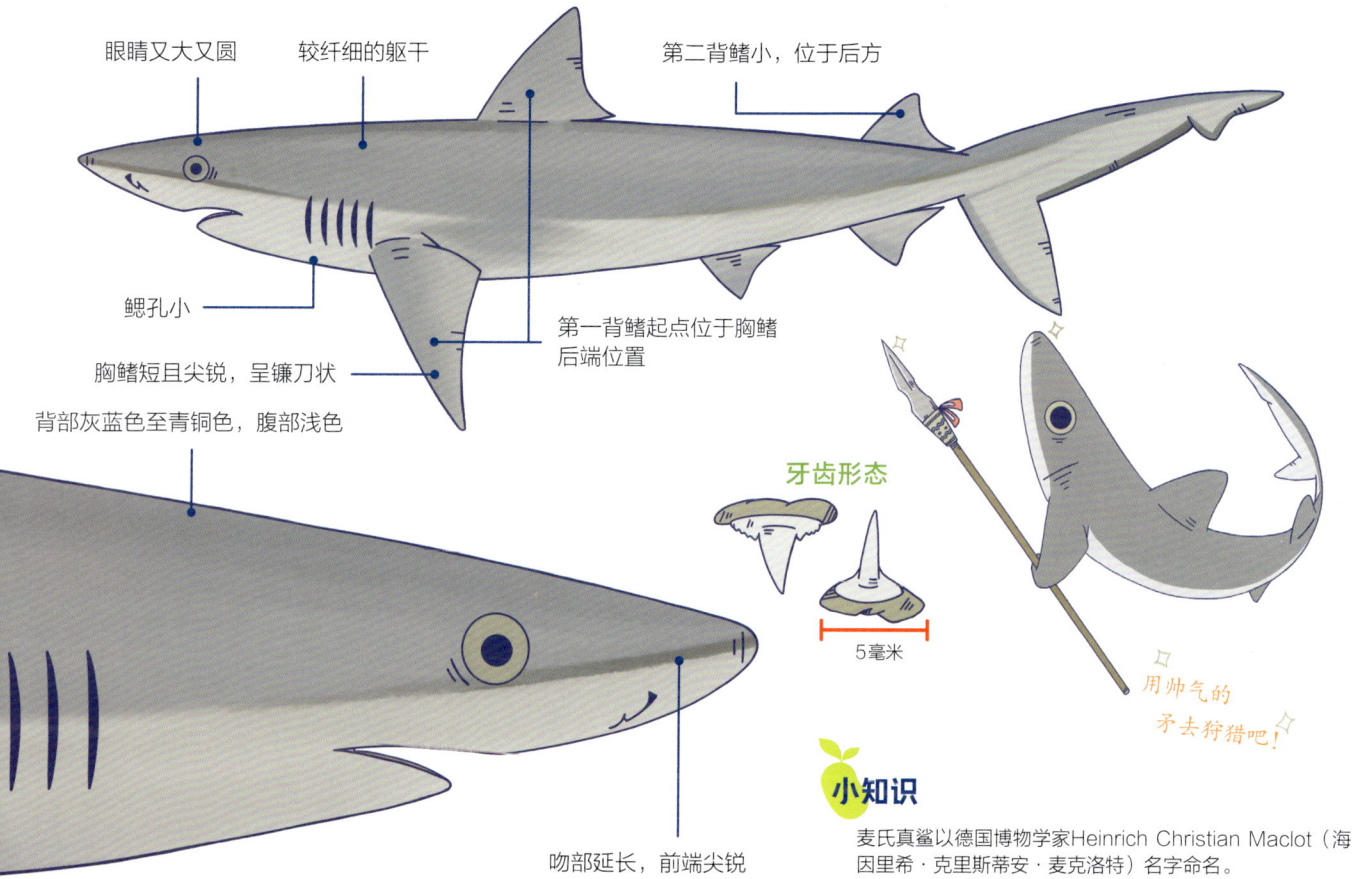

第 2 章 共115种！世界鲨鱼图鉴

- 眼睛又大又圆
- 较纤细的躯干
- 第二背鳍小，位于后方
- 鳃孔小
- 第一背鳍起点位于胸鳍后端位置
- 胸鳍短且尖锐，呈镰刀状
- 背部灰蓝色至青铜色，腹部浅色
- 吻部延长，前端尖锐

牙齿形态

5毫米

用帅气的矛去狩猎吧！

🍋 **小知识**

麦氏真鲨以德国博物学家Heinrich Christian Maclot（海因里希·克里斯蒂安·麦克洛特）名字命名。

沙拉真鲨

要把我做成肉包？

Spot-tail shark

真鲨目

真鲨科

Carcharhinus sorrah

沙拉真鲨为小型真鲨，全长1.6米左右。第二背鳍的前端、胸鳍前端及尾鳍下叶的前端有黑色的斑块，与直齿真鲨（第168页）和黑边鳍真鲨（第148页）非常相似，但相比之下，沙拉真鲨的两背鳍间有明显的纵嵴。

沙拉真鲨喜欢在珊瑚礁附近栖息，白天在深水区活动，夜间则会上浮水面附近。

裙带菜碎碎念

在美丽的珊瑚礁中游动的沙拉真鲨很美。

趣谈

虽然偶尔能在水族馆看到，但十分罕见。

🦈 生存区域

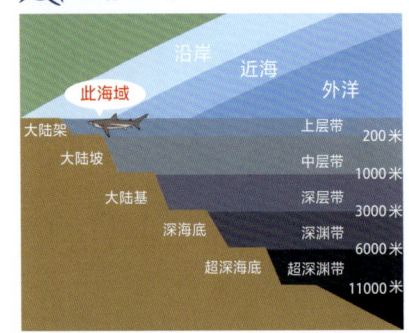

🦈 分布图

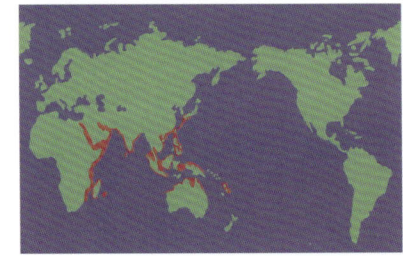

资料

- ●全长：1~1.6米
- ●分布：西太平洋及印度洋热带至亚热带海域
- ●生境：从沿岸到水深140米左右的水域
- ●食性：小型硬骨鱼类和头足类等
- ●繁殖：胎生。每胎产1~8条幼仔

第 2 章 共115种！世界鲨鱼图鉴

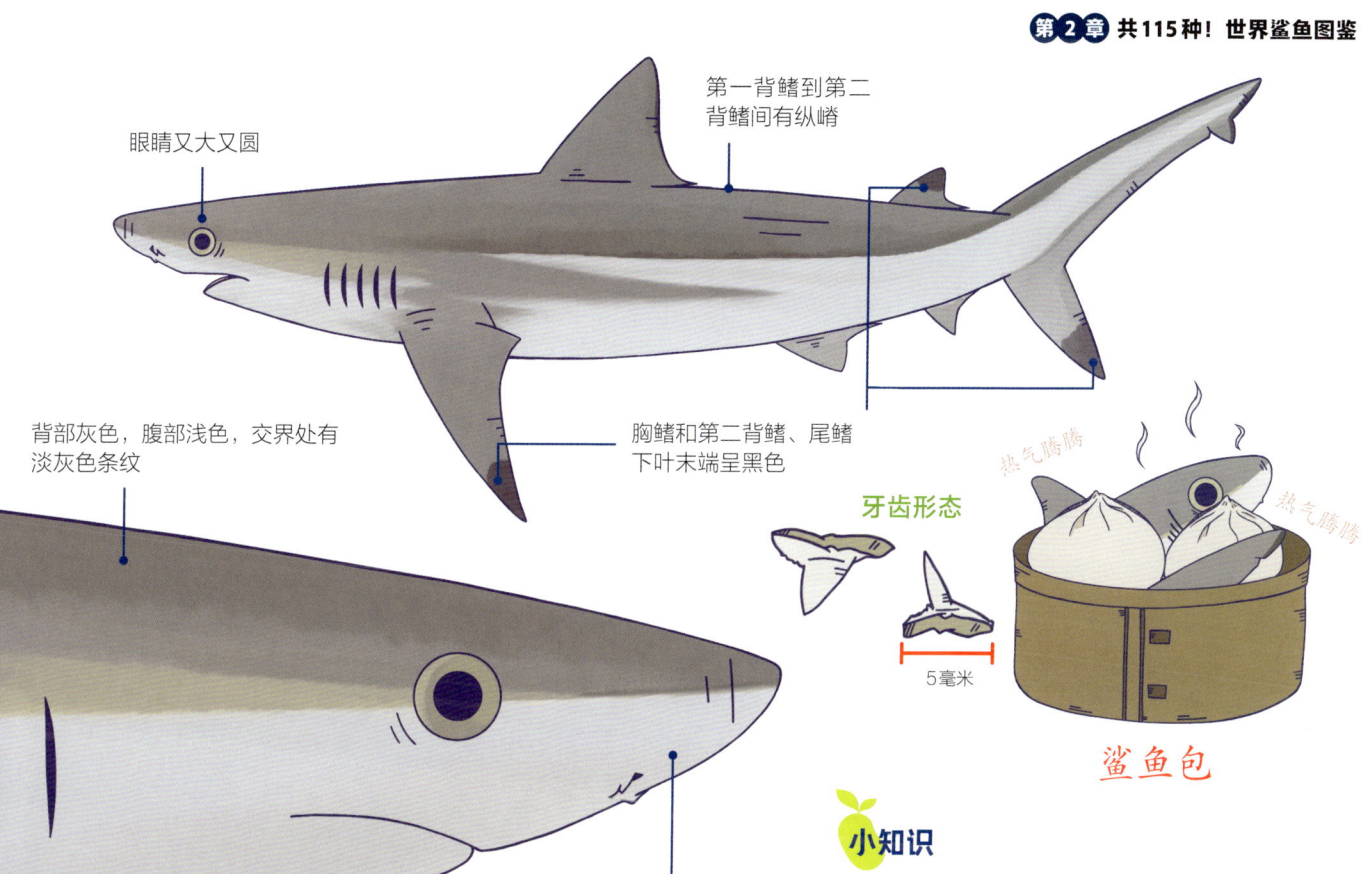

眼睛又大又圆

第一背鳍到第二背鳍间有纵嵴

胸鳍和第二背鳍、尾鳍下叶末端呈黑色

背部灰色，腹部浅色，交界处有淡灰色条纹

吻部延长，前端钝圆

牙齿形态

5毫米

热气腾腾

热气腾腾

鲨鱼包

小知识

由于过度捕捞，沙拉真鲨的数量正在减少，有灭绝的危险。这一物种也出现于近岸，所以有时也会被钓上岸。

尖吻斜锯牙鲨

我有多个英文名的哦！

Milk shark

真鲨目

真鲨科

Rhizoprionodon acutus

尖吻斜锯牙鲨（瓦氏斜齿鲨、奶鲨）体形较小，躯干细长，吻部长而尖锐，眼睛大。颌齿向外大幅倾斜，切缘①光滑。

小型鲨鱼，对人无害，有时会被大型鲨鱼捕食。

裙带菜碎碎念

在印度，人们认为"尖吻斜锯牙鲨的肉对母乳有益"，英文名"Milk shark"即由此而来。

① 牙齿边缘的切割刃。——编者注

生存区域

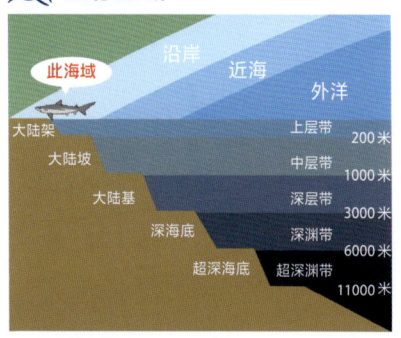

分布图

资料
- ●**全长**：最大1.7米
- ●**分布**：西太平洋、印度洋、东大西洋的热带到亚热带海域
- ●**生境**：从沿岸到大陆架上的中层及海床附近。有时会进入河口区
- ●**食性**：小型硬骨鱼类和头足类等
- ●**繁殖**：胎生。每胎产5条左右幼仔

第 2 章 共115种！世界鲨鱼图鉴

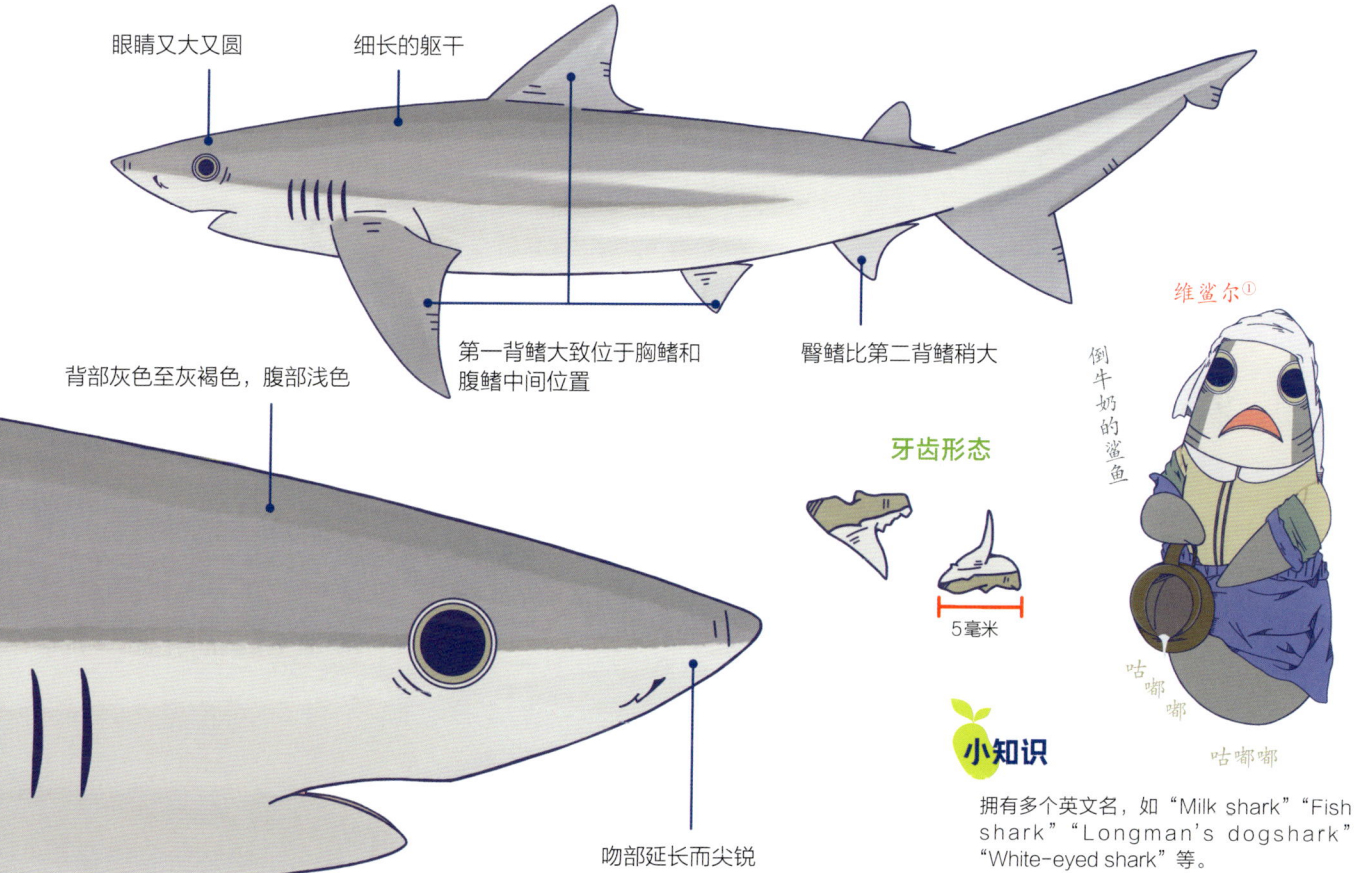

- 眼睛又大又圆
- 细长的躯干
- 背部灰色至灰褐色，腹部浅色
- 第一背鳍大致位于胸鳍和腹鳍中间位置
- 臀鳍比第二背鳍稍大
- 吻部延长而尖锐

牙齿形态

5毫米

维鲨尔①

倒牛奶的鲨鱼

咕嘟嘟　咕嘟嘟

小知识

拥有多个英文名，如"Milk shark""Fish shark""Longman's dogshark""White-eyed shark"等。

① 该漫画模仿《倒牛奶的女佣》。《倒牛奶的女佣》为荷兰画家约翰内斯·维米尔的画作，现藏于荷兰阿姆斯特丹国家博物馆。——译者注

对我们的旋转姿态刮目相看吧！
直齿真鲨
Spinner shark

真鲨目

真鲨科

Carcharhinus brevipinna

直齿真鲨，又名短鳍真鲨、蔷薇真鲨，行动迅速，会成群捕猎小鱼。在捕猎的过程中，它们会旋转着扑向小鱼群，也会借助冲力跃出水面。

与黑边鳍真鲨（第148页）相似，有时会被混淆，但可以通过直齿真鲨的第一背鳍相对靠后，以及直齿真鲨成鱼的臀鳍前端有黑斑这两大特点来区分。

裙带菜碎碎念
吻稍长，给人呆萌可爱的感觉。

趣谈
5对鳃孔都比较大。

🦈 生存区域
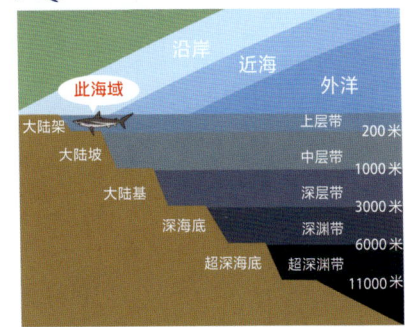

🦈 分布图
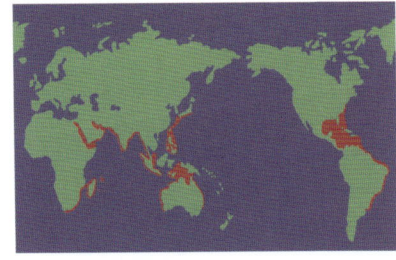

资料
- ●全长：最大约3米
- ●分布：除东太平洋以外的热带至暖温带海域
- ●生境：从沿岸区域到水深30米左右的海域。有时会潜入水深100米处
- ●食性：小型硬骨鱼类和头足类等
- ●繁殖：胎生。每胎产3~15条幼仔

第 2 章 共115种！世界鲨鱼图鉴

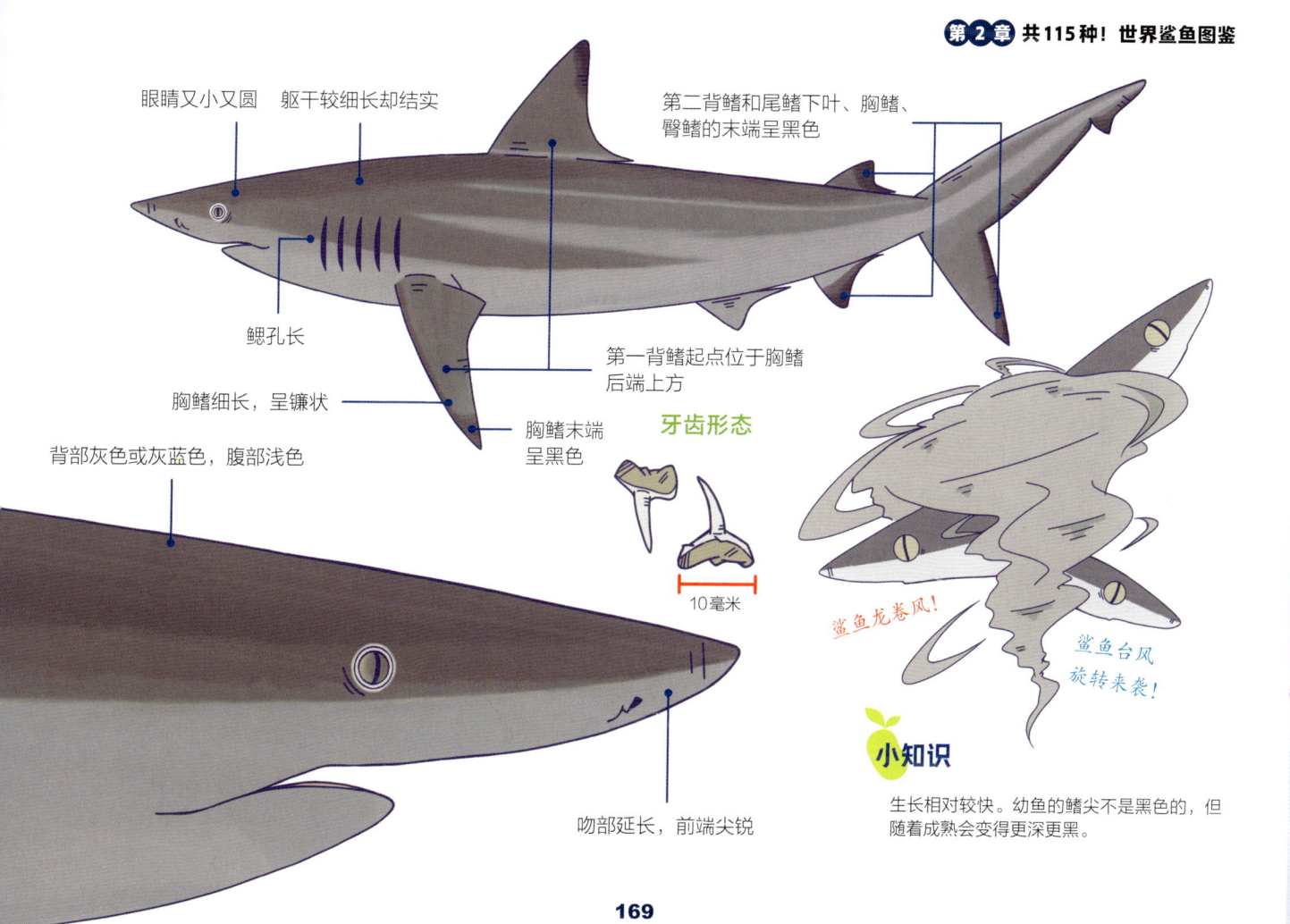

- 眼睛又小又圆
- 躯干较细长却结实
- 第二背鳍和尾鳍下叶、胸鳍、臀鳍的末端呈黑色
- 鳃孔长
- 胸鳍细长，呈镰状
- 背部灰色或灰蓝色，腹部浅色
- 第一背鳍起点位于胸鳍后端上方
- 胸鳍末端呈黑色
- 吻部延长，前端尖锐

牙齿形态

10毫米

鲨鱼龙卷风！

鲨鱼台风旋转来袭！

小知识

生长相对较快。幼鱼的鳍尖不是黑色的，但随着成熟会变得更深更黑。

不是鳍端黑而是吻尖黑，这是不是很酷？

黑吻真鲨
Blacknose shark

真鲨目

真鲨科

Carcharhinus acronotus

黑吻真鲨的吻尖为黑色，年轻黑吻真鲨的吻尖颜色较深，随着年龄增长，吻尖颜色会逐渐变浅。"黑吻真鲨"一名即源自这一特征。

它们具有强烈的领地意识和高度的警惕性。尽管平时不具有攻击性，但在遇到其他鲨鱼或人类的进犯时，它们会采取恐吓行动。

裙带菜碎碎念

黑吻真鲨先生的黑吻尖，就像是时髦的"痣"。

趣谈

会根据季节进行短距离的迁移。

生存区域

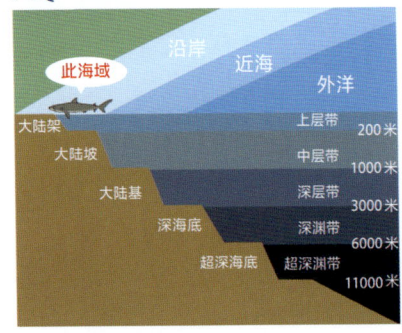

分布图

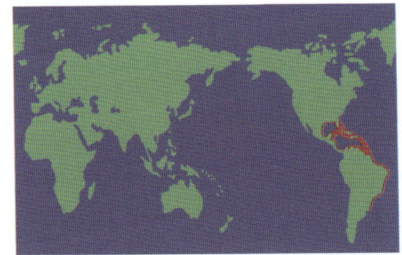

资料
- ●全长：最大约1.6米
- ●分布：从美国北卡罗来纳州到巴西南部的西大西洋温带、亚热带、热带海域
- ●生境：沿岸、大陆架上的珊瑚礁及泥沙质海床上
- ●食性：硬骨鱼类和头足类等
- ●繁殖：胎生。每胎产4条（最多6条）幼仔

第 2 章 共115种！世界鲨鱼图鉴

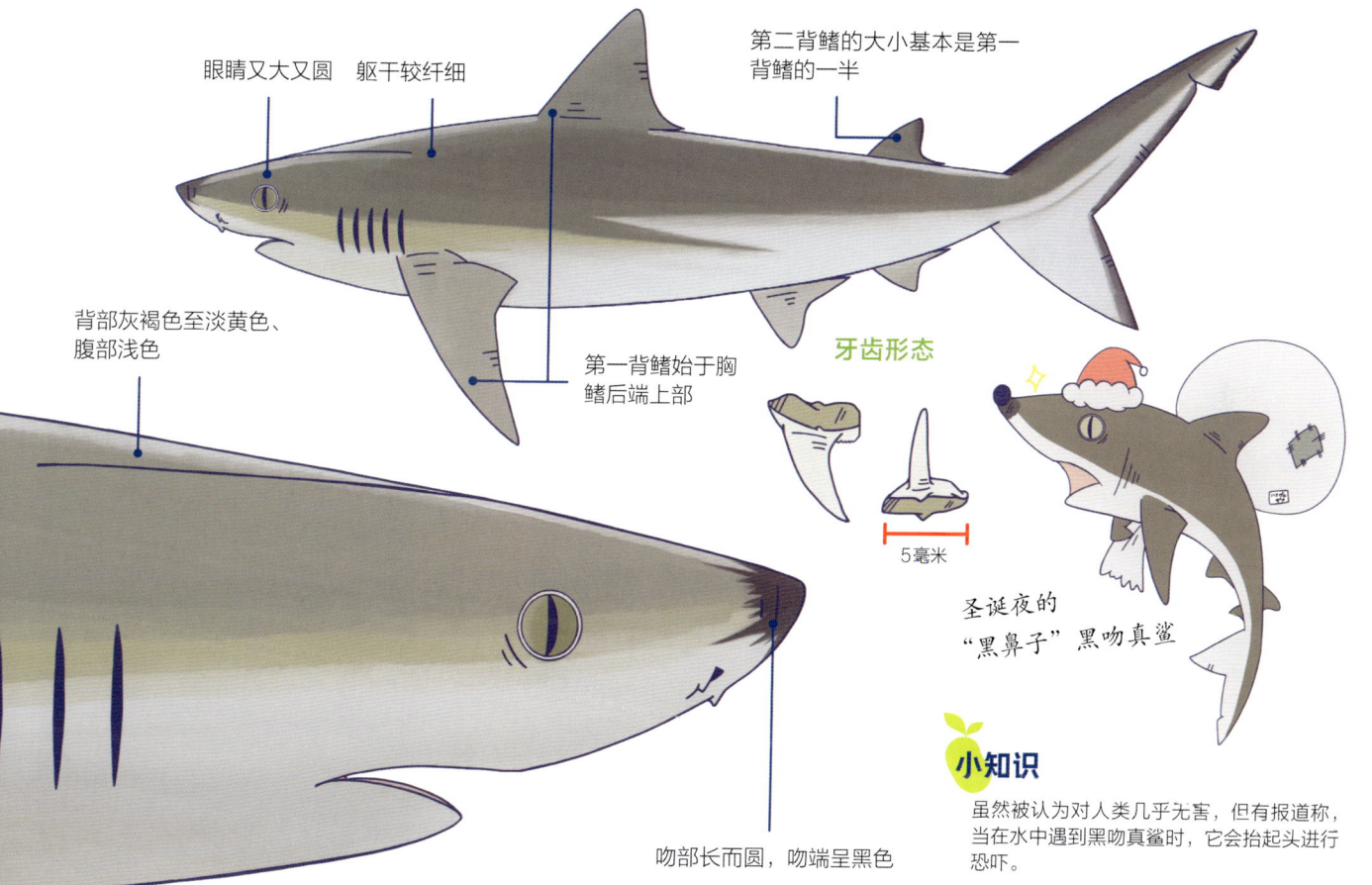

眼睛又大又圆　躯干较纤细

第二背鳍的大小基本是第一背鳍的一半

背部灰褐色至淡黄色、腹部浅色

第一背鳍始于胸鳍后端上部

牙齿形态

5毫米

圣诞夜的"黑鼻子"黑吻真鲨

吻部长而圆，吻端呈黑色

小知识

虽然被认为对人类几乎无害，但有报道称，当在水中遇到黑吻真鲨时，它会抬起头进行恐吓。

171

滴溜溜的大眼睛，很可爱。

隙眼鲨
Sliteye shark

真鲨目

真鲨科

Loxodon macrorhinus

　　隙眼鲨的眼睛非常大，其特征是眼睛后缘处有缺刻。这一缺刻使眼睛"看起来很尖"，因此命名为隙眼鲨。

　　体形纤细，吻延长且尖锐。各鳍比例较小，外角尖锐。两颌牙齿基本同形，齿尖大，向外端倾斜，切缘光滑。

裙带菜碎碎念

细长的大眼睛不是美人系，而是可爱系。外表看起来有点像秋刀鱼。

趣谈

据说生长迅速。

生存区域

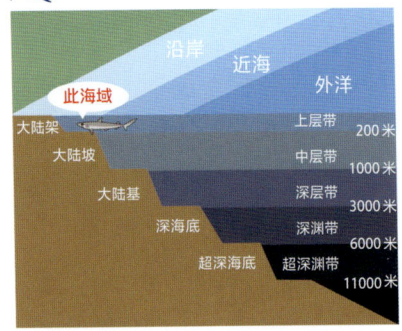

分布图

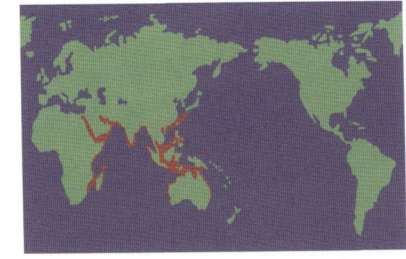

资料	
●全长：	最大不到1米
●分布：	西太平洋、印度洋的热带至亚热带海域
●生境：	水深至约120米的大陆架和岛屿周边海域
●食性：	硬骨鱼类和头足类等
●繁殖：	胎生。每胎产2~4条幼仔

第 2 章 共115种！世界鲨鱼图鉴

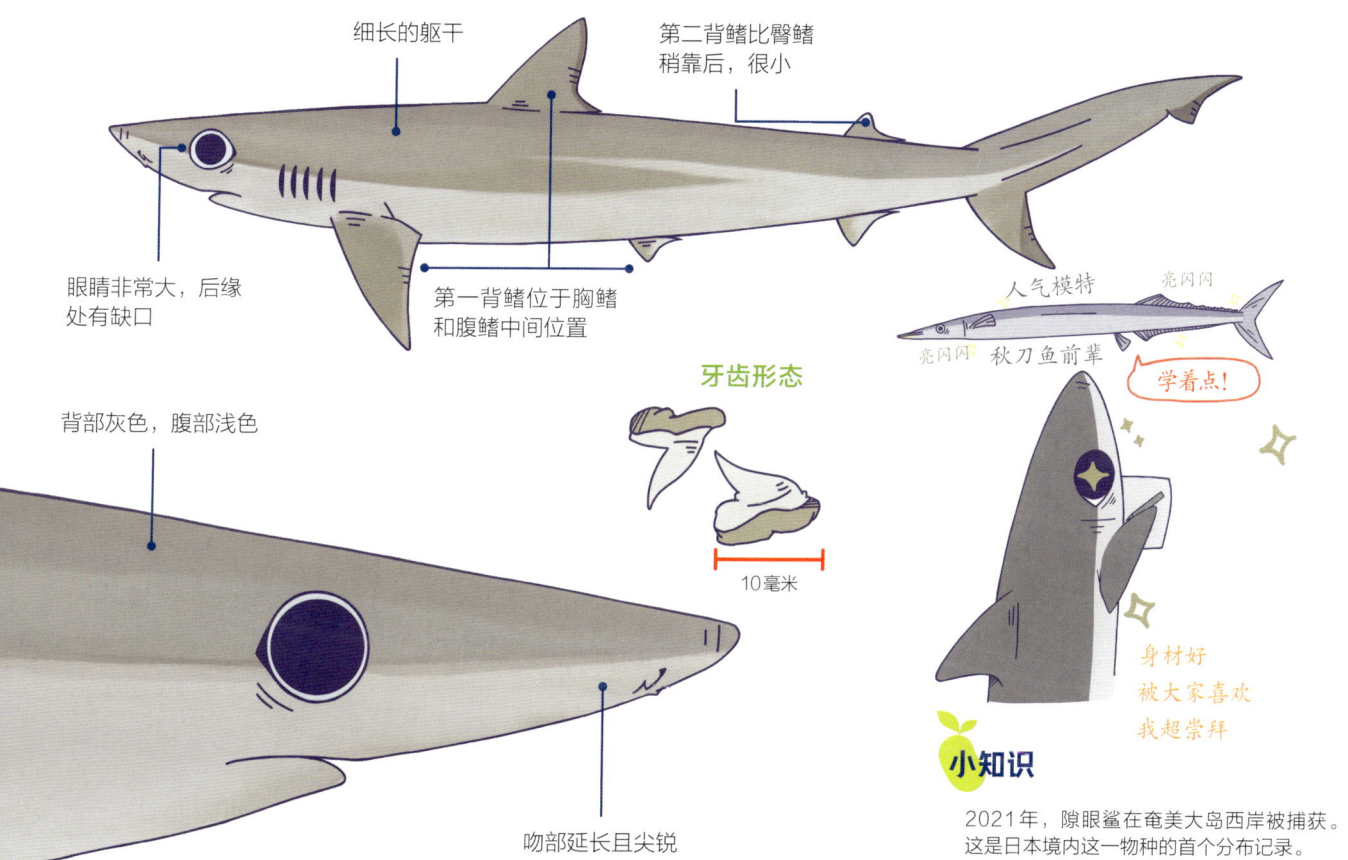

细长的躯干

第二背鳍比臀鳍稍靠后，很小

眼睛非常大，后缘处有缺口

第一背鳍位于胸鳍和腹鳍中间位置

背部灰色，腹部浅色

牙齿形态

10毫米

吻部延长且尖锐

人气模特
亮闪闪
亮闪闪
秋刀鱼前辈
学着点！

身材好
被大家喜欢
我超崇拜

小知识

2021年，隙眼鲨在奄美大岛西岸被捕获。这是日本境内这一物种的首个分布记录。

往鱼鳍上泼"墨"的是谁？

爪哇真鲨

Indonesian whaler shark

真鲨目

真鲨科

Carcharhinus tjutjot

真鲨科中的小型物种，全长只有1米左右。和乌翅真鲨（第144页）相似，但爪哇真鲨只有第二背鳍顶端是黑色的。

第二背鳍顶端的黑色部分，看起来像是蘸了墨水。

裙带菜碎碎念

真鲨一般给人肌肉发达、强壮的印象，但实际上爪哇真鲨体形小巧、纤细，让人想要保护它。

趣谈

由于过度捕捞，其数量正大幅减少。

生存区域

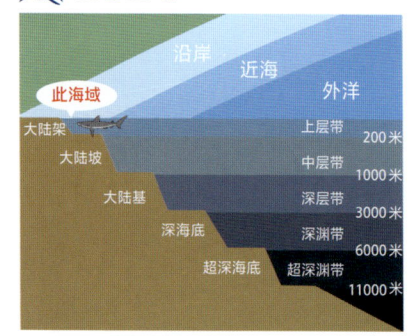

分布图

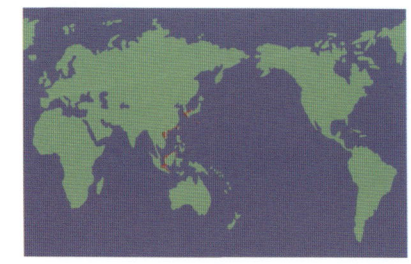

资料	
●全长：	最大不到1米
●分布：	太平洋至印度洋近海
●生境：	沿岸、大陆架和水深150米左右的海床水域
●食性：	小型硬骨鱼类、头足类、甲壳类等
●繁殖：	胎生。每胎产约2条幼仔

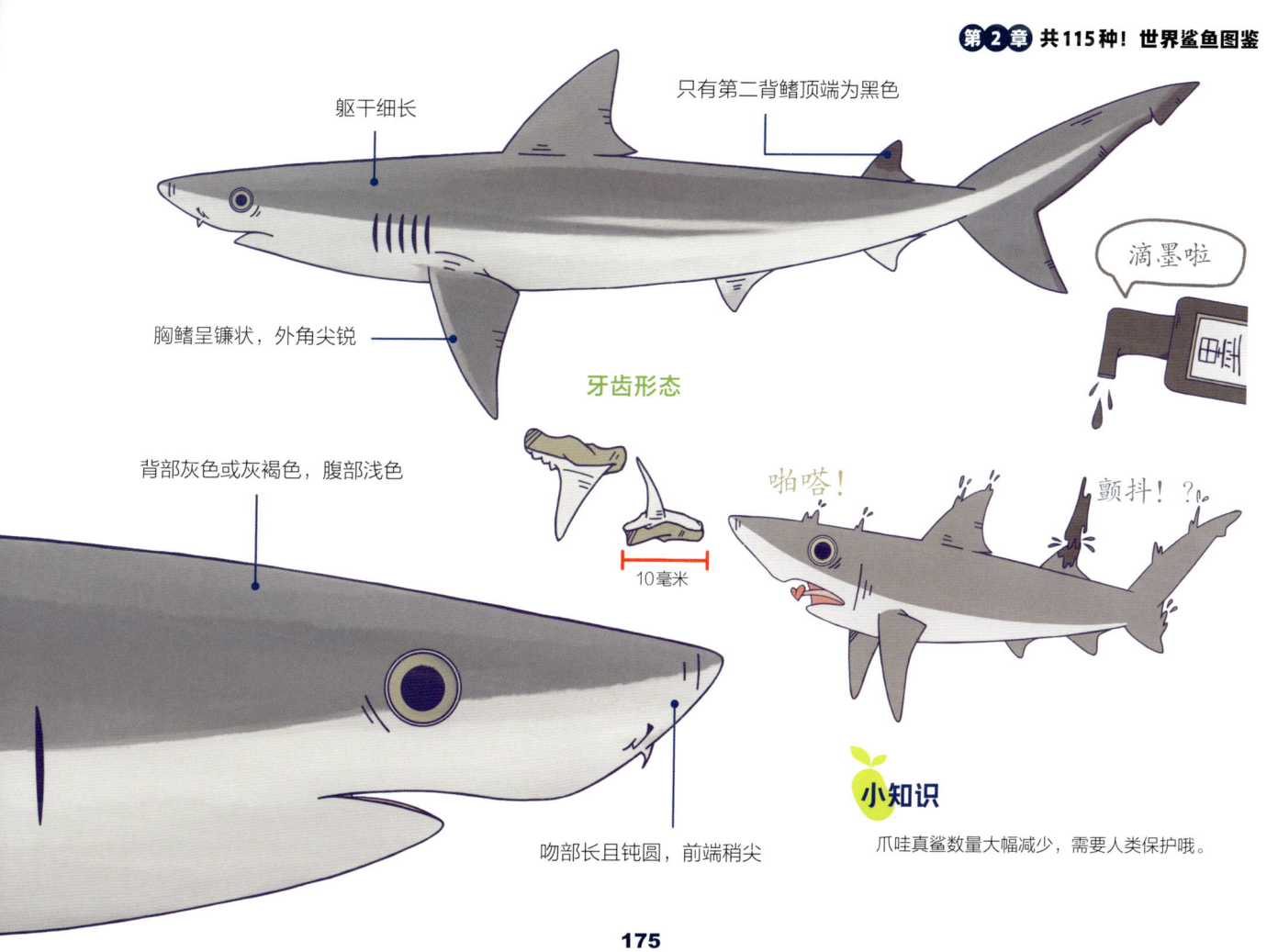

虽然没有什么特点但名字很帅气！

西氏真鲨

Blackspot shark

真鲨目

真鲨科

Carcharhinus sealei

西氏真鲨的体形较小，体侧有不显眼的浅色条纹，第二背鳍顶端一半以上的区域呈黑色。

西氏真鲨躯干细长，吻部钝圆。眼睛很大，尾鳍长度约为全长的五分之一。不适应低盐分的水域，不会靠近河口一带。通常在春季繁殖，生长迅速。

裙带菜碎碎念

外观类似于爪哇真鲨（第174页），英文名与黑边鳍真鲨（第148页）相似，因此很容易混淆。

趣谈

由于过度捕捞和兼捕，其数量大幅减少，濒临灭绝。

生存区域

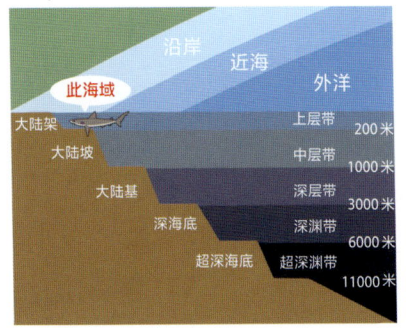

分布图

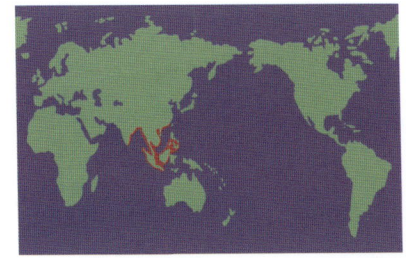

资料

- **全长**：最大不足1米
- **分布**：印度洋、西太平洋
- **生境**：从沿岸到水深40米的大陆架海域
- **食性**：小型硬骨鱼类、乌贼等头足类、甲壳类等
- **繁殖**：胎生。每胎产1~2条幼仔

第 2 章 共115种！世界鲨鱼图鉴

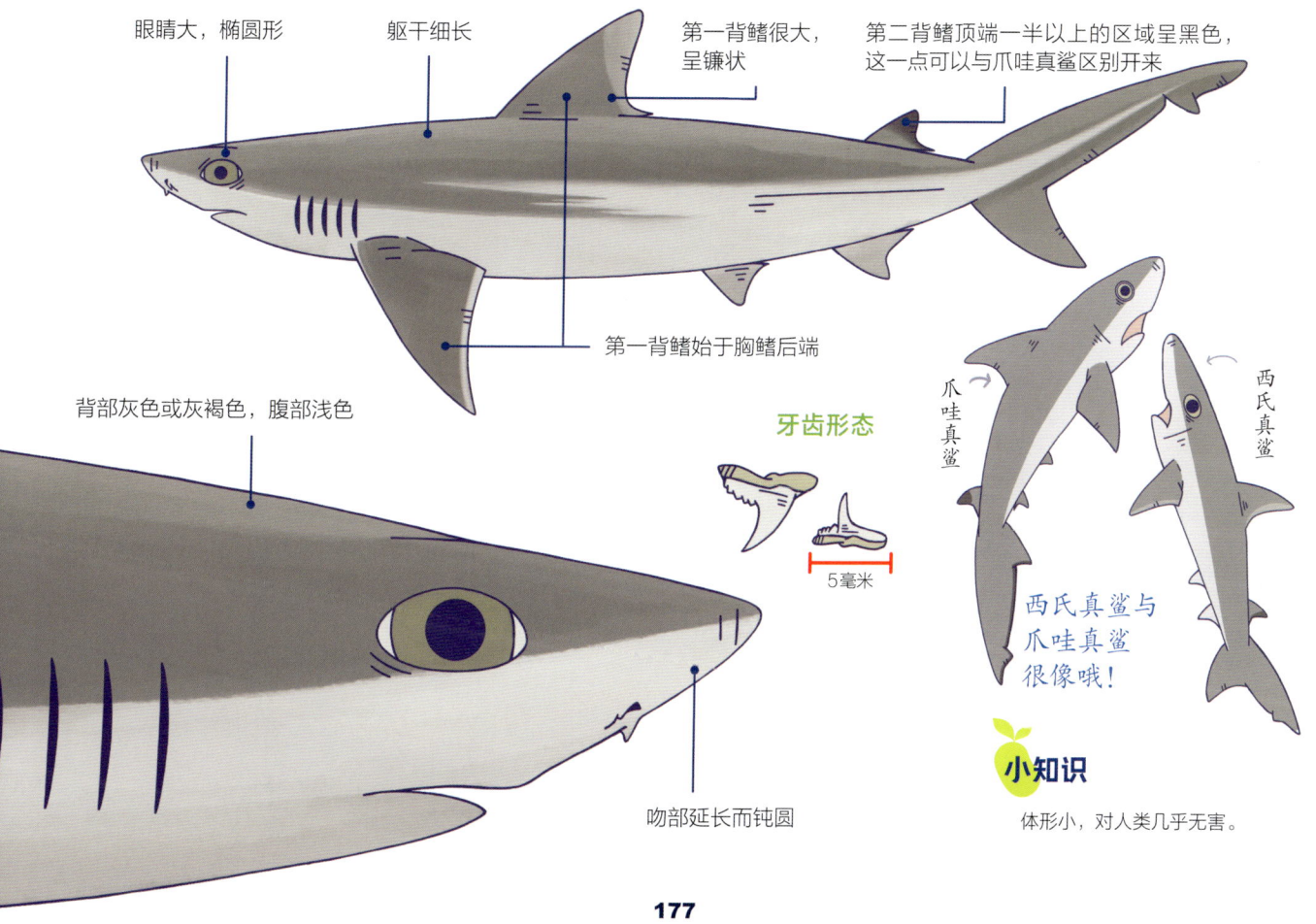

- 眼睛大，椭圆形
- 躯干细长
- 第一背鳍很大，呈镰状
- 第二背鳍顶端一半以上的区域呈黑色，这一点可以与爪哇真鲨区别开来
- 第一背鳍始于胸鳍后端
- 背部灰色或灰褐色，腹部浅色
- 吻部延长而钝圆

牙齿形态

5毫米

爪哇真鲨

西氏真鲨

西氏真鲨与爪哇真鲨很像哦！

小知识

体形小，对人类几乎无害。

骨碌蜷成一团就是"甜甜圈鲨"！

埃氏宽瓣鲨

Puffadder shyshark

真鲨目

单鳍猫鲨科

Haploblepharus edwardsii

埃氏宽瓣鲨的左右颌由特殊的软骨连接，可以通过调整位置来增大咬合力。尾鳍较短，但很宽，占全长的五分之一。

埃氏宽瓣鲨性格胆小，多蛰伏于海底一动不动。有时也会数条成群休息。为了保护自己不被攻击（有时也会被大型鲨鱼吃掉），一旦察觉到危险，它们便会将自己蜷缩成一团。

裙带菜碎碎念

骨碌蜷成一团的样子看起来好像一个甜甜圈。当潜水员触碰它时，它就会卷曲起来，然后以这种形状沉入海中。

趣谈

与其他的宽瓣鲨相比，埃氏宽瓣鲨的身体更为细长。

生存区域

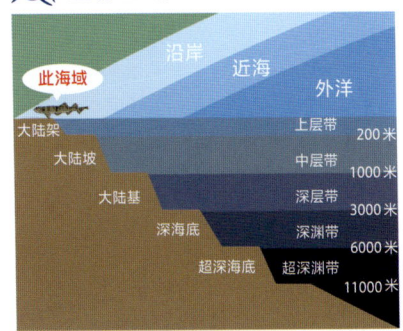

分布图

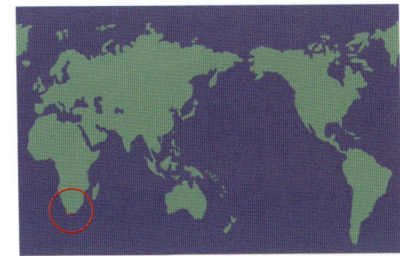

资料
- **全长**：最大64厘米
- **分布**：南非沿岸的温带海域
- **生境**：浅海海床、岩礁处
- **食性**：硬骨鱼类、头足类、甲壳类等
- **繁殖**：卵生。每胎产2个卵

第 2 章 共115种！世界鲨鱼图鉴

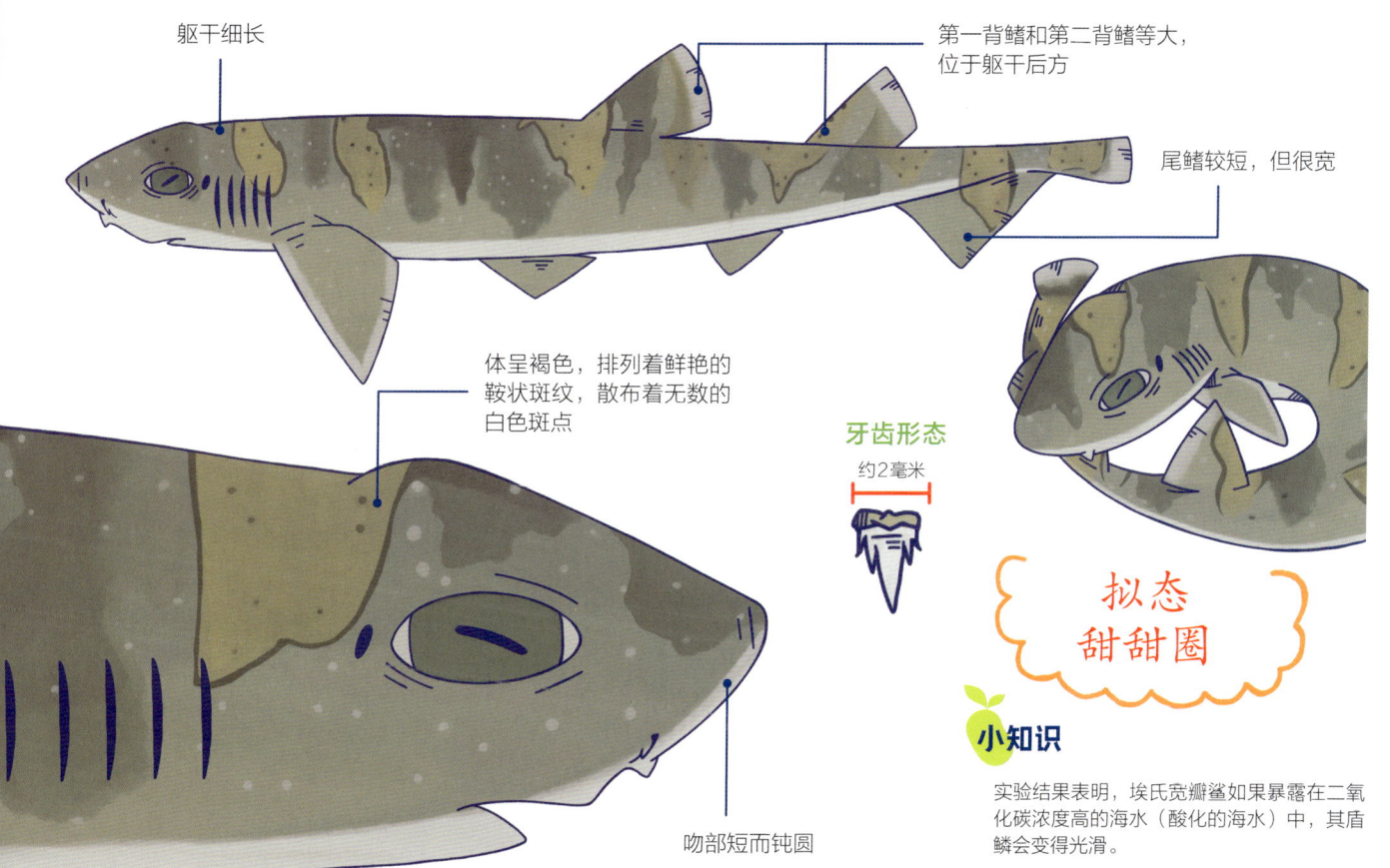

躯干细长

第一背鳍和第二背鳍等大，位于躯干后方

尾鳍较短，但很宽

体呈褐色，排列着鲜艳的鞍状斑纹，散布着无数的白色斑点

牙齿形态

约2毫米

拟态
甜甜圈

吻部短而钝圆

小知识

实验结果表明，埃氏宽瓣鲨如果暴露在二氧化碳浓度高的海水（酸化的海水）中，其盾鳞会变得光滑。

虽然名字里有虎和猫，但我其实是鲨鱼！

虎纹猫鲨

Cloudy catshark

真鲨目

猫鲨科

Scyliorhinus torazame

　　虎纹猫鲨这个名字源于其背部的横纹。它并不像老虎那么凶残，个头小且温顺。

　　虎纹猫鲨在人工环境下也很容易饲养，因此成为水族中的"常客"。有些水族馆还会让游客触摸孵化后的鱼卵。

　　雄性的生殖器由数百个细小的钩状突起排列而成。

裙带菜碎碎念

鲨鱼的名字里有时会出现各种各样的动物名称，可以凑成一个"动物园"。

趣谈

虎纹猫鲨的卵大约需要7个月到11个月才能孵化。

生存区域

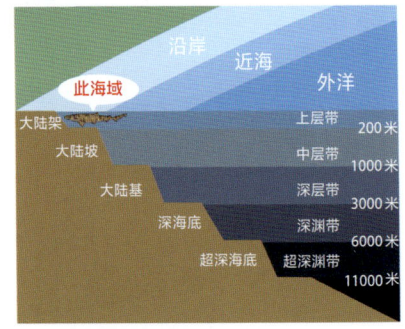

分布图

资料	●全长：45~78厘米
	●分布：中国东海、朝鲜半岛、日本
	●生境：100米以下的泥沙质海床、岩礁等。也有在水深300米出现的记录（会根据季节调整栖息深度）
	●食性：硬骨鱼类、头足类、甲壳类等
	●繁殖：卵生（单卵生）。每胎产2个卵

第 2 章 共115种！世界鲨鱼图鉴

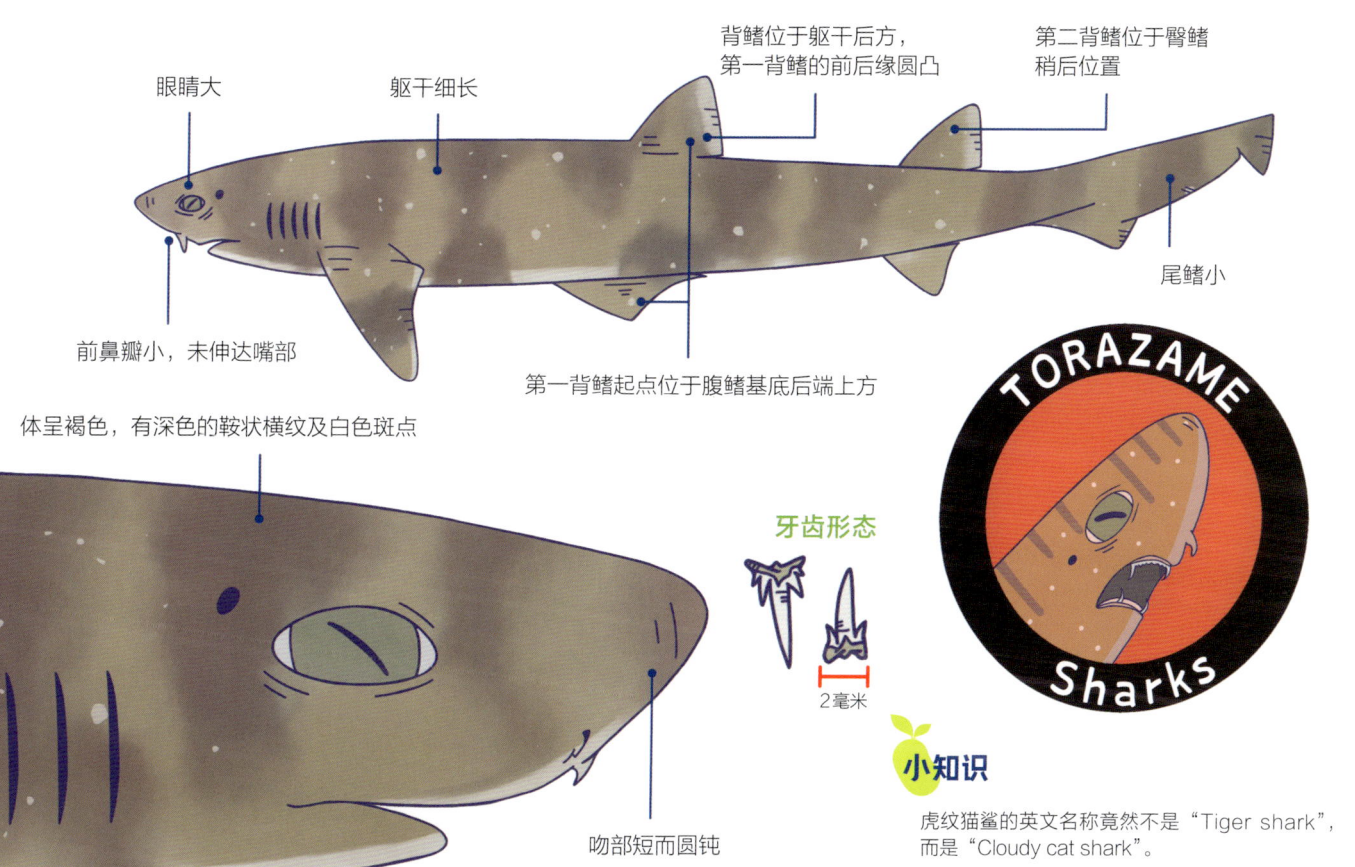

- 眼睛大
- 躯干细长
- 背鳍位于躯干后方，第一背鳍的前后缘圆凸
- 第二背鳍位于臀鳍稍后位置
- 尾鳍小
- 前鼻瓣小，未伸达嘴部
- 第一背鳍起点位于腹鳍基底后端上方
- 体呈褐色，有深色的鞍状横纹及白色斑点
- 吻部短而圆钝

牙齿形态

2毫米

TORAZAME Sharks

🍋 **小知识**

虎纹猫鲨的英文名称竟然不是"Tiger shark"，而是"Cloudy cat shark"。

斑纹太多了吧！
豹纹长须猫鲨
Leopard catshark

真鲨目
猫鲨科
Poroderma pantherinum

豹纹长须猫鲨的体侧密布豹纹一样的斑点。其体形细长，头部、吻部和尾鳍很短。

豹纹长须猫鲨为游速缓慢的夜行性动物。它们白天在洞穴、岩缝和海藻之间度过。到了晚上，它们便会活跃起来，四处游动以寻找食物。在其卵鞘的两端，有长长的流苏状结构可以将其缠绕固定在海藻上，防止被冲走。

裙带菜碎碎念

让画家为难到哭泣的鲨鱼，斑纹太复杂了吧。

趣谈

卵鞘的颜色比同属的带纹长须猫鲨（第184页）的浅。

生存区域

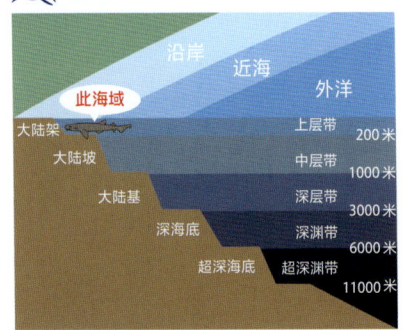

分布图

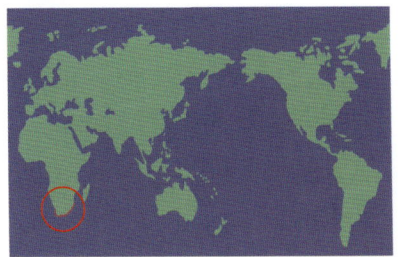

资料	
● 全长：	最大77厘米
● 分布：	南非沿岸
● 生境：	从岸边到水深270米的大陆架和大陆坡海域
● 食性：	小型硬骨鱼类、头足类、甲壳类等
● 繁殖：	卵生（单卵生）。每胎产2个卵

第 2 章 共115种！世界鲨鱼图鉴

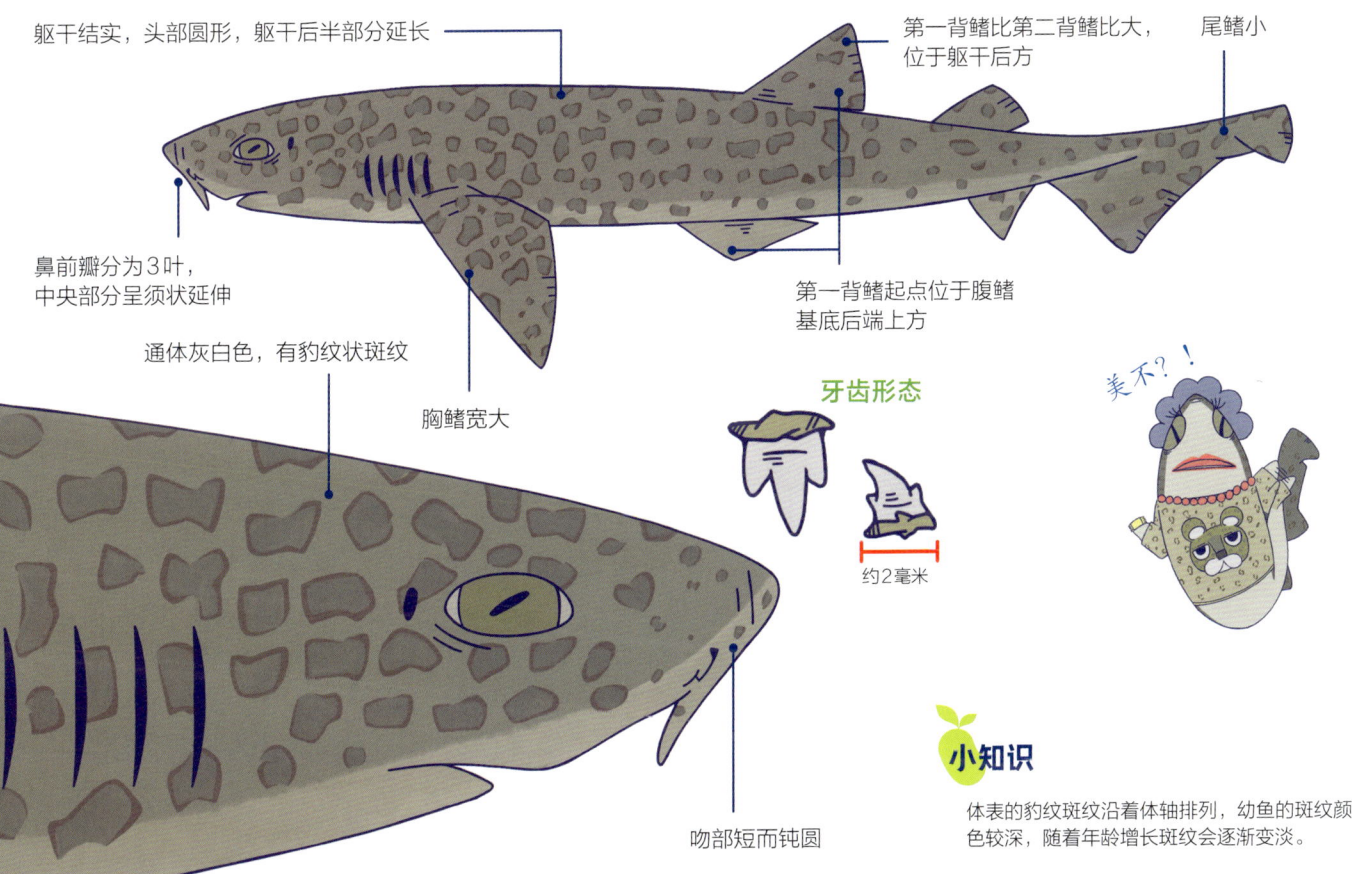

- 躯干结实，头部圆形，躯干后半部分延长
- 第一背鳍比第二背鳍比大，位于躯干后方
- 尾鳍小
- 鼻前瓣分为3叶，中央部分呈须状延伸
- 第一背鳍起点位于腹鳍基底后端上方
- 通体灰白色，有豹纹状斑纹
- 胸鳍宽大
- 吻部短而钝圆

牙齿形态

约2毫米

美不？！

小知识

体表的豹纹斑纹沿着体轴排列，幼鱼的斑纹颜色较深，随着年龄增长斑纹会逐渐变淡。

精通条纹时尚的高手。

带纹长须猫鲨

Striped catshark

真鲨目

猫鲨科

Poroderma africanum

带纹长须猫鲨如其名，其背部有7条深色纵纹。幼鱼体表也有纵纹。吻部有短小的皮须。

游速缓慢，白天多躲在岩缝中，但到了夜间，会很活跃，会捕食各种各样的生物。有时会集体袭击章鱼，将其撕咬得七零八落。

裙带菜碎碎念

不仅是外表，笨拙游泳的姿势也很可爱。

趣谈

体形虽较小，却是猫鲨科中体形较大的物种。有时会成为其他大型鱼类的猎物。

🦈 生存区域

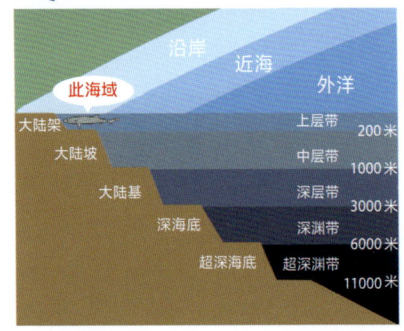

🦈 分布图

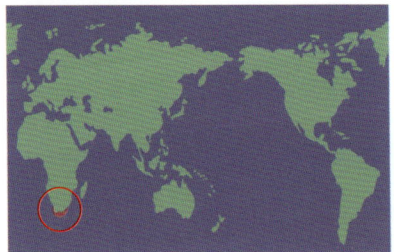

资料	
●**全长**：最大约1米	
●**分布**：南非沿岸	
●**生境**：水深100米左右的浅海泥沙质海床和岩礁水域	
●**食性**：硬骨鱼类，乌贼、章鱼等头足类，虾蛄等甲壳类等	
●**繁殖**：卵生（单卵生）	

第 2 章 共115种！世界鲨鱼图鉴

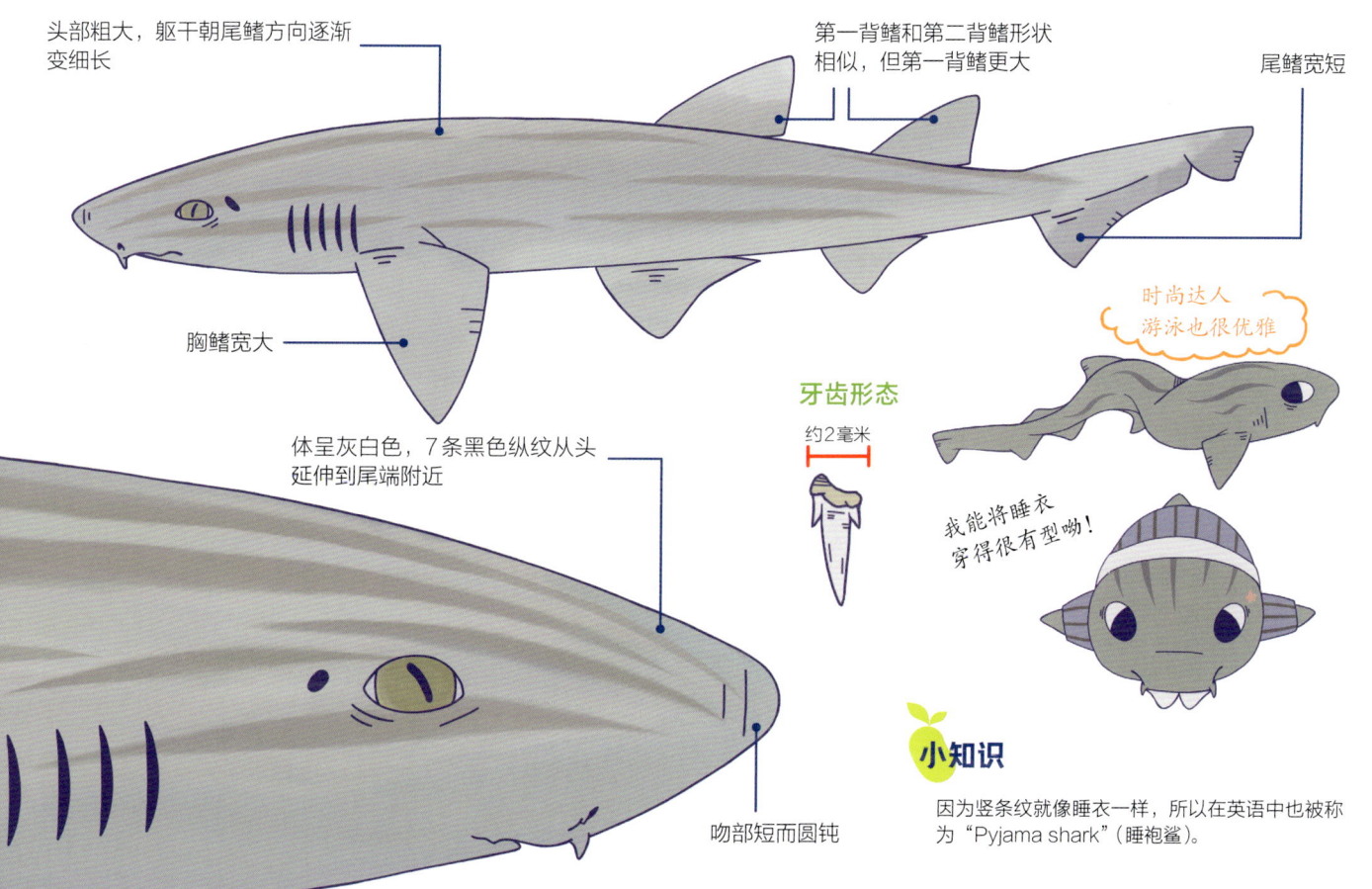

- 头部粗大，躯干朝尾鳍方向逐渐变细长
- 第一背鳍和第二背鳍形状相似，但第一背鳍更大
- 尾鳍宽短
- 胸鳍宽大
- 体呈灰白色，7条黑色纵纹从头延伸到尾端附近
- 吻部短而圆钝

牙齿形态

约2毫米

时尚达人 游泳也很优雅

我能将睡衣穿得很有型呦！

🍏 **小知识**

因为竖条纹就像睡衣一样，所以在英语中也被称为"Pyjama shark"（睡袍鲨）。

看我如大理石般美丽的花纹！

网纹猫鲨
Chain catshark

真鲨目

猫鲨科

Scyliorhinus retifer

网纹猫鲨为底栖性鱼类，白天躲在岩石后或珊瑚礁缝隙中。

曾发现会发出荧光的网纹猫鲨，雄性和雌性发出荧光的方式不同。此外，雄性的生殖器也会发光，但原因至今未明。

雌性网纹猫鲨较雄性有更明显的网状花纹。它们的繁殖能力很强，数量众多。

裙带菜碎碎念

虽然"网纹猫鲨"这个名字有点中二病①，但花纹非常美丽。

趣谈

每年大约可产40～55个卵。

① 网络流行词，主要指那些尚未脱离幼稚想法的成年人。——编者注

生存区域

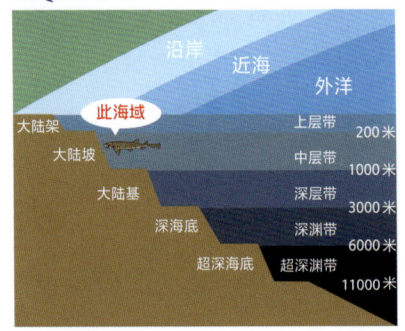

分布图

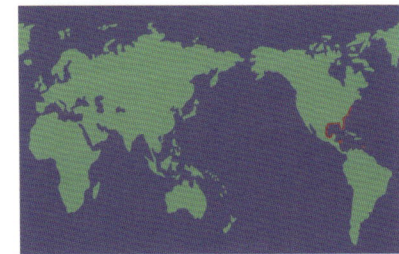

资料
- **全长**：最大约59厘米
- **分布**：中西大西洋、西北大西洋
- **生境**：水深70~750米的大陆架外缘、大陆坡、礁岩质海床上
- **食性**：硬骨鱼类、头足类、甲壳类等
- **繁殖**：卵生

第 2 章　共115种！世界鲨鱼图鉴

躯干细长

第二背鳍的大小约为是第一背鳍的一半

第一背鳍起点位于腹鳍基底后端上方

体呈褐色或红褐色，全身遍布暗褐色的网纹

牙齿形态

约2毫米

中二病

封印的黑暗力量现在、即将释放！

小知识

交配后，精子可以长期（最多约843天）储存在雌鲨子宫内。

吻长，前端钝圆

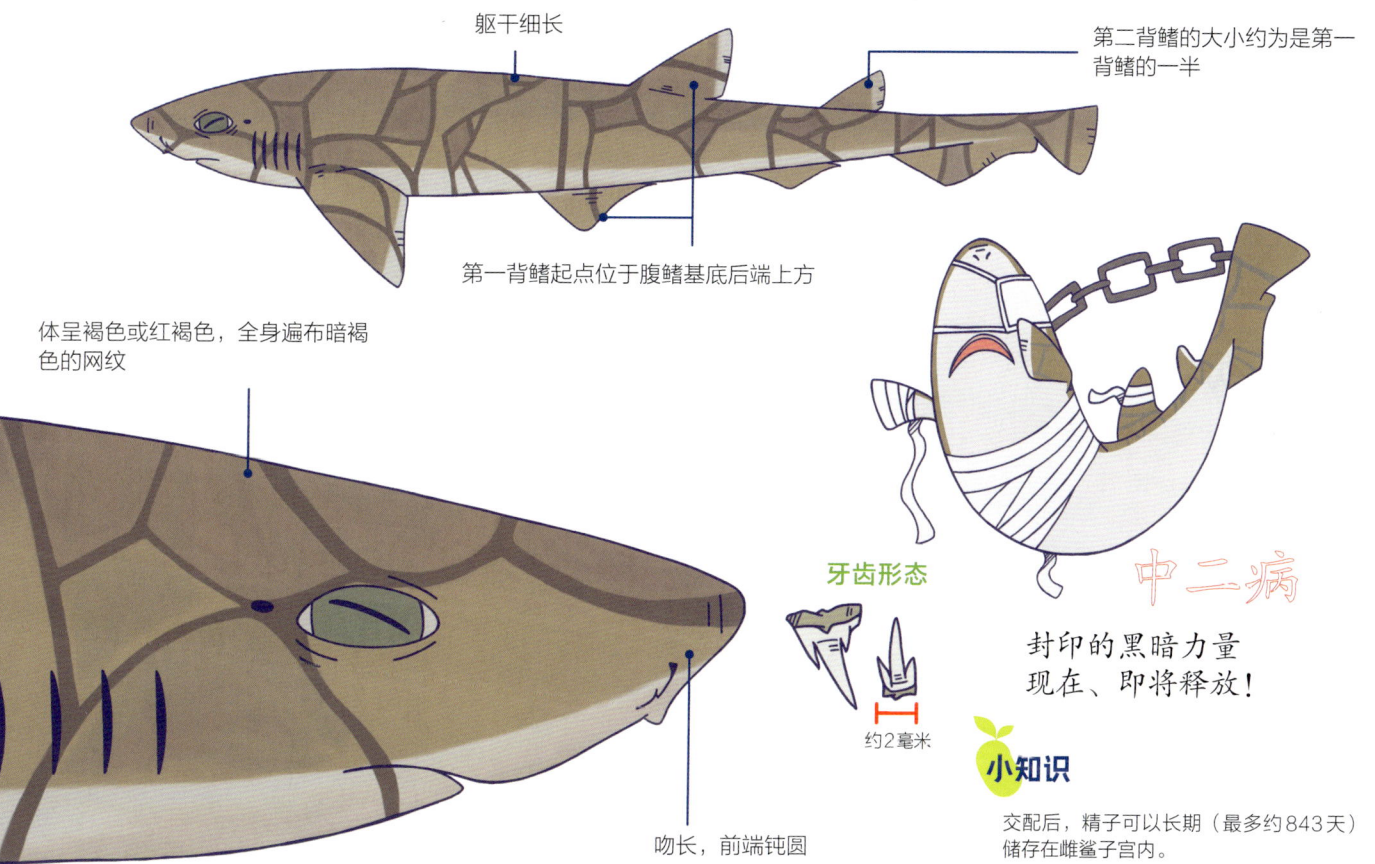

白天在珊瑚礁缝隙玩捉迷藏！

白斑斑鲨

Coral catshark

真鲨目

斑鲨科

Atelomycterus marmoratus

  白斑斑鲨，又名珊瑚猫鲨，属于夜行性动物，白天会躲在岩石后，基本不出来，一到晚上就四处觅食，天亮时便会返回自己喜欢的藏匿处。

  虽然不能像斑点长尾须鲨（第50页）那样用胸鳍爬行，但它们可以很好地利用细长的身体进入珊瑚礁狭窄的缝隙中觅食。皮肤很厚，覆盖着钙化的盾鳞。

裙带菜碎碎念

像小猫一样可爱。在水族馆里也经常躲在水槽的底部和缝隙里，试着找找看。

趣谈

体形小，又温顺，很容易饲养。

生存区域

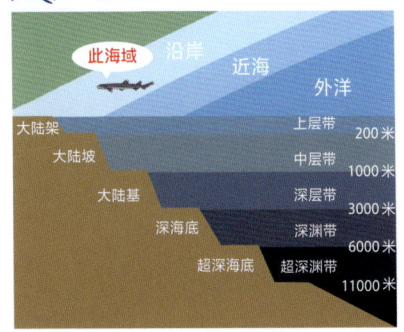

分布图

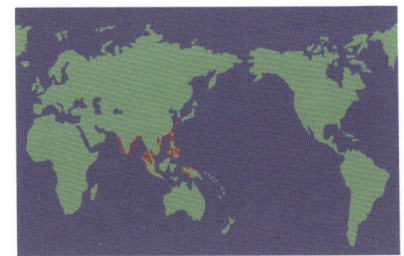

资料
- **全长**：最大70厘米
- **分布**：巴基斯坦至中国沿岸的印度洋、太平洋海域等
- **生境**：浅水沿岸的珊瑚礁底部等
- **食性**：小型硬骨鱼类和无脊椎动物等
- **繁殖**：卵生（单卵生）。每胎约产2个卵

第 2 章 共115种！世界鲨鱼图鉴

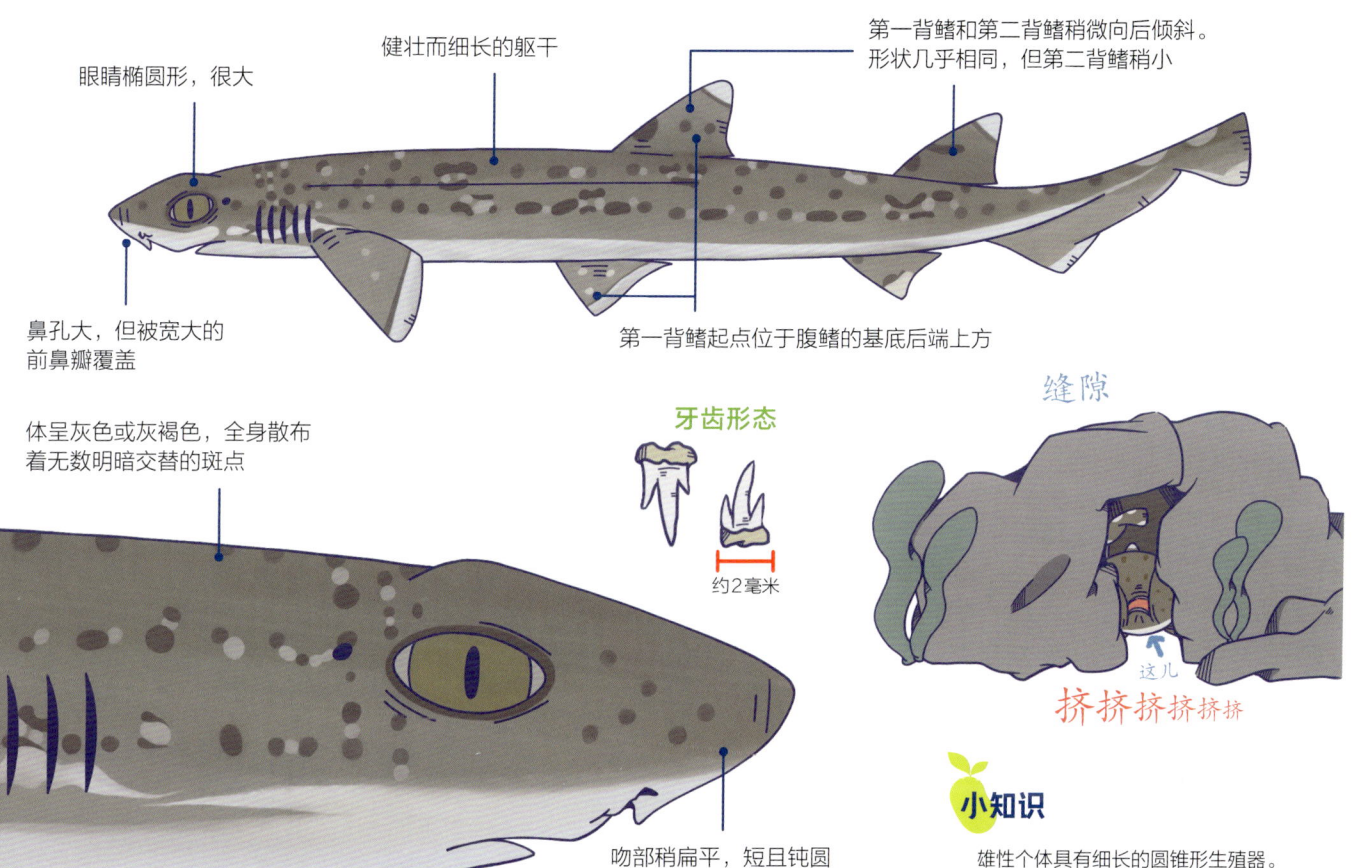

- 眼睛椭圆形，很大
- 健壮而细长的躯干
- 第一背鳍和第二背鳍稍微向后倾斜。形状几乎相同，但第二背鳍稍小
- 鼻孔大，但被宽大的前鼻瓣覆盖
- 第一背鳍起点位于腹鳍的基底后端上方
- 体呈灰色或灰褐色，全身散布着无数明暗交替的斑点
- 吻部稍扁平，短且钝圆

牙齿形态

约2毫米

缝隙

挤挤挤挤挤挤

这儿

小知识

雄性个体具有细长的圆锥形生殖器。

其魅力在于"大理石"般的花纹?

黑点斑鲨

Australian marbled catshark

真鲨目

猫鲨科

Atelomycterus macleayi

黑点斑鲨是澳大利亚的沿岸特有物种。与其相似的"白斑斑鲨"(第188页)虽然是近缘种,但两者的分布区并不重叠。

黑点斑鲨是夜行性动物,白天躲在珊瑚礁中,到了晚上便开始四处觅食。

裙带菜碎碎念

虽然画起来很辛苦,但是画着画着,就会对这个花纹产生依恋。我喜欢它有点像青蛙的脸。

趣谈

身体非常细长,吻部短。

生存区域

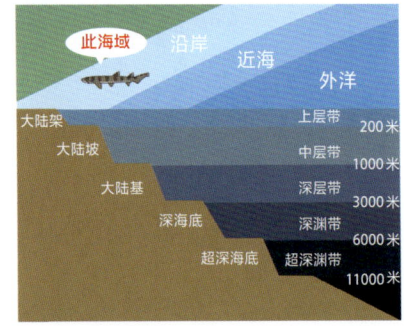

分布图

资料
- **全长**:最大60厘米
- **分布**:澳大利亚北部沿岸
- **生境**:浅滩及珊瑚礁海床水域
- **食性**:未知
- **繁殖**:卵生(单卵生)

第 2 章　共115种！世界鲨鱼图鉴

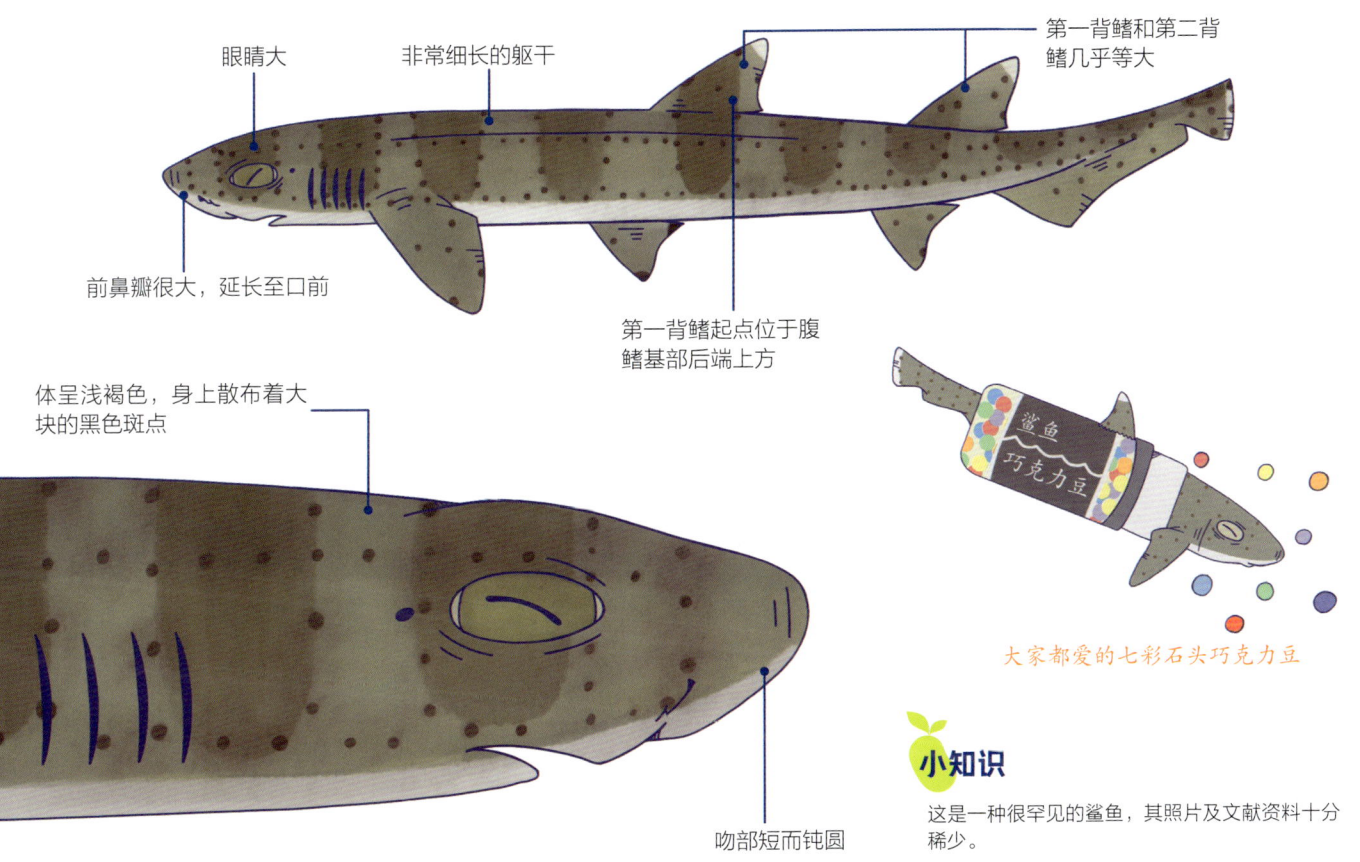

- 眼睛大
- 非常细长的躯干
- 第一背鳍和第二背鳍几乎等大
- 前鼻瓣很大，延长至口前
- 第一背鳍起点位于腹鳍基部后端上方
- 体呈浅褐色，身上散布着大块的黑色斑点
- 吻部短而钝圆

大家都爱的七彩石头巧克力豆

小知识

这是一种很罕见的鲨鱼，其照片及文献资料十分稀少。

不是蝌蚪！
圆头鲨
Lollipop catshark

真鲨目

单鳍猫鲨科

Cephalurus cephalus

圆头鲨（又名棒棒糖猫鲨）是一种体形酷似蝌蚪的罕见鲨鱼。其肌肉松弛，身体非常柔软。

圆头鲨头大的原因是其鳃孔大而发达。这使得其鳃部可以接触更大面积的海水，因而更容易吸收大量氧气。由此推测，它可以适应溶氧量较低的深海环境。

裙带菜碎碎念

像蝌蚪尚可理解，但像棒棒糖好像有点勉强了。

趣谈

在溶氧量低的深海环境下也可以生存。

生存区域

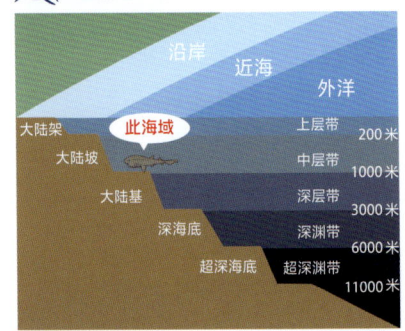

分布图

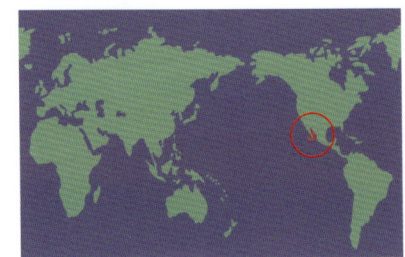

资料
- **全长**：最大37厘米
- **分布**：包括加利福尼亚湾在内的墨西哥西部海域
- **生境**：水深160~930米的大陆架和大陆坡海域
- **食性**：小型甲壳类等
- **繁殖**：卵胎生。每胎产2条左右幼仔

第2章 共115种！世界鲨鱼图鉴

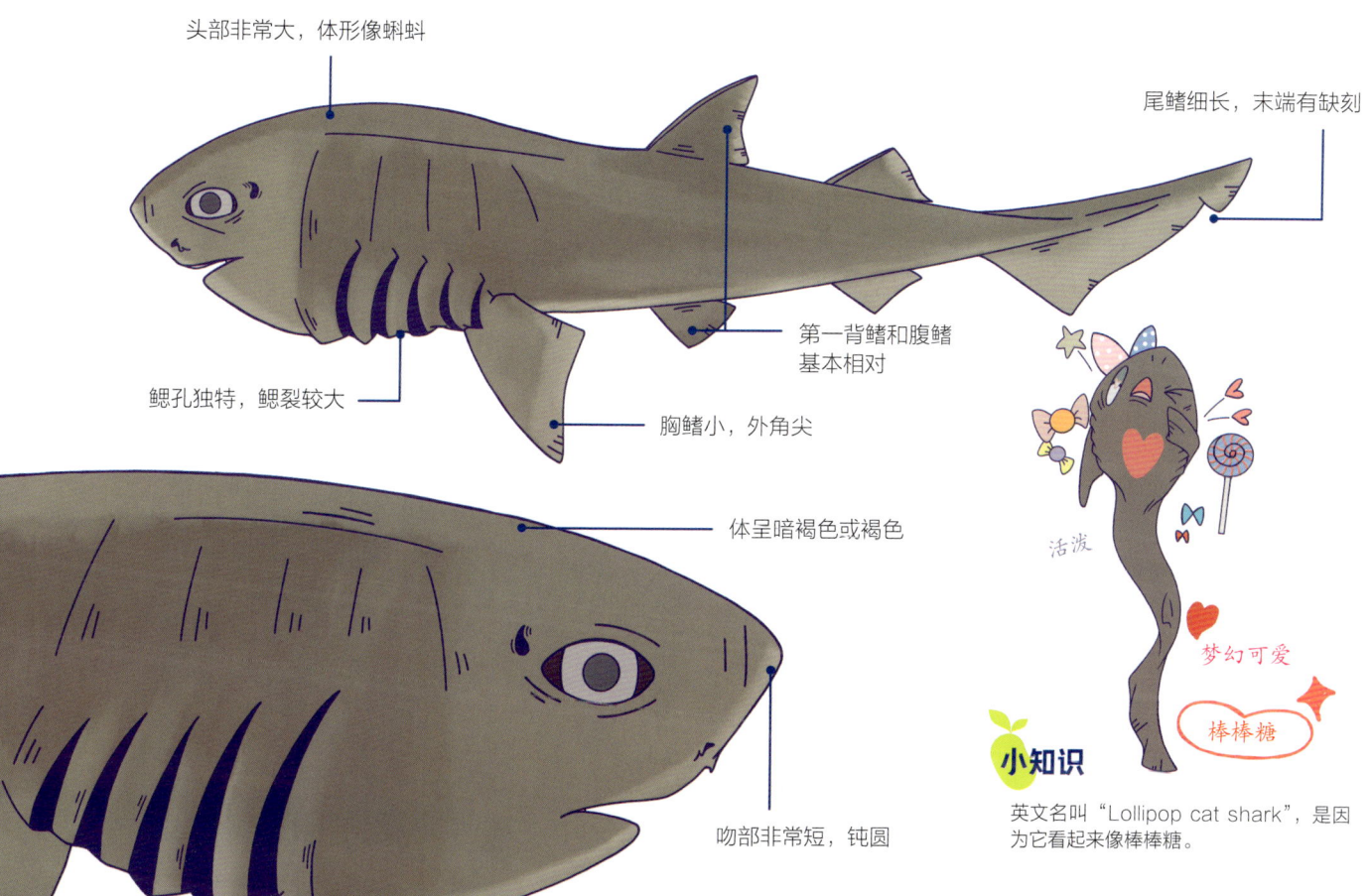

- 头部非常大，体形像蝌蚪
- 尾鳍细长，末端有缺刻
- 第一背鳍和腹鳍基本相对
- 鳃孔独特，鳃裂较大
- 胸鳍小，外角尖
- 体呈暗褐色或褐色
- 吻部非常短，钝圆

活泼
梦幻可爱
棒棒糖

小知识

英文名叫"Lollipop cat shark"，是因为它看起来像棒棒糖。

有一张蝾螈的脸?
盾尾鲨
Salamander shark

真鲨目

单鳍猫鲨科

Parmaturus pilosus

盾尾鲨是深海鲨鱼,十分罕见。

它们行动缓慢,但有着能够感知深海微弱光线的大眼睛,可以发现并捕获小型猎物。尾鳍上缘排列着一排盾状鳞片,因此得名"盾尾鲨"。

盾尾鲨在强光下饲养眼部易引发炎症,因此必须被饲养于完全黑暗的环境。在水族馆中难以长期饲养,相关的成功案例并不多。

裙带菜碎碎念
如果能见到它活着的样子和游泳的样子就太幸运了。

趣谈
肝脏的重量大约占体重的四分之一。

生存区域
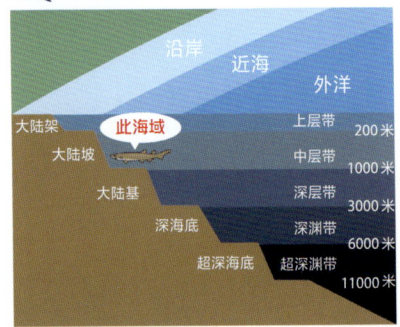

分布图

资料
- **全长**:60~64厘米
- **分布**:西北太平洋、日本及中国台湾沿岸
- **生境**:水深350~1200米的大陆坡海域
- **食性**:底栖无脊椎动物
- **繁殖**:卵生

第 2 章 共115种！世界鲨鱼图鉴

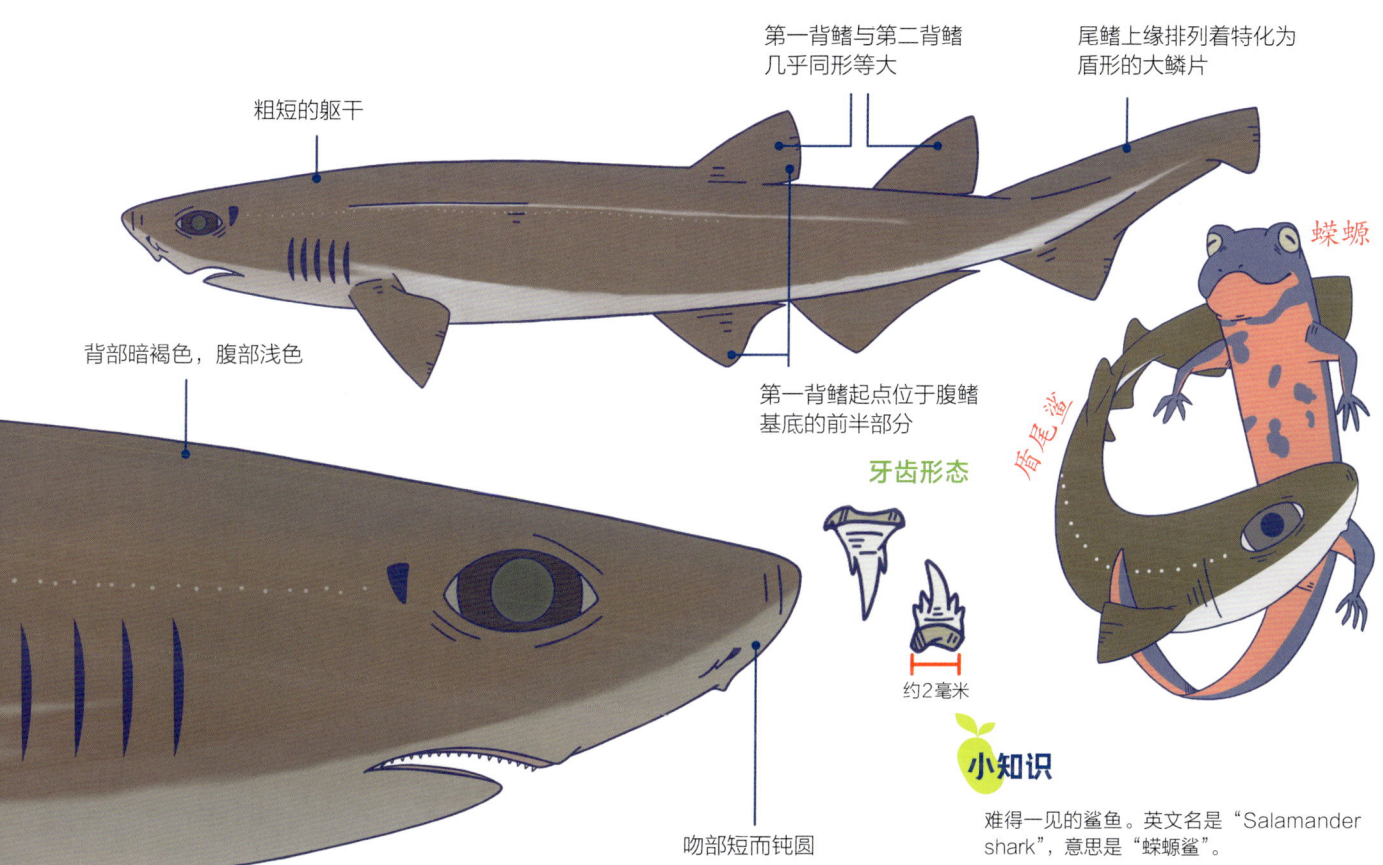

粗短的躯干

第一背鳍与第二背鳍几乎同形等大

尾鳍上缘排列着特化为盾形的大鳞片

背部暗褐色，腹部浅色

第一背鳍起点位于腹鳍基底的前半部分

牙齿形态

约2毫米

吻部短而钝圆

蝾螈

盾尾鲨

小知识

难得一见的鲨鱼。英文名是"Salamander shark"，意思是"蝾螈鲨"。

尾鳍上有呈锯齿状排列的鳞片。

日本锯尾鲨
Broadfin sawtail catshark

真鲨目

单鳍猫鲨科

Galeus nipponensis

日本锯尾鲨平时基本待在海床上，很安静，但它们很敏感，一受刺激就会逃之夭夭。

可以通过吻部的长度与近缘种"伊氏锯尾鲨"（*Galeus eastmani*）进行区分。

和盾尾鲨（第194页）一样，日本锯尾鲨的尾鳍上也有鳞片，呈锯齿状排列。英文名中的"sawtail"（锯尾）便由此而来。

裙带菜碎碎念
小个子，面庞很可爱。遇到它时请观察它美丽的眼睛。

趣谈
受到天敌袭击时，它会用尾鳍的鳞片进行攻击。

生存区域
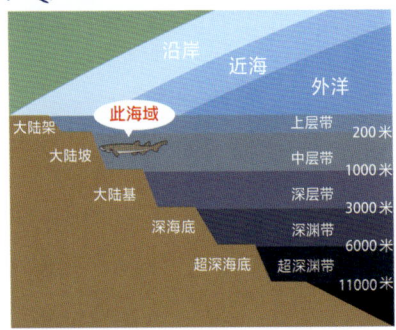

分布图

资料
- **全长**：最大75厘米
- **分布**：西北太平洋的中国及日本近海
- **生境**：水深360~840米的大陆坡海域
- **食性**：小型硬骨鱼类、头足类、甲壳类等
- **繁殖**：卵生（单卵生）。每胎产2个卵

第 2 章　共115种！世界鲨鱼图鉴

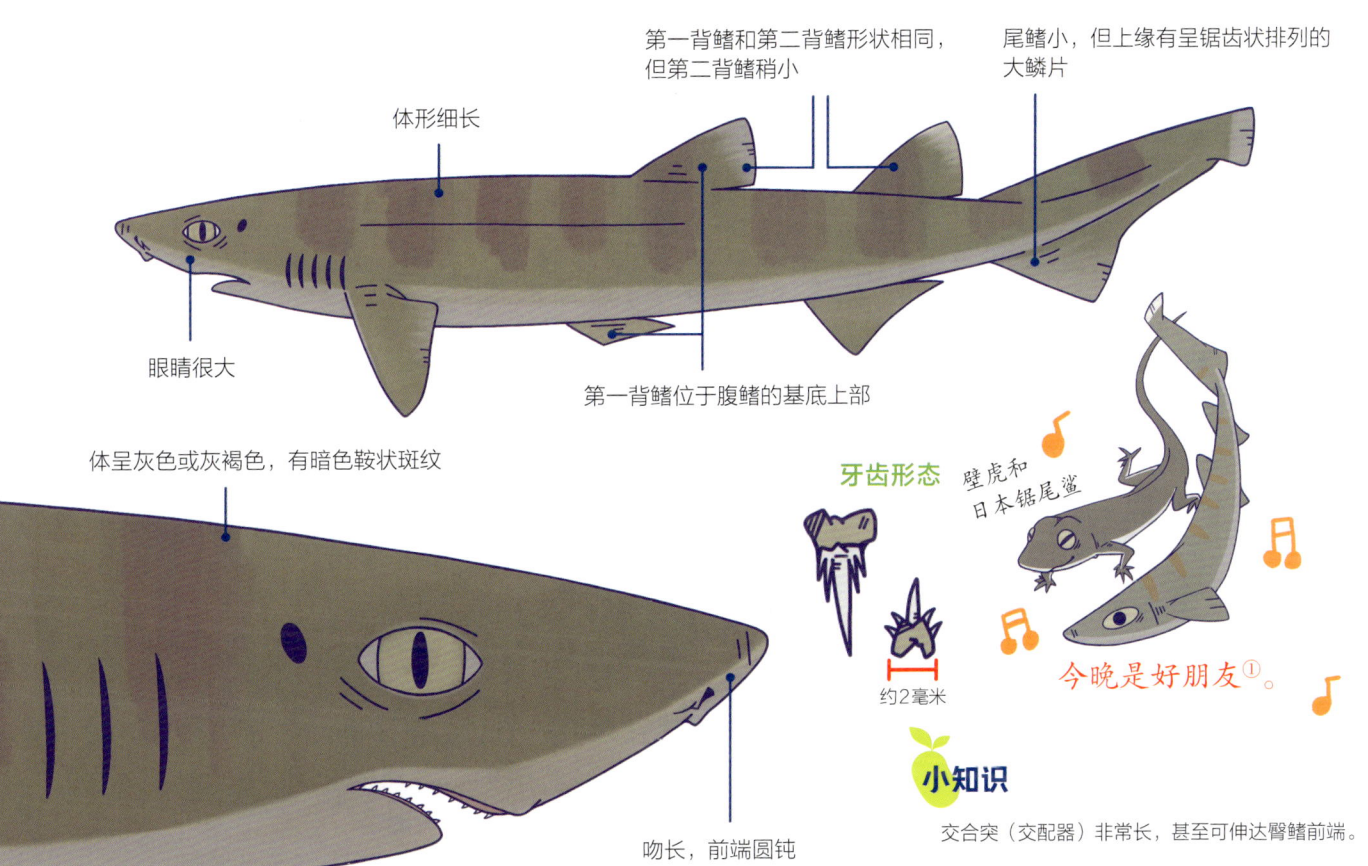

第一背鳍和第二背鳍形状相同，但第二背鳍稍小

尾鳍小，但上缘有呈锯齿状排列的大鳞片

体形细长

眼睛很大

第一背鳍位于腹鳍的基底上部

体呈灰色或灰褐色，有暗色鞍状斑纹

吻长，前端圆钝

牙齿形态

约2毫米

壁虎和日本锯尾鲨

今晚是好朋友①。

小知识

交合突（交配器）非常长，甚至可伸达臀鳍前端。

① 日本锯尾鲨亦被称作"晰鲨"或"守宫鲛"。——编者注

不是"黑齿"，而是"黑口"。

黑口锯尾鲨
Blackmouth catshark

真鲨目
单鳍猫鲨科
Galeus melastomus

黑口锯尾鲨，顾名思义，它的口腔内部是黑色的。其游速较慢，但身体可以像鳗鱼一样灵活地弯曲，其躯干非常细长。它们利用视觉和具有电场感知能力的罗伦氏瓮来寻找各种猎物。

它们通常生活在水深约200到1000米的中层带海域。它们有时也会在挪威冰海中不太深的水域出现。

繁殖能力强，数量很多。

裙带菜碎碎念
体表的花纹很有特色。

趣谈
黑口锯尾鲨寻找猎物时，为了充分利用罗伦氏瓮的电场感知能力，会左右摆动头部。

生存区域
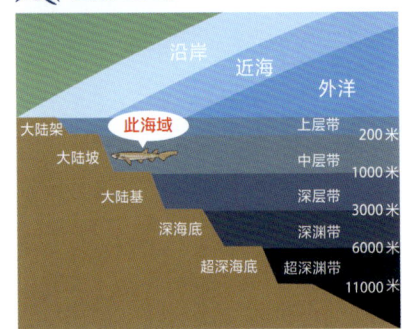

分布图

资料
- **全长**：60~90厘米
- **分布**：地中海及东北大西洋沿海
- **生境**：水深200~1000米的大陆架、大陆坡上部海域
- **食性**：硬骨鱼类、头足类、甲壳类等
- **繁殖**：卵生

第2章 共115种！世界鲨鱼图鉴

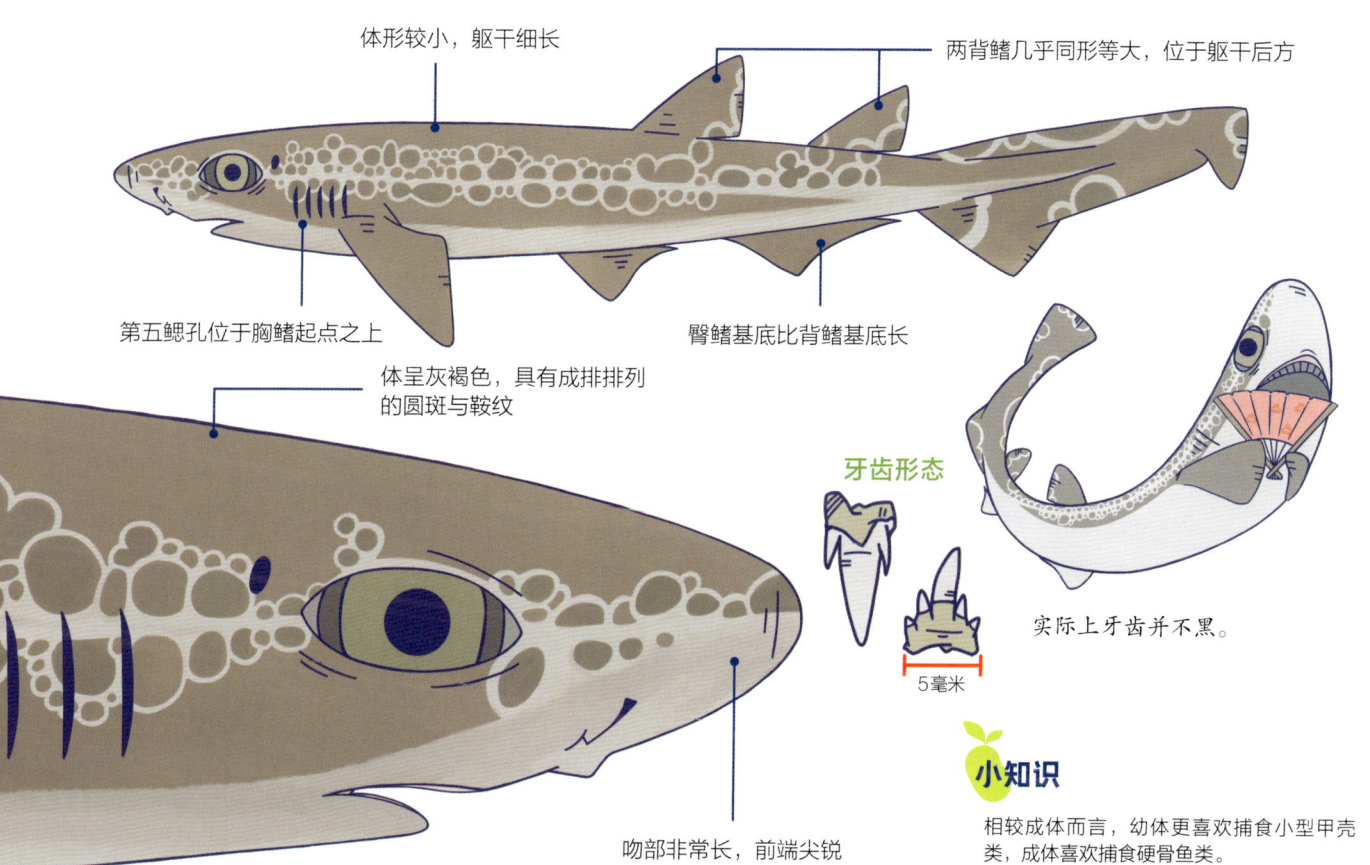

- 体形较小，躯干细长
- 两背鳍几乎同形等大，位于躯干后方
- 第五鳃孔位于胸鳍起点之上
- 臀鳍基底比背鳍基底长
- 体呈灰褐色，具有成排排列的圆斑与鞍纹
- 吻部非常长，前端尖锐

牙齿形态

5毫米

实际上牙齿并不黑。

小知识

相较成体而言，幼体更喜欢捕食小型甲壳类，成体喜欢捕食硬骨鱼类。

199

雌性也能当爸爸，雄性也能当妈妈！

长头光尾鲨

Longhead catshark

真鲨目

光尾鲨科

Apristurus longicephalus

长头光尾鲨具有长而扁平的吻部。它可以利用长吻在海底寻找并捕食猎物。

约有85%的长头光尾鲨同时拥有雌雄两套生殖器官，但通常其中只有一套发育完全。这使得它们成了已知唯一的雌雄同体软骨鱼类。

裙带菜碎碎念

时而成为母亲，时而成为父亲。

趣谈

牙齿长得很稀疏。

生存区域

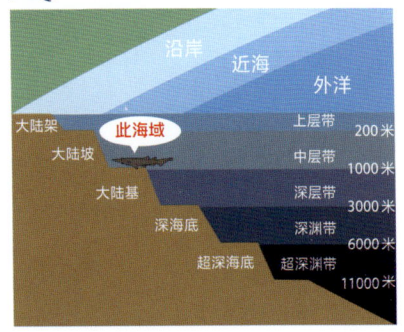

分布图

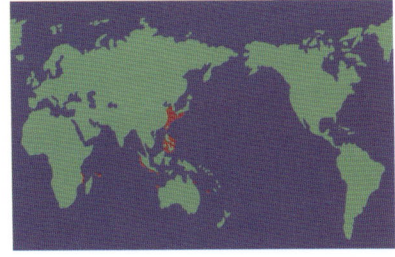

资料	
●**全长**：最大约60厘米
●**分布**：西太平洋、印度洋
●**生境**：水深500～1350米的大陆坡海域
●**食性**：小型硬骨鱼类、头足类和甲壳类动物
●**繁殖**：卵生（单卵生）。每胎产约2个卵

第 2 章　共115种！世界鲨鱼图鉴

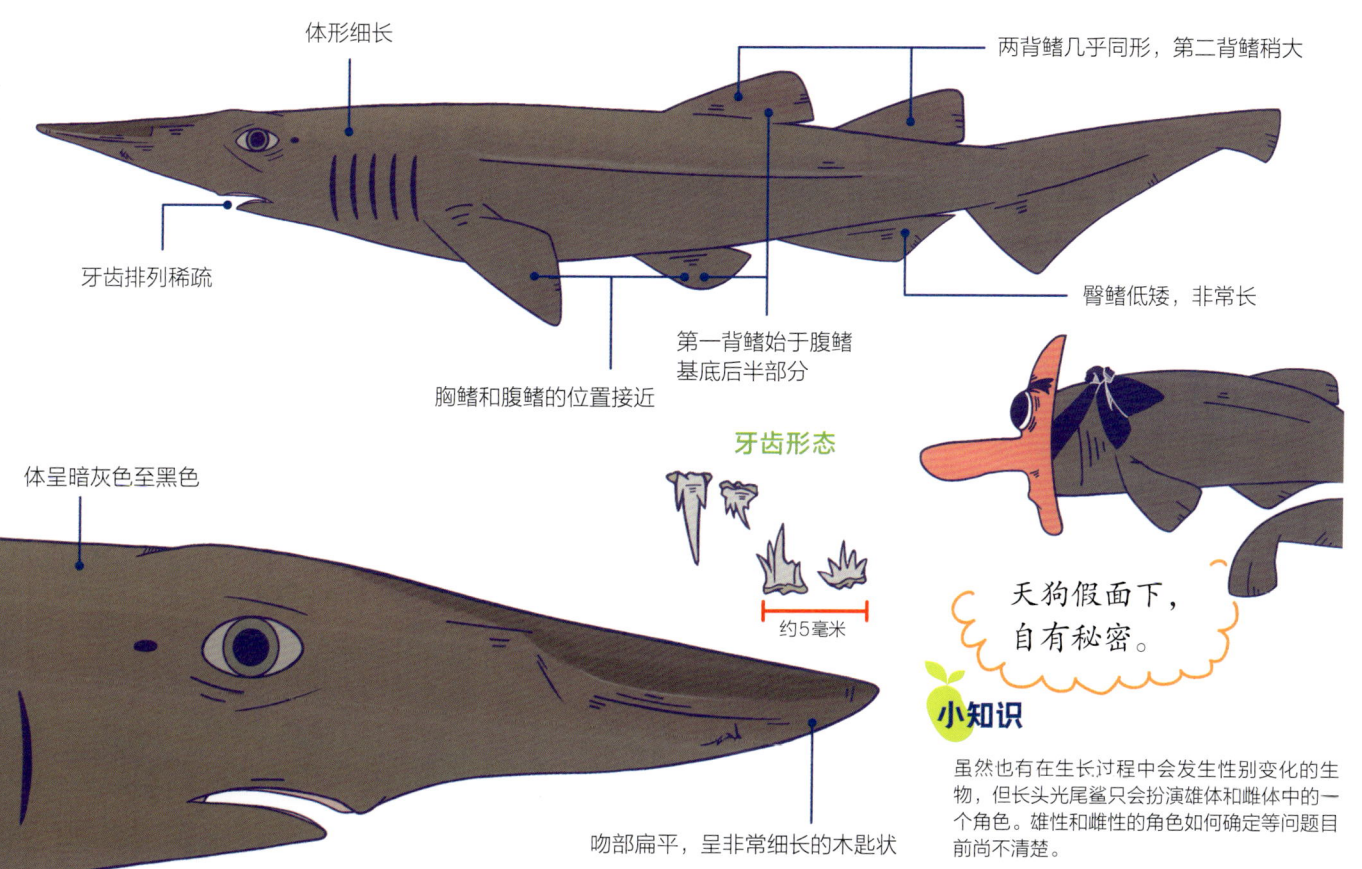

- 体形细长
- 两背鳍几乎同形，第二背鳍稍大
- 牙齿排列稀疏
- 第一背鳍始于腹鳍基底后半部分
- 胸鳍和腹鳍的位置接近
- 臀鳍低矮，非常长
- 体呈暗灰色至黑色
- 吻部扁平，呈非常细长的木匙状

牙齿形态

约5毫米

> 天狗假面下，自有秘密。

小知识

虽然也有在生长过程中会发生性别变化的生物，但长头光尾鲨只会扮演雄体和雌体中的一个角色。雄性和雌性的角色如何确定等问题目前尚不清楚。

那边的人鱼小姐，钱包掉了哦！？

阴影绒毛鲨

Japanese swellshark

真鲨目

猫鲨科

Cephaloscyllium umbratile

传说，阴影绒毛鲨可以在离水后存活7天，而实际上它们活不了那么久。但是，与其他鲨鱼相比，它们的抗逆性要强一些。

阴影绒毛鲨察觉到危险时，会吸入水或空气，使身体膨胀。有报告称膨胀的阴影绒毛鲨会漂浮在海面，所以阴影绒毛鲨可能一旦膨胀就很难恢复原状①（可能存在个体差异）。

裙带菜碎碎念

身上的花纹和迷人的头部引人注目。

趣谈

它的卵因小巧美观而被称为"美人鱼钱包"。

---

① 大多数阴影绒毛鲨在膨胀后只需将水或空气从口中排出后即可恢复原状。——编者注

资料
- 全长：0.85~1.2米
- 分布：中国东海、日本周边海域、朝鲜半岛沿海
- 生境：从大陆架到水深700米的大陆坡海域
- 食性：包括小型鲨鱼在内的软骨鱼类、小型硬骨鱼类、甲壳类、头足类等
- 繁殖：卵生（单卵生）。每胎产2个卵

生存区域

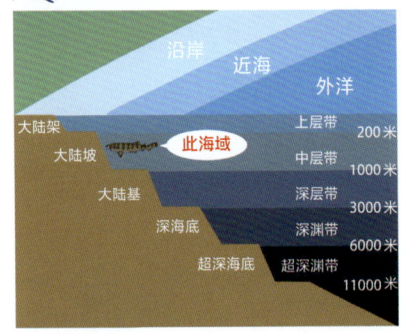

分布图

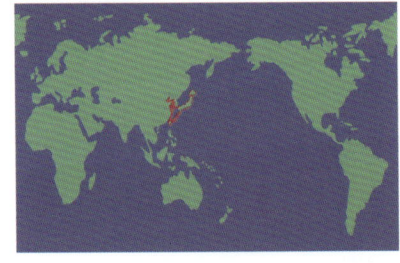

第2章 共115种！世界鲨鱼图鉴

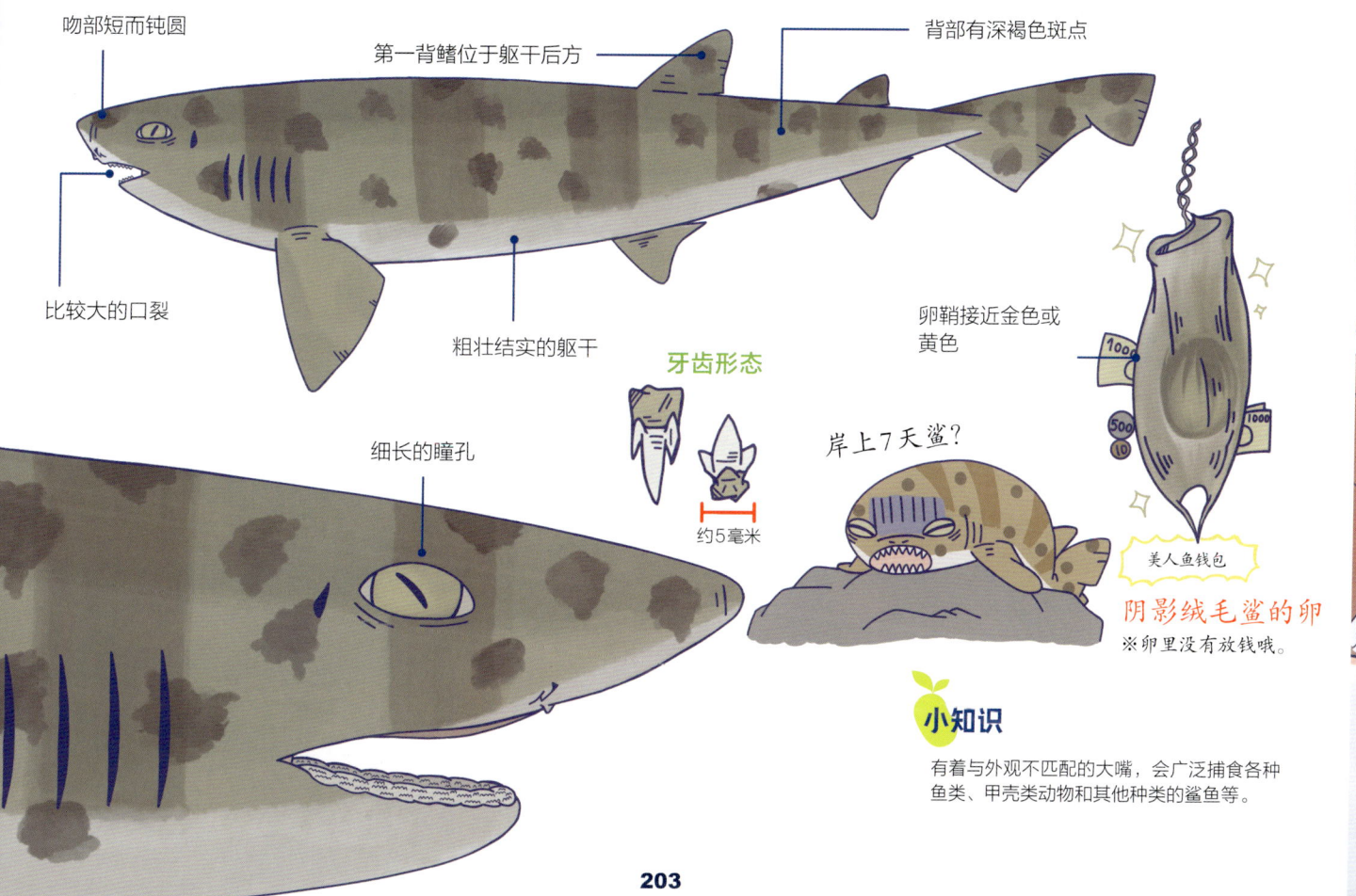

- 吻部短而钝圆
- 第一背鳍位于躯干后方
- 背部有深褐色斑点
- 比较大的口裂
- 粗壮结实的躯干
- 细长的瞳孔
- 卵鞘接近金色或黄色

牙齿形态

约5毫米

岸上7天鲨？

美人鱼钱包

阴影绒毛鲨的卵
※卵里没有放钱哦。

🍋 **小知识**

有着与外观不匹配的大嘴，会广泛捕食各种鱼类、甲壳类动物和其他种类的鲨鱼等。

像"丝带"一样的尾鳍，很可爱。

雷氏光唇鲨

Pygmy ribbontail catshark

真鲨目

原鲨科

Eridacnis radcliffei

雷氏光唇鲨（花尾猫鲛）属于罕见物种，难得一见。其尾鳍很长，约占全长的三分之一。下叶小而不显眼。两背鳍后缘有暗褐色的斑纹，尾鳍有2~4条暗褐色的带纹。

它是最小的鲨鱼之一，最大也只有25厘米，体重只有50克。

裙带菜碎碎念

细长的身体和长尾鳍是它的魅力点。

趣谈

雄性比雌性体形更小。

生存区域

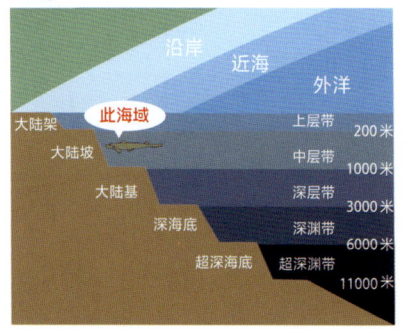

分布图

资料
- 全长：最大25厘米
- 分布：西部太平洋和北印度洋海域的热带海域
- 生境：水深70~750米左右的大陆架和大陆坡的泥沙质海床上
- 食性：小型硬骨鱼类、甲壳类等无脊椎动物
- 繁殖：卵胎生。每胎产1~2只幼仔

第 2 章 共115种！世界鲨鱼图鉴

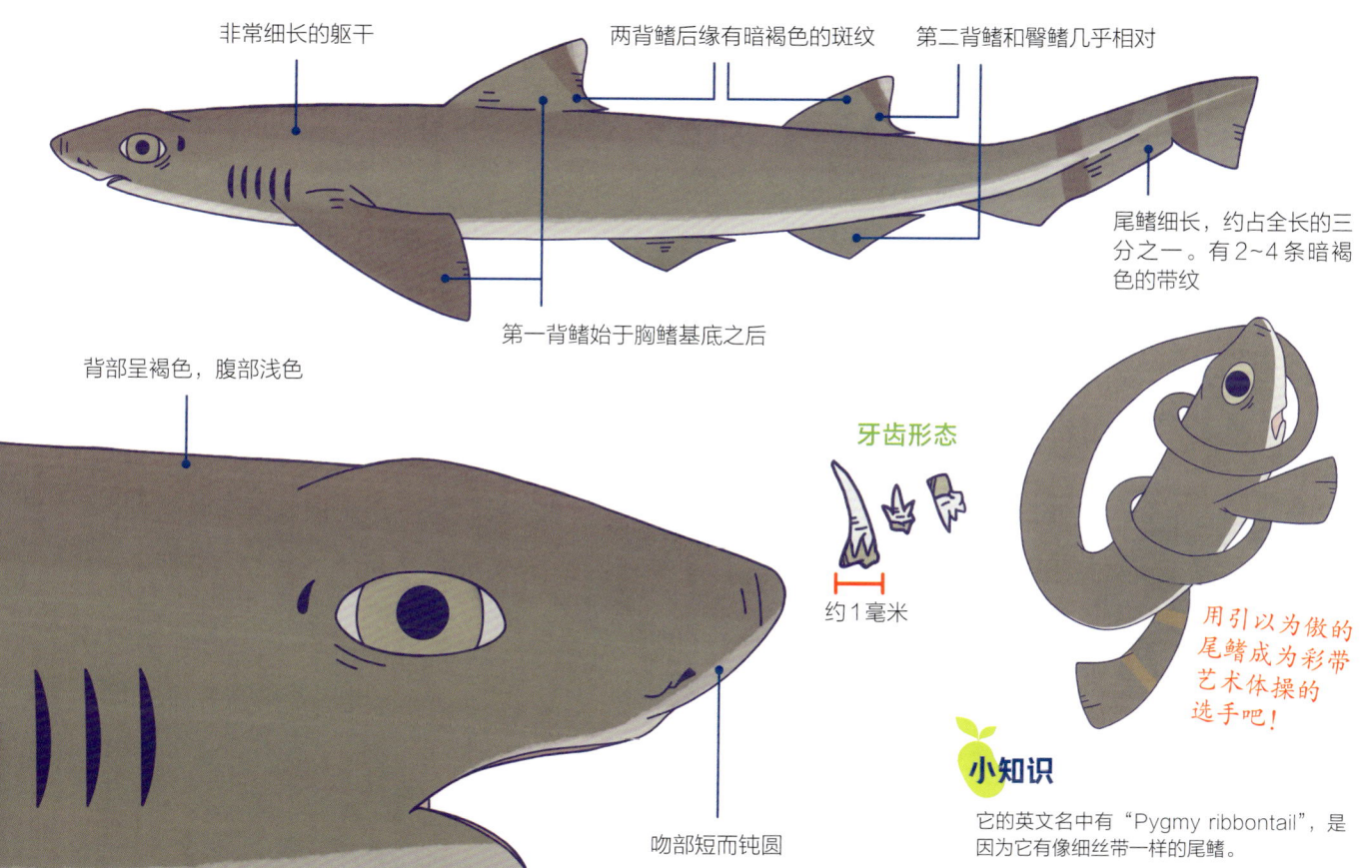

非常细长的躯干

两背鳍后缘有暗褐色的斑纹

第二背鳍和臀鳍几乎相对

尾鳍细长，约占全长的三分之一。有2~4条暗褐色的带纹

第一背鳍始于胸鳍基底之后

背部呈褐色，腹部浅色

吻部短而钝圆

牙齿形态

约1毫米

用引以为傲的尾鳍成为彩带艺术体操的选手吧！

小知识

它的英文名中有"Pygmy ribbontail"，是因为它有像细丝带一样的尾鳍。

出生地不仅仅是台湾!

哈氏原鲨

Graceful catshark

真鲨目

原鲨科

Proscyllium habereri

哈氏原鲨（哈氏台湾鲨）与一般的鲨鱼稍有不同，其体形十分细长。虽然被称作"哈氏台湾鲨"，但除了中国台湾，哈氏原鲨在日本、韩国的近海等地也有分布。

其特征是背部及各鳍上有黑色斑点。

裙带菜碎碎念

有着能够一举俘获人心的个性外表。

趣谈

英文名里的"Graceful"意思是"优雅的"。

生存区域

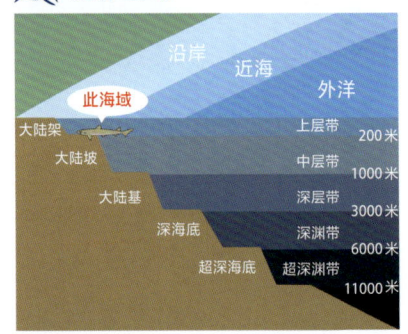

分布图

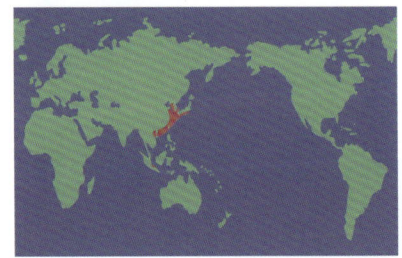

资料
- **全长**：最大65厘米
- **分布**：朝鲜半岛、中国沿海、日本等西太平洋沿岸地区
- **生境**：水深50~320米的大陆架上和大陆架外缘海域
- **食性**：小型硬骨鱼类，乌贼、章鱼等头足类，甲壳类等
- **繁殖**：卵生

第 2 章　共115种！世界鲨鱼图鉴

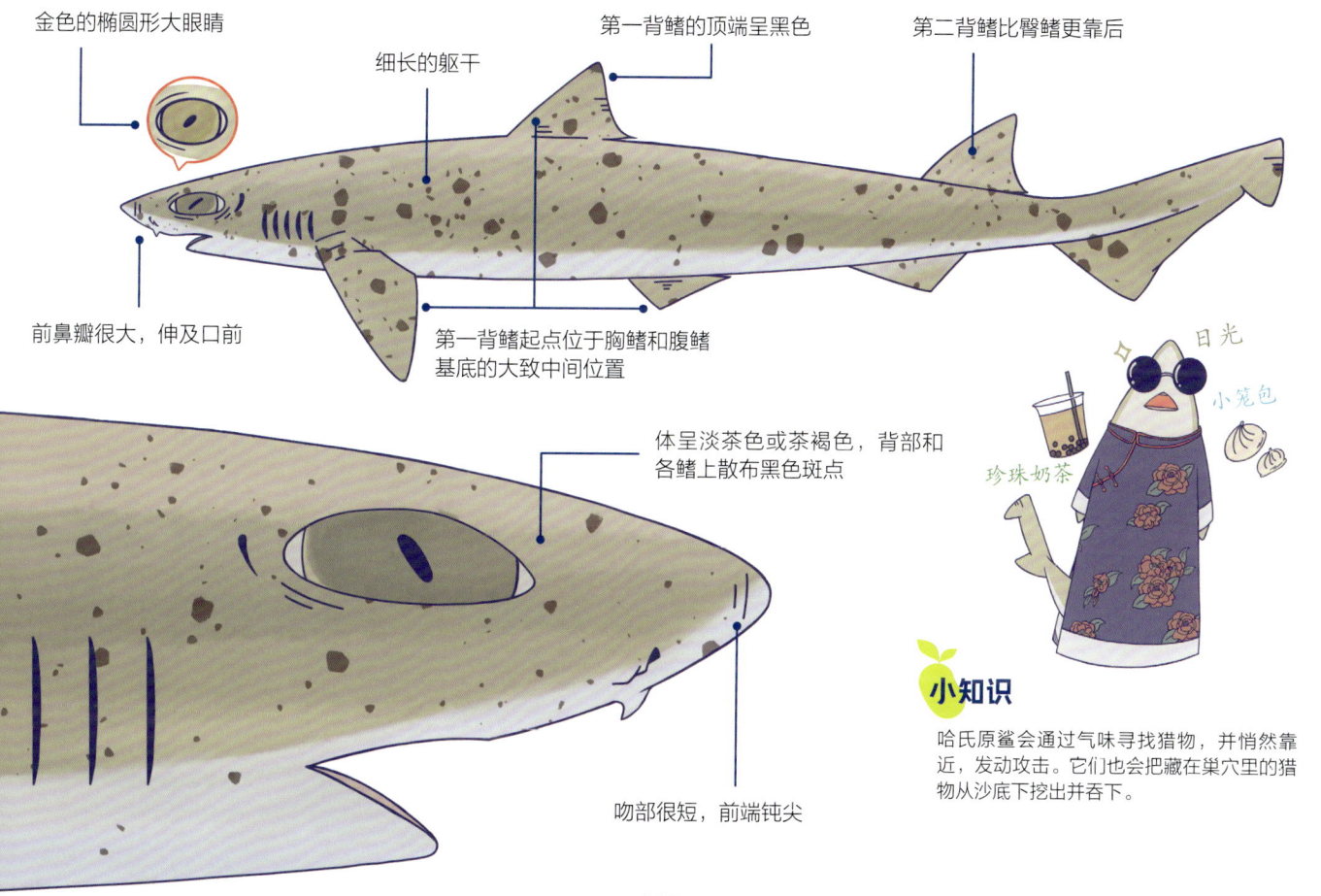

- 金色的椭圆形大眼睛
- 细长的躯干
- 第一背鳍的顶端呈黑色
- 第二背鳍比臀鳍更靠后
- 前鼻瓣很大，伸及口前
- 第一背鳍起点位于胸鳍和腹鳍基底的大致中间位置
- 体呈淡茶色或茶褐色，背部和各鳍上散布黑色斑点
- 吻部很短，前端钝尖

日光　小笼包　珍珠奶茶

小知识

哈氏原鲨会通过气味寻找猎物，并悄然靠近，发动攻击。它们也会把藏在巢穴里的猎物从沙底下挖出并吞下。

糟糕时刻

角鯊目

我看上去像没睡醒吗？
太平洋睡鲨
Pacific sleeper shark

角鲨目

睡鲨科

Somniosus pacificus

太平洋睡鲨的近亲是小头睡鲨（第212页）。它们虽然看起来很像，但是分布区并不重叠。

太平洋睡鲨虽然是什么都会捕食的顶级掠食者，但曾经在它们的尸体上发现过灰六鳃鲨（第250页）的特征性齿印，因此它们也可能会被体形同样巨大的灰六鳃鲨捕食。

裙带菜碎碎念

这种生活在深海里的鲨鱼行踪诡秘。

趣谈

与小头睡鲨一样，太平洋睡鲨也是游速最缓慢的鲨鱼之一。

生存区域

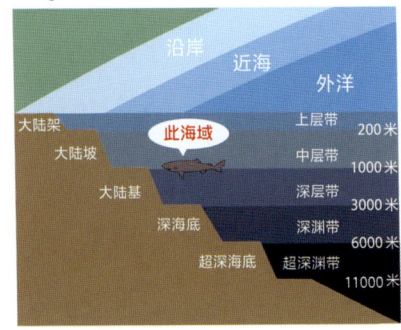

分布图

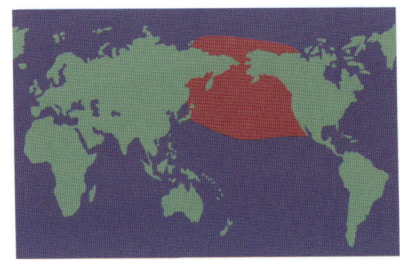

资料
- **全长**：3.5~4.5米左右。据说最大超过7米
- **分布**：北太平洋、北冰洋
- **生境**：从浅海到水深2000米左右的深海海域
- **食性**：硬骨鱼类、头足类、软骨鱼类、哺乳类等
- **繁殖**：卵胎生

第 2 章 共115种！世界鲨鱼图鉴

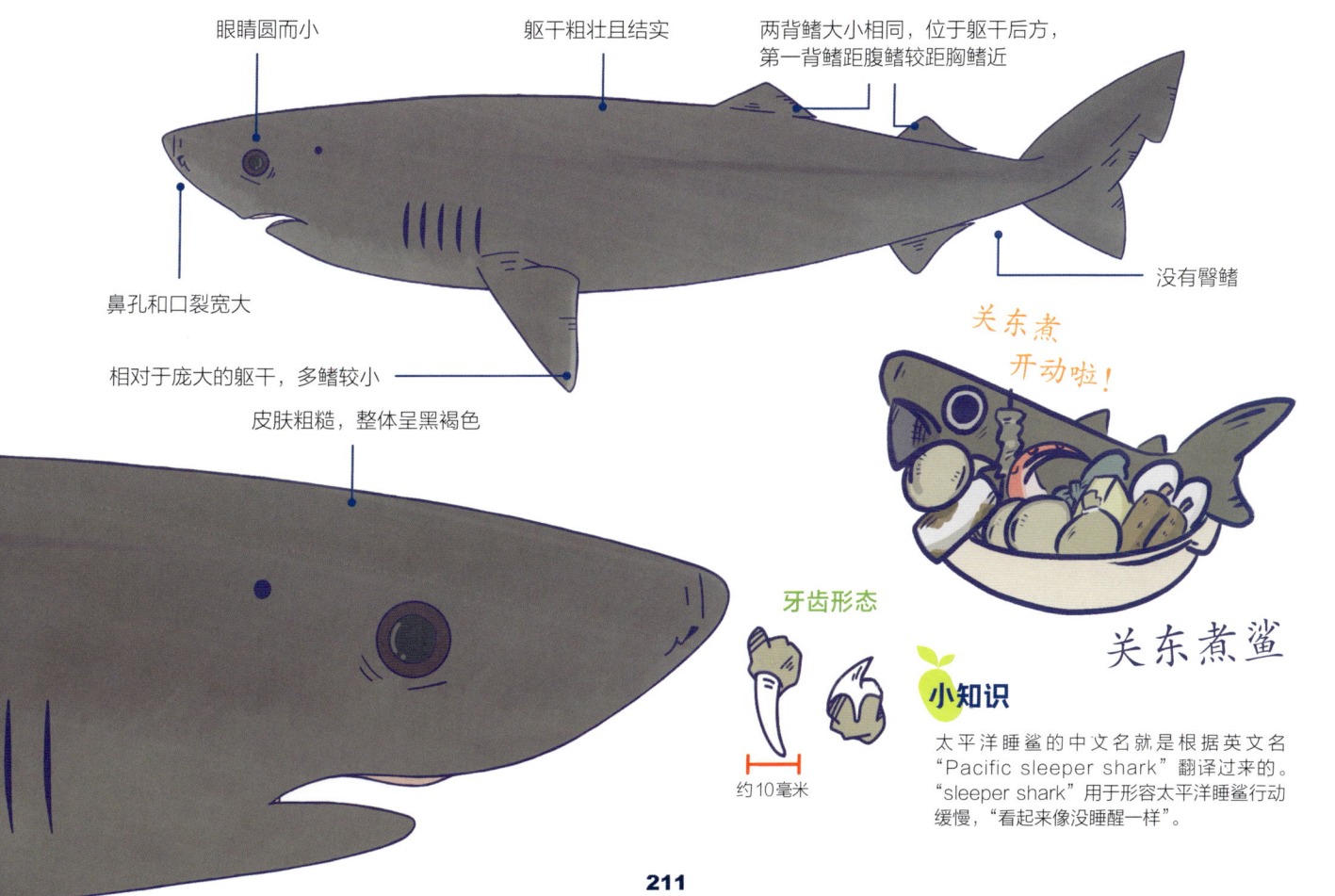

- 眼睛圆而小
- 躯干粗壮且结实
- 两背鳍大小相同，位于躯干后方，第一背鳍距腹鳍较距胸鳍近
- 没有臀鳍
- 鼻孔和口裂宽大
- 相对于庞大的躯干，多鳍较小
- 皮肤粗糙，整体呈黑褐色

关东煮开动啦！

牙齿形态

约10毫米

关东煮鲨

小知识

太平洋睡鲨的中文名就是根据英文名"Pacific sleeper shark"翻译过来的。"sleeper shark"用于形容太平洋睡鲨行动缓慢，"看起来像没睡醒一样"。

眼睛里能飞出寄生虫？

小头睡鲨

Greenland shark

角鲨目

睡鲨科

Somniosus microcephalus

小头睡鲨（格陵兰睡鲨）生活在水温0.6℃~12℃的寒冷海域。被认为是"世界上游得最慢的鲨鱼"，最高游速为每小时2千米左右。

很多情况下，小头睡鲨的眼球上会寄生着桡足类，因此大部分小头睡鲨的单眼或双眼都是失明的。也有说法认为，这些寄生的桡足类可以发光，因此能为小头睡鲨吸引猎物。

裙带菜碎碎念

据报道，发现了500岁以上的格陵兰睡鲨，很神奇吧！

趣谈

小头睡鲨是"贪吃鬼"。在它们的胃里发现了驯鹿和北极熊的骨头。很长寿，平均能活400岁左右。

生存区域

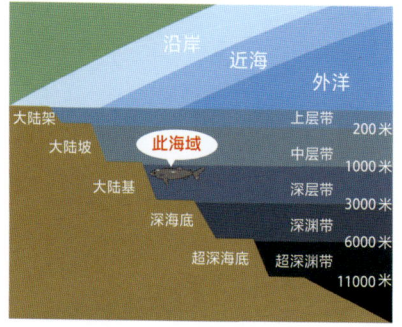

分布图

资料
- 全长：5.5~6.5米左右。最长可达7.5米
- 分布：大西洋北部、北冰洋等
- 生境：大陆架和水深达2200米的大陆坡海域
- 食性：硬骨鱼类、头足类、软骨鱼类、哺乳类、鸟类等
- 繁殖：卵胎生。每胎产7~10条幼仔

第 ② 章 共115种！世界鲨鱼图鉴

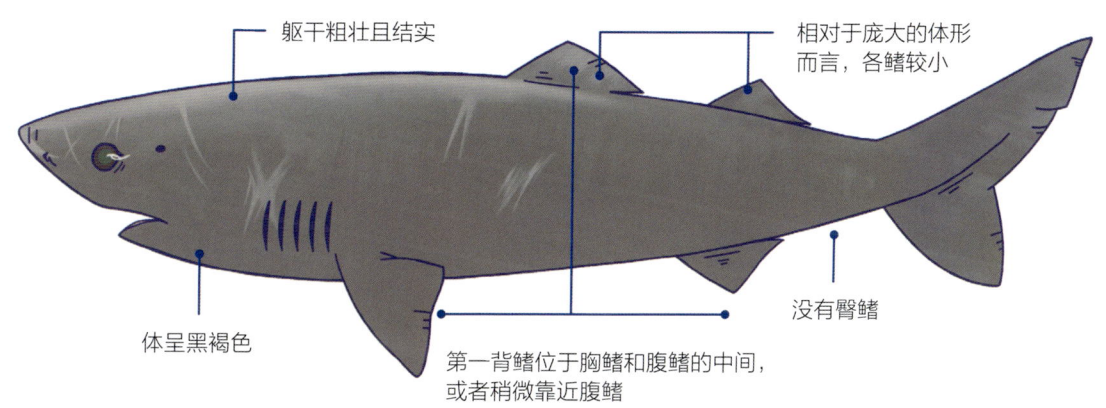

- 躯干粗壮且结实
- 相对于庞大的体形而言，各鳍较小
- 体呈黑褐色
- 第一背鳍位于胸鳍和腹鳍的中间，或者稍微靠近腹鳍
- 没有臀鳍

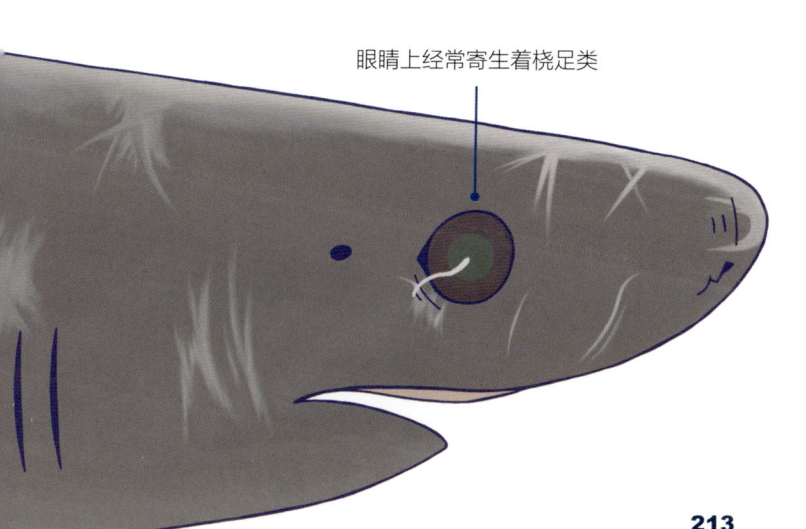

- 眼睛上经常寄生着桡足类

大约500年前……

牙齿形态

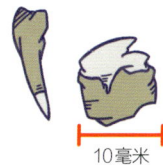

10毫米

小知识

肉有毒，生食或未经适当处理就食用，会出现类似酒精中毒的症状。通过反复晾晒和炖煮，毒素可被分解。

213

宝宝快睡觉,快快睡觉,做个好梦呦!

欧氏荆鲨
Roughskin dogfish

角鲨目
睡鲨科
Centroscymnus owstonii

欧氏荆鲨有类似"眼睑"的结构,闭合眼睛后看起来像是在睡觉。有人认为这一结构可能是用来保护眼球上的反射膜。一些深海鲨鱼也像欧氏荆鲨一样有类似的结构。欧氏荆鲨有时会根据性别不同结成群体活动。

裙带菜碎碎念
闭上眼睛的样子,像婴儿一样可爱。

趣谈
生长速度缓慢。

生存区域
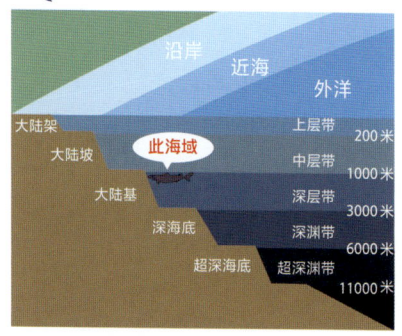

分布图

资料
- **全长**:1~1.2米
- **分布**:西太平洋、东南太平洋、大西洋等
- **生境**:水深150~1500米左右的大陆坡和大陆架海域
- **食性**:硬骨鱼类,乌贼、章鱼的头足类等
- **繁殖**:卵胎生。每胎产30~34只幼仔

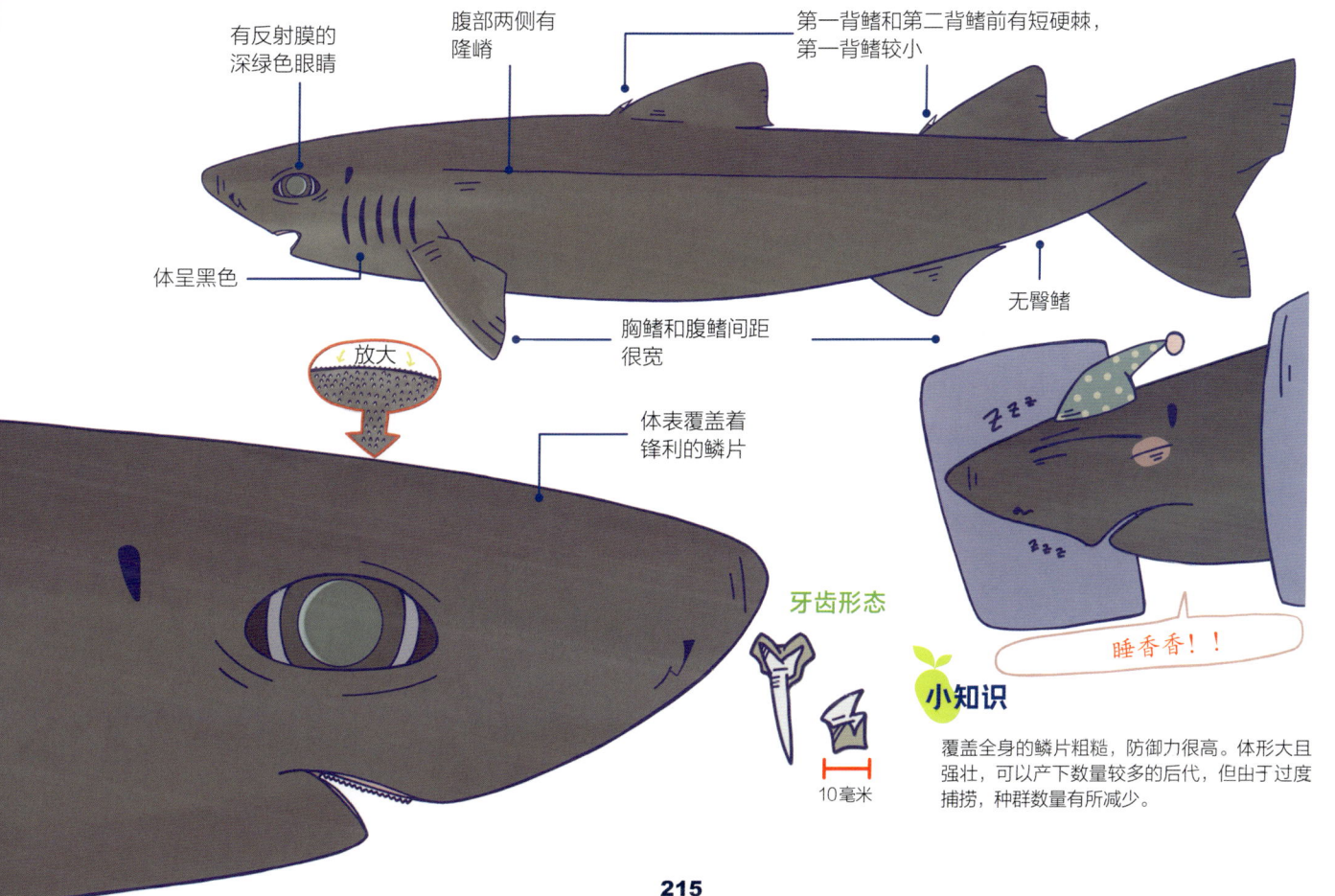

用长长的吻，等你在梦中！

长吻荆鲨

Longnose velvet dogfish

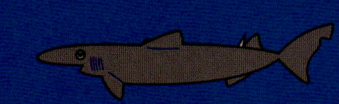

角鲨目

睡鲨科

Centroselachus crepidater

长吻荆鲨体形细长，吻部修长。它们生活在非常深的深海之中，因此我们很少有机会看到它们的身影。与其他深海鲨鱼一样，长吻荆鲨肌肉松弛，游动缓慢。它们与欧氏荆鲨（第214页）形态类似，没有臀鳍。

裙带菜碎碎念
好长的长吻啊，真是神奇。

趣谈
吻部很长，嘴却较小。

生存区域
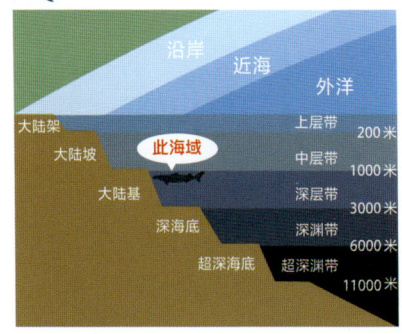

分布图
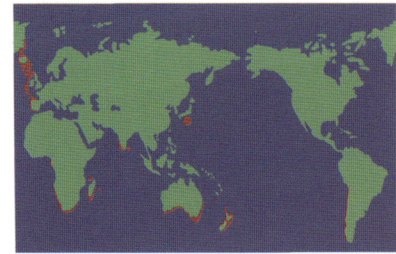

资料
- **全长**：最大约1米
- **分布**：太平洋、西印度洋、东大西洋
- **生境**：水深200~2000米左右的大陆坡海域
- **食性**：硬骨鱼类和乌贼类等
- **繁殖**：卵胎生。每胎产1~9只幼仔

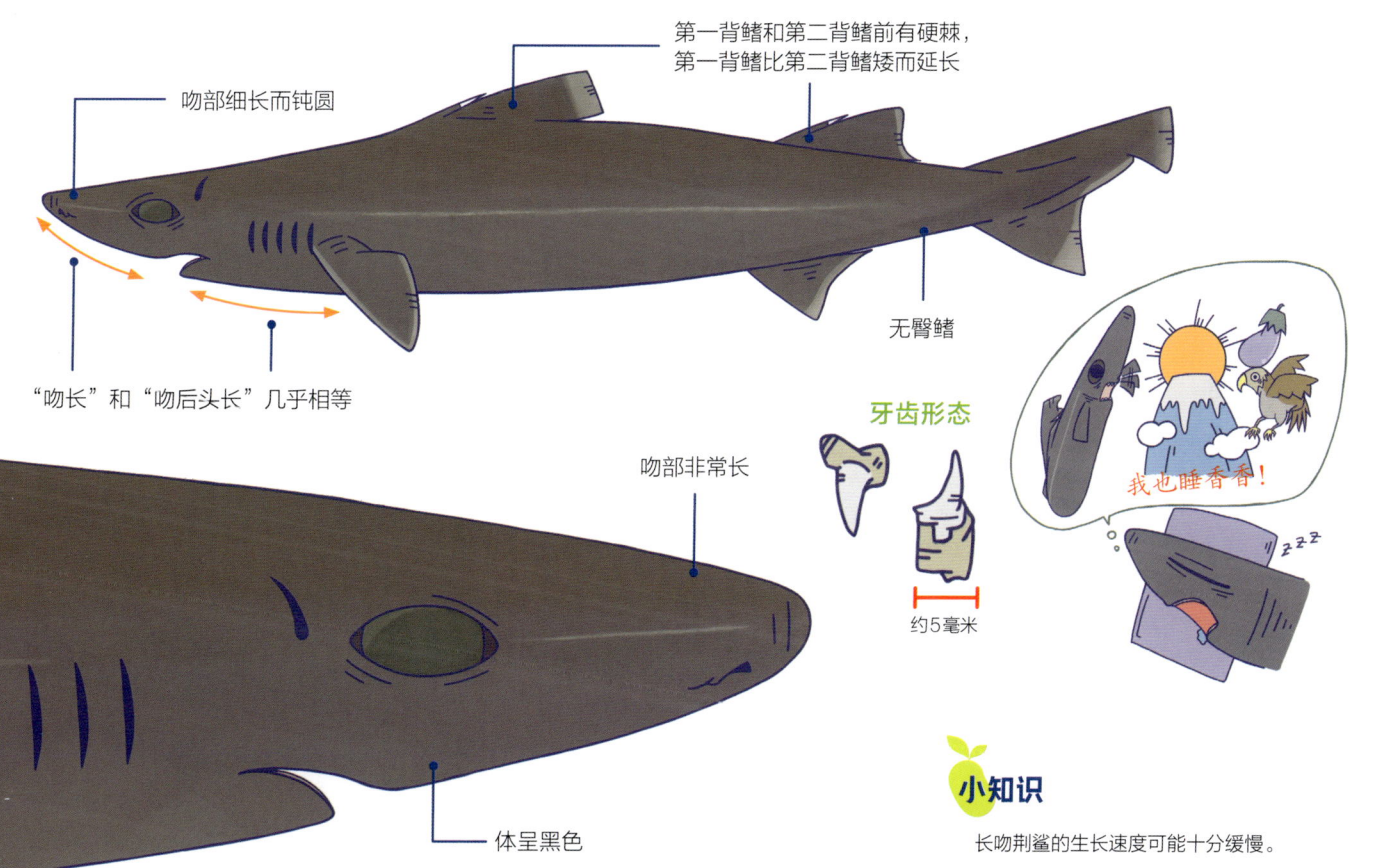

长体睡鲨

像青蛙吗?

Frog shark

角鲨目

睡鲨科

Somniosus longus

长体睡鲨，又名蛙鲨、长身睡鲨，是一种神秘莫测的罕见鲨鱼，相关捕获案例十分稀少。

长体睡鲨牙齿锋利，上颌齿呈针状。下颌齿宽，齿尖向外微倾。而且，其两颌间密密麻麻排列着无数颗牙齿。

咬住猎物后，它的牙齿会像刀片一样切开猎物的皮肉。

裙带菜碎碎念

牙齿呈传送带式排列。

生存区域

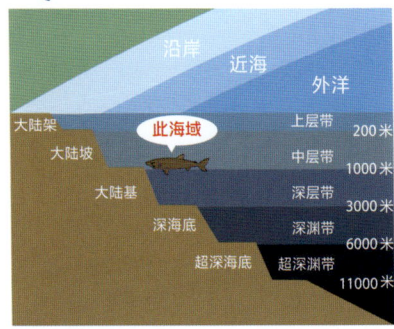

分布图

资料

- ●**全长**：记录的最大值为1.4米左右
- ●**分布**：西太平洋（日本和新西兰），也有曾在智利发现的报告
- ●**生境**：水深250~1200米左右的大陆坡海域
- ●**食性**：不明
- ●**繁殖**：卵胎生

第 2 章 共115种！世界鲨鱼图鉴

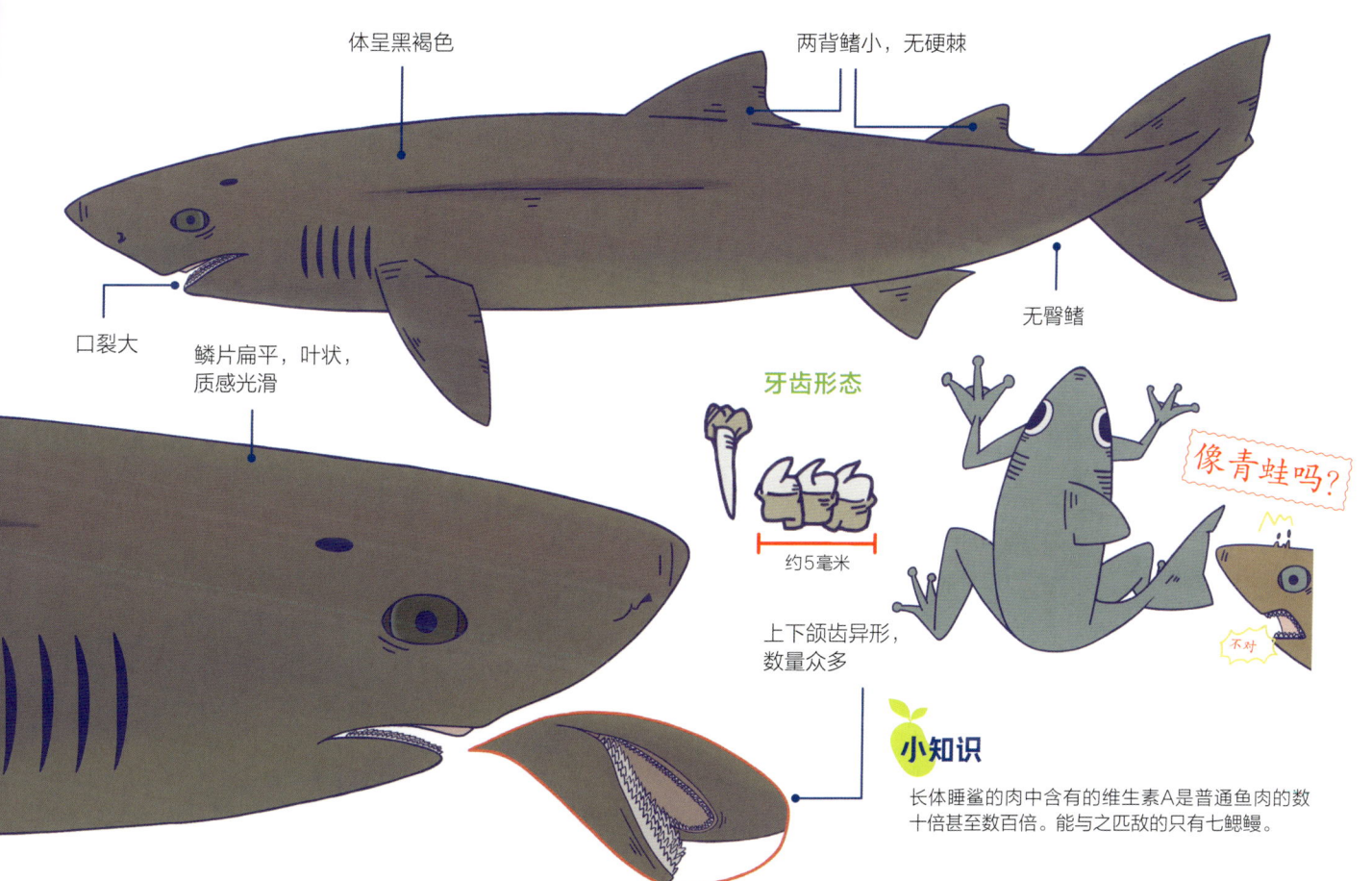

体呈黑褐色

两背鳍小，无硬棘

无臀鳍

口裂大

鳞片扁平，叶状，质感光滑

牙齿形态

约5毫米

上下颌齿异形，数量众多

像青蛙吗？

不对

小知识

长体睡鲨的肉中含有的维生素A是普通鱼肉的数十倍甚至数百倍。能与之匹敌的只有七鳃鳗。

219

乌鸦声声啼，我们回家吧！

小乌鲨

Smooth lantern shark

角鲨目

乌鲨科

Etmopterus pusillus

小乌鲨全身乌黑。就像名字一样，它们长得有些像乌鸦。其上颌齿的齿尖细且光滑，下颚齿则呈刀片状。

在以饲养深海鱼为主的水族馆等，曾有短期饲养小乌鲨的记录，但这一物种的长期饲养尚未成功。小乌鲨的繁殖力低，生长缓慢。

裙带菜碎碎念

虽说是"乌黑"，但仔细一看，它们的皮肤还是有光泽的，非常漂亮。长相英俊帅气。

趣谈

小乌鲨会进行"昼夜垂直迁移"，一天中有规律地在深海和浅海间移动。

🦈 生存区域

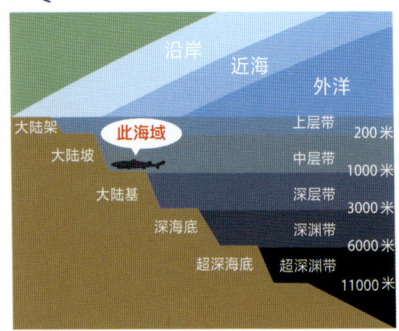

🦈 分布图

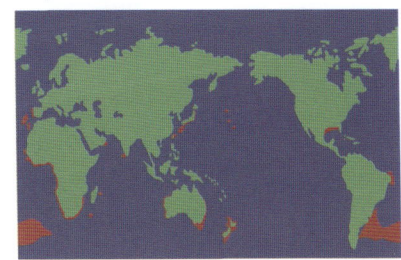

资料
- **全长**：最大50厘米
- **分布**：中、西太平洋，西印度洋，大西洋等
- **生境**：水深200~1000米左右的大陆坡海域。在深海热液喷口附近也有发现
- **食性**：鱼卵、小型硬骨鱼类、乌贼等头足类动物
- **繁殖**：卵胎生。每胎产1~6条幼仔

第 2 章 共115种！世界鲨鱼图鉴

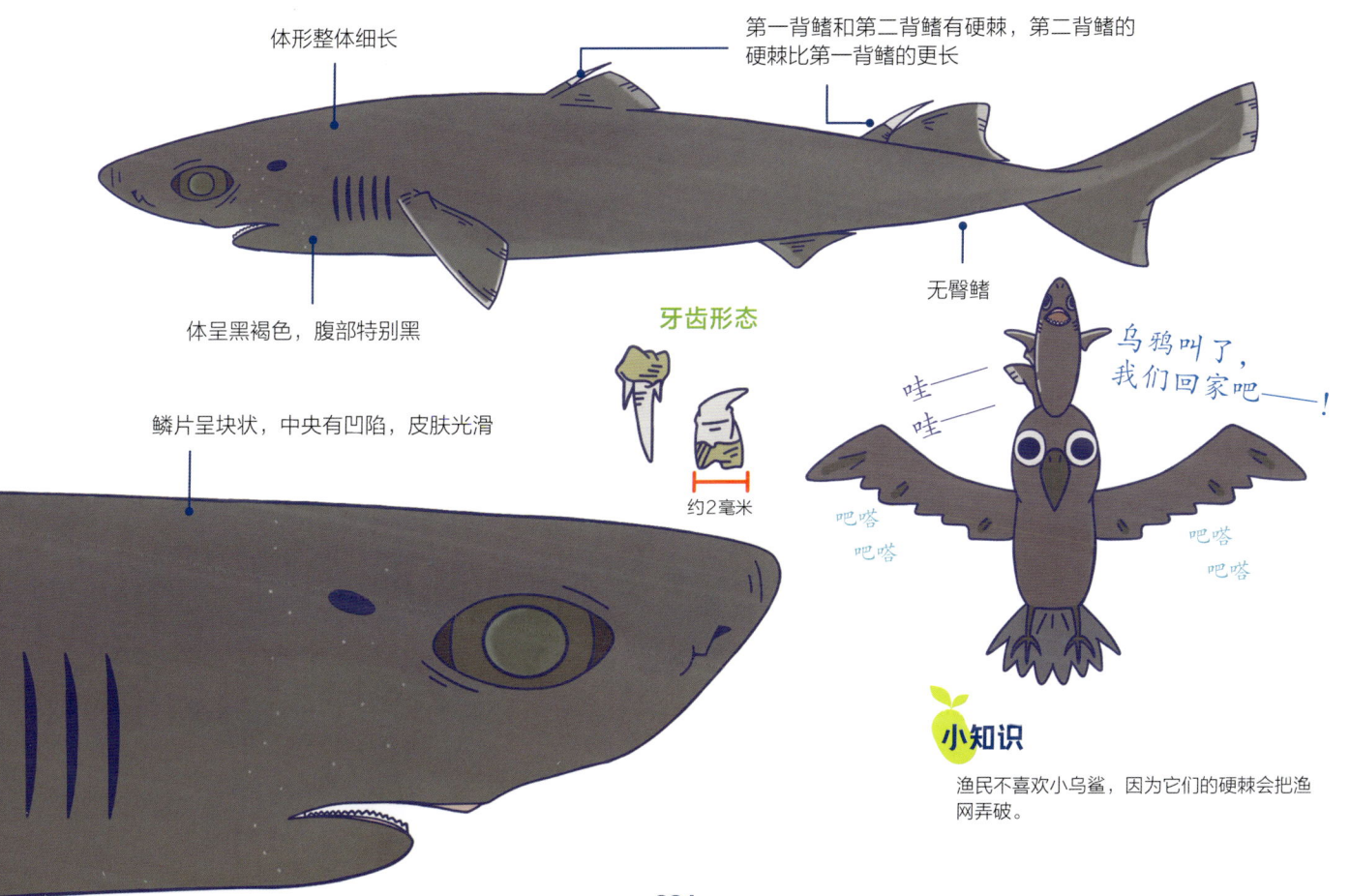

体形整体细长

第一背鳍和第二背鳍有硬棘，第二背鳍的硬棘比第一背鳍的更长

无臀鳍

体呈黑褐色，腹部特别黑

牙齿形态

约2毫米

鳞片呈块状，中央有凹陷，皮肤光滑

乌鸦叫了，我们回家吧——！

哇——哇——

吧嗒吧嗒　吧嗒吧嗒

🍏 小知识

渔民不喜欢小乌鲨，因为它们的硬棘会把渔网弄破。

跟日本忍者有关吗?
本氏乌鲨
Ninja lantern shark

角鲨目

乌鲨科

Etmopterus benchleyi

虽然本氏乌鲨于2010年被首度发现,但在2015年才被正式认定为新物种。因其黑色的体色和忍者很像,被称为"Super Ninja Shark"(超级忍者鲨)。本氏乌鲨背上的硬棘有毒。

裙带菜碎碎念

因与某游戏中登场的角色相似,在网络上引起了热议。

趣谈

学名中的"*benchleyi*"是以著名恐怖小说《大白鲨》的作者彼得·本奇利(Peter Benchley)命名的。

生存区域

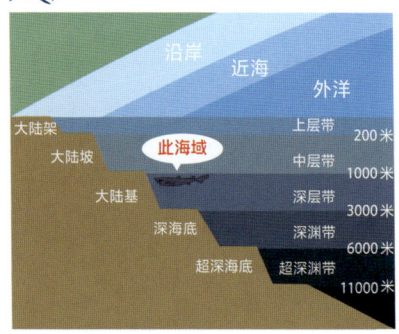

分布图

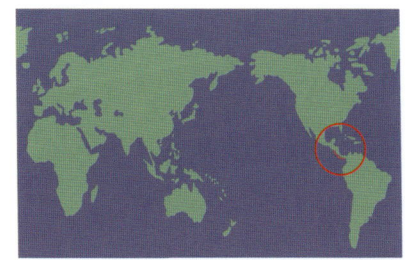

资料
- ●**全长**:50~52厘米
- ●**分布**:东太平洋的中美洲沿岸
- ●**生境**:水深836米至1443米左右的大陆坡海域
- ●**食性**:小型硬骨鱼类,章鱼、乌贼等头足类
- ●**繁殖**:卵胎生。每胎大概产5条幼仔

第2章 共115种！世界鲨鱼图鉴

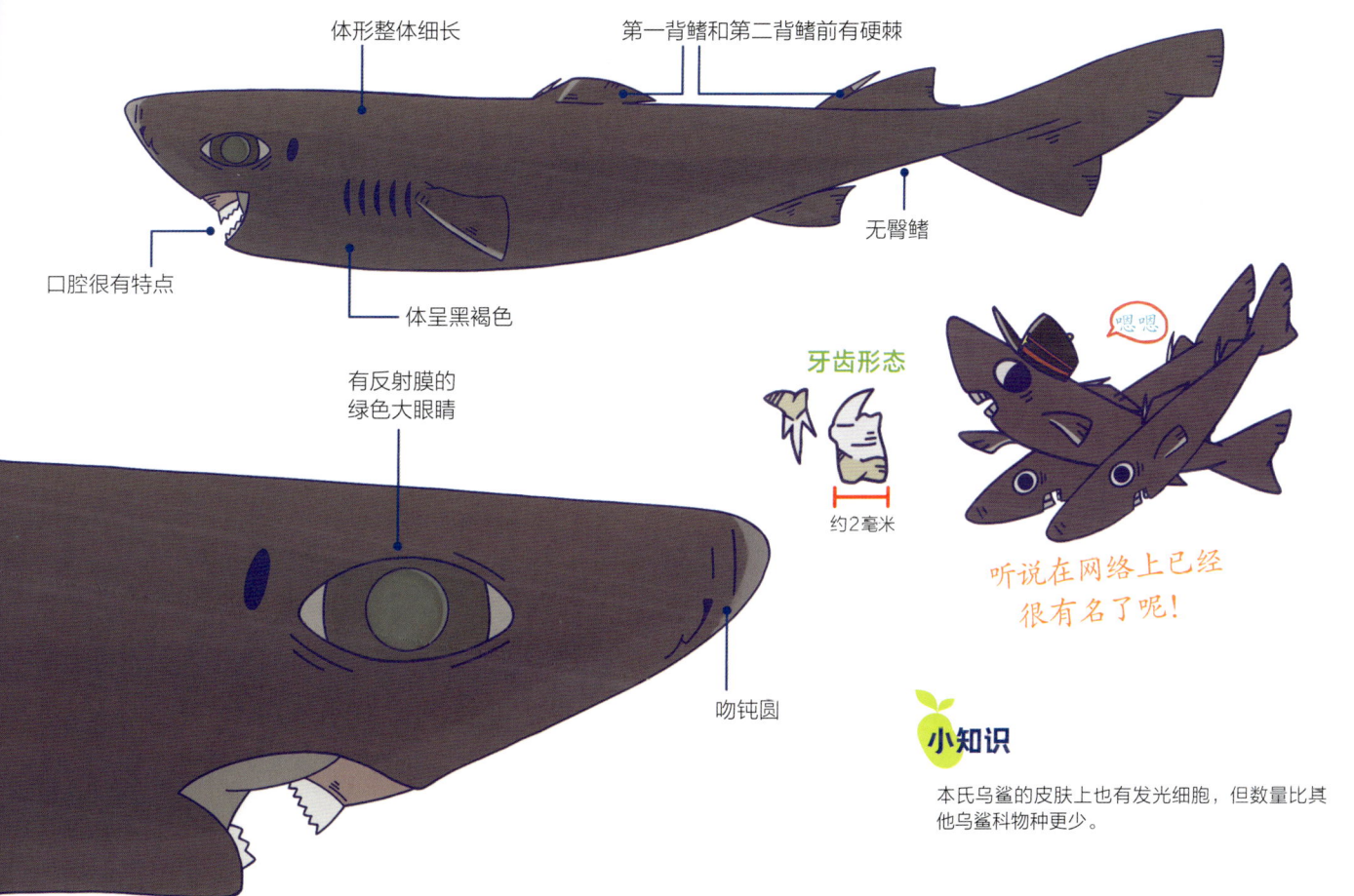

体形整体细长

第一背鳍和第二背鳍前有硬棘

无臀鳍

口腔很有特点

体呈黑褐色

有反射膜的绿色大眼睛

吻钝圆

牙齿形态

约2毫米

嗯 嗯

听说在网络上已经很有名了呢！

小知识

本氏乌鲨的皮肤上也有发光细胞，但数量比其他乌鲨科物种更少。

223

知之甚少呀！
希氏乌鲨
Rasptooth dogfish

角鲨目

乌鲨科

Etmopterus sheikoi

希氏乌鲨是罕见物种，捕获量很少，因此我们对它们的了解多来源于标本。

根据最新的分子生物学成果，希氏乌鲨被分类为"乌鲨属"，此前该物种被单列入"细乌霞鲨属"。因此，它身上可能有发光器官。希氏乌鲨可能为卵胎生，生产的幼仔数量不明。

裙带菜碎碎念
充满谜团的鲨鱼。

趣谈
关于希氏乌鲨的捕获记录很少。

生存区域
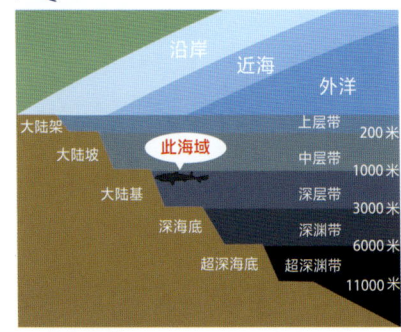

分布图

资料
- **全长**：40~43厘米
- **分布**：西北太平洋、日本及中国近海
- **生境**：在水深340~370米附近被捕获，可能栖息在水深1000米以内的大陆坡海域
- **食性**：可能为小型硬骨鱼类和头足类等
- **繁殖**：可能是卵胎生

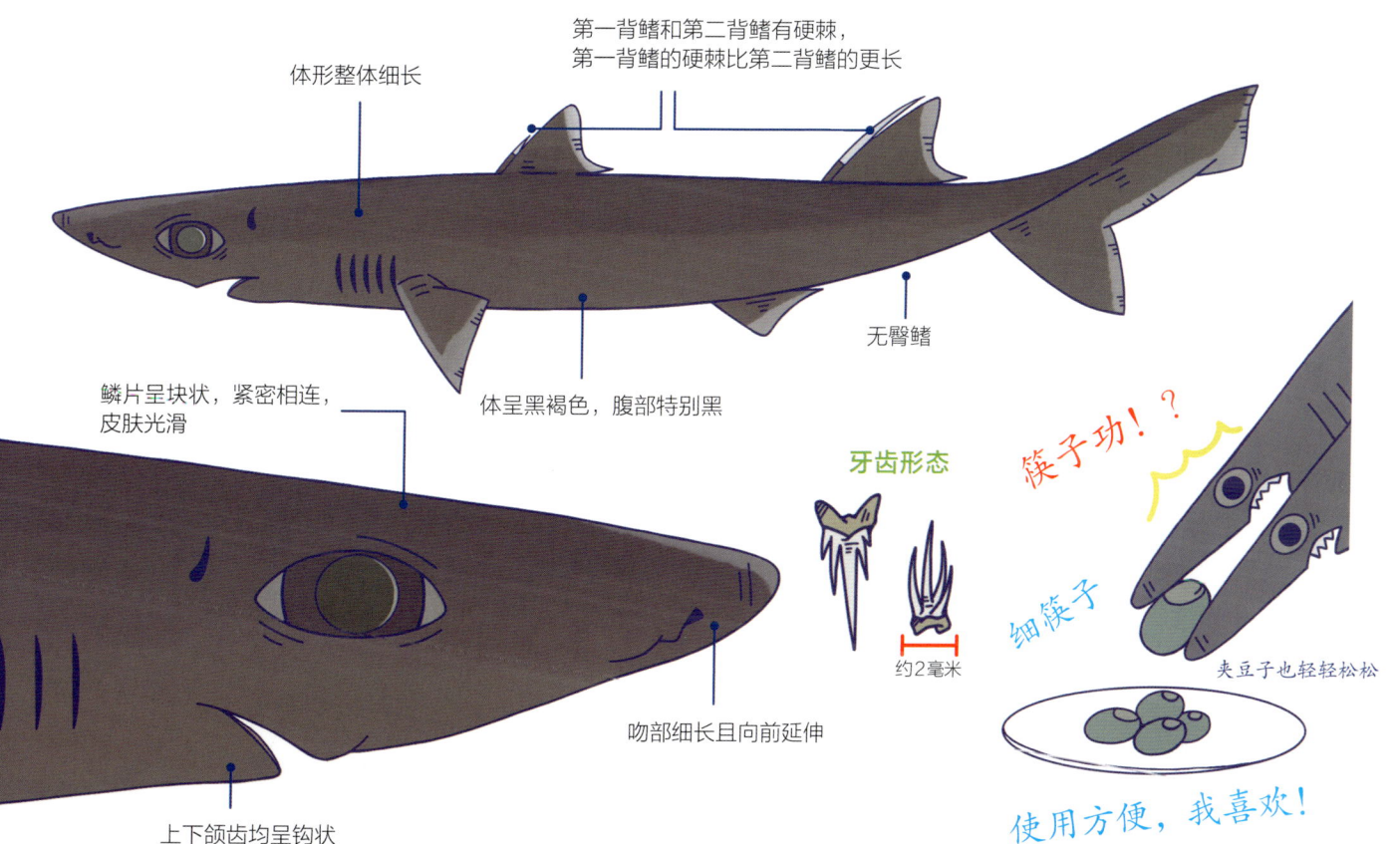

外表看起来就像是嘴巴伸长的外星人！

卡氏尖颌乌鲨

Viper dogfish

角鲨目

乌鲨科

Trigonognathus kabeyai

卡氏尖颌乌鲨，又名蝰乌鲨，拥有像钩针一样锋利的牙齿和可以向前大幅伸出的双颌（嘴），能够迅速捕食猎物。它们的捕食方式与欧氏剑吻鲨（第92页）相似。比起其他鲨鱼，它们的双颌能张得更大。体呈黑褐色，腹部更黑。腹部的发光器可以让它们发出淡蓝色荧光，从而实现"发光消影"①。

裙带菜碎碎念

从外观上看可能让人觉得毛骨悚然，但我很喜欢它。嘴巴可以弹出，很可爱。

趣谈

20世纪80年代在日本首次被捕获，20世纪90年代被确定为新物种。

① 一些生物通过发光，让自身与环境的颜色融为一体，从而达到伪装的效果，这被称为"发光消影"，也叫作"反照明"。——编者注

生存区域

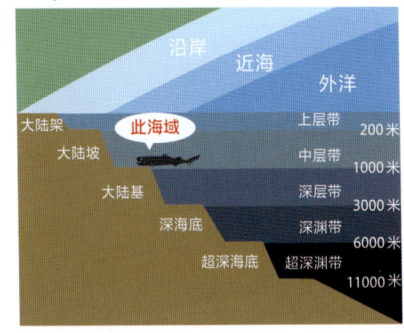

分布图

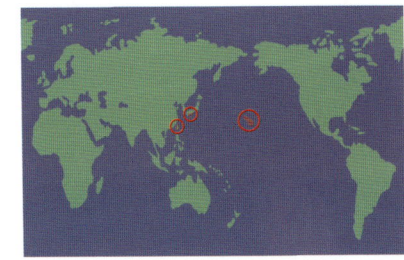

资料
- **全长**：最大54厘米
- **分布**：中国台湾、日本南部、美国夏威夷周边
- **生境**：水深150米以至1000米左右的大陆架和大陆坡的中深层海域
- **食性**：瓦氏眶灯鱼等小型硬骨鱼类
- **繁殖**：卵胎生。每胎产25~26条幼仔

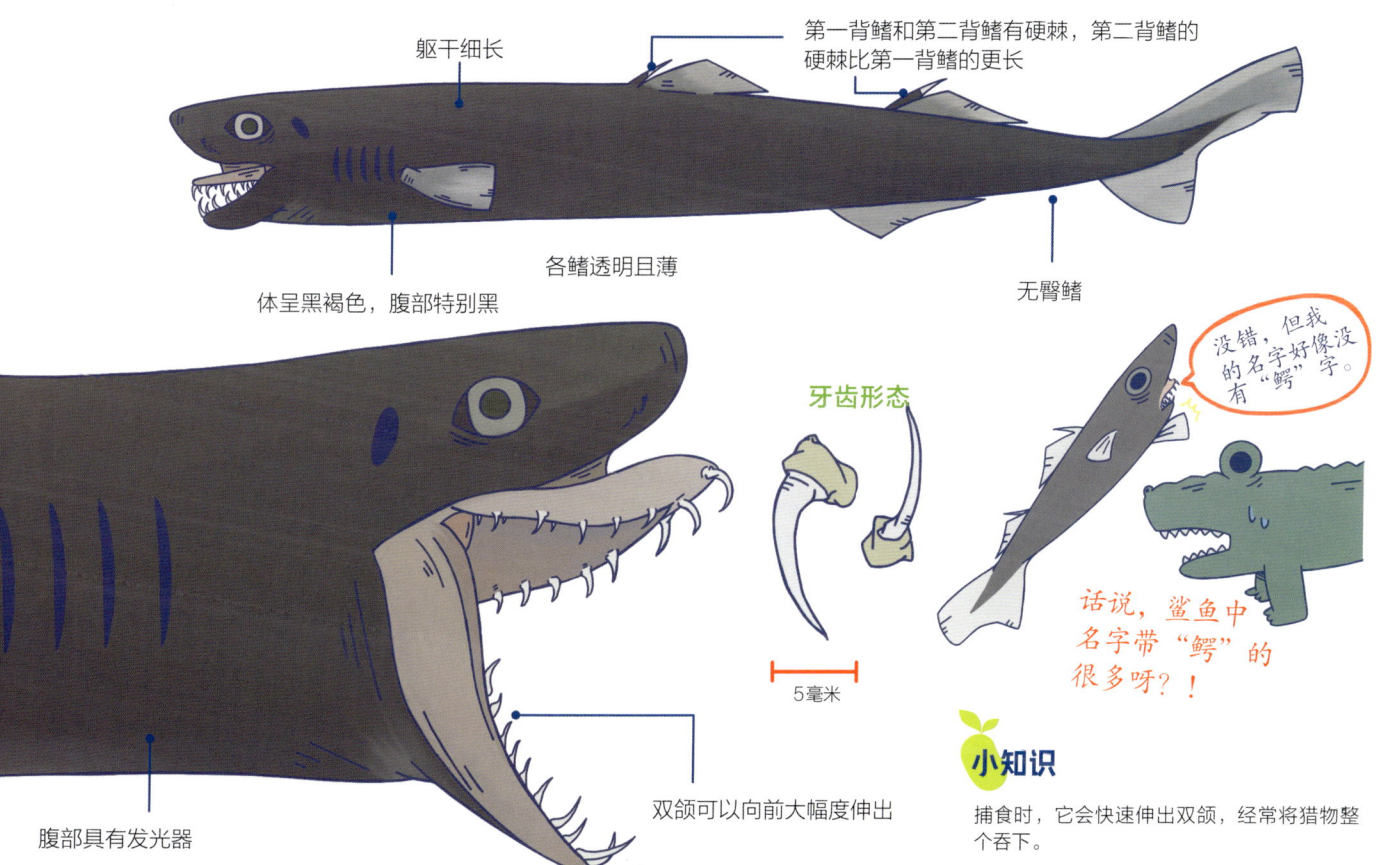

没有光的话，自己发光就行啦！

亮乌鲨
Blackbelly lanternshark

角鲨目

乌鲨科

Etmopterus lucifer

亮乌鲨，又名灯笼乌鲨。它的躯体呈美丽的紫藤色或淡紫色，但在死后便会变成黑色。其位于腹部的发光器官，通过色素细胞调节来发出光线。一般认为亮乌鲨通过发光来吸引猎物，或者是实现"发光消影"，保护自己不被天敌发现。

裙带菜碎碎念
颜色很漂亮呀！

趣谈
性格温顺，力气也小。

生存区域
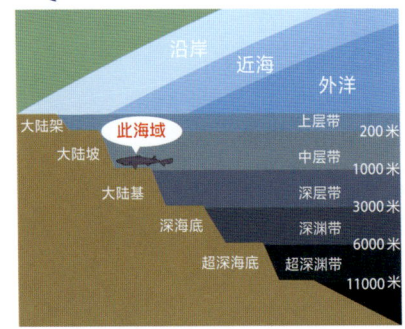

分布图

资料
- **全长**：最大47厘米
- **分布**：西太平洋、澳大利亚、新西兰、南太平洋
- **生境**：从大陆架到水深1300米左右的深海海域
- **食性**：小型硬骨鱼类、头足类、甲壳类等
- **繁殖**：卵胎生

第 2 章 共115种！世界鲨鱼图鉴

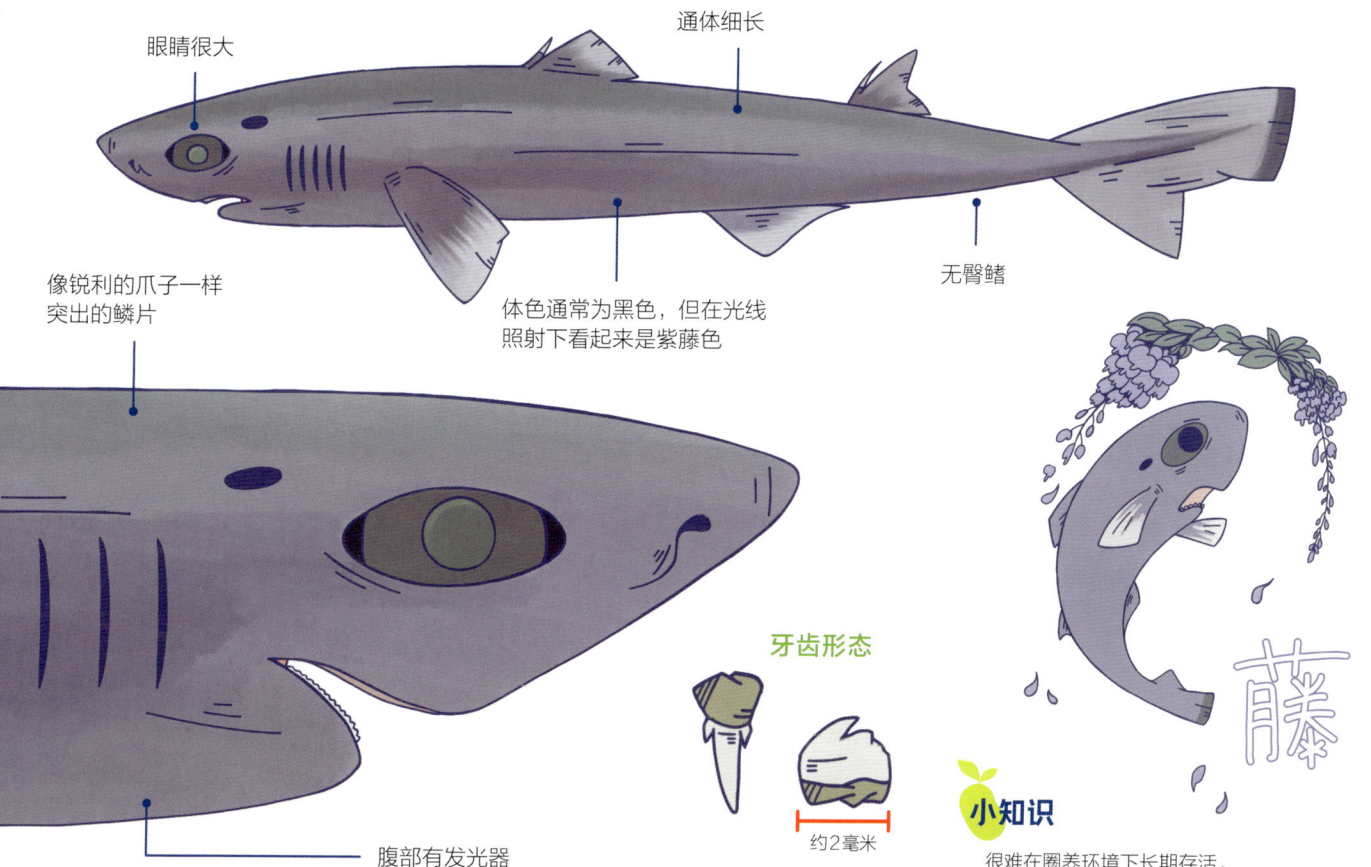

- 眼睛很大
- 通体细长
- 像锐利的爪子一样突出的鳞片
- 体色通常为黑色，但在光线照射下看起来是紫藤色
- 无臀鳍
- 腹部有发光器

牙齿形态

约2毫米

小知识

很难在圈养环境下长期存活。

这长胡须您可还喜欢？
长须卷盔鲨
Mandarin dogfish

角鲨目

角鲨科

Cirrhigaleus barbifer

长须卷盔鲨的特点是有一对长"胡须"（前鼻瓣），所以很容易与其他角鲨区分开。

这种"胡须"是传感器，不仅能感知猎物，还能感知生物分泌的化学物质和水流的变化。

裙带菜碎碎念
胡子很可爱，脸也无比可爱。

趣谈
修长的前鼻瓣，从正面看就像胡子一样。

生存区域
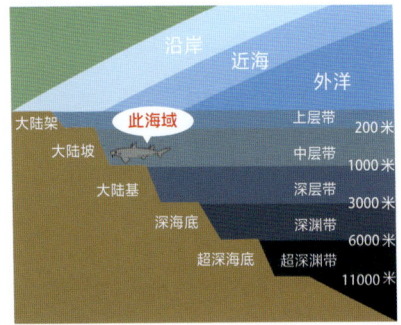

分布图

资料
- **全长**：1~1.3米
- **分布**：西太平洋
- **生境**：水深150~650米的大陆架和大陆坡海域
- **食性**：可能为头足类、甲壳类、底层鱼类等
- **繁殖**：卵胎生。每胎产约10条幼仔

第 2 章 共115种！世界鲨鱼图鉴

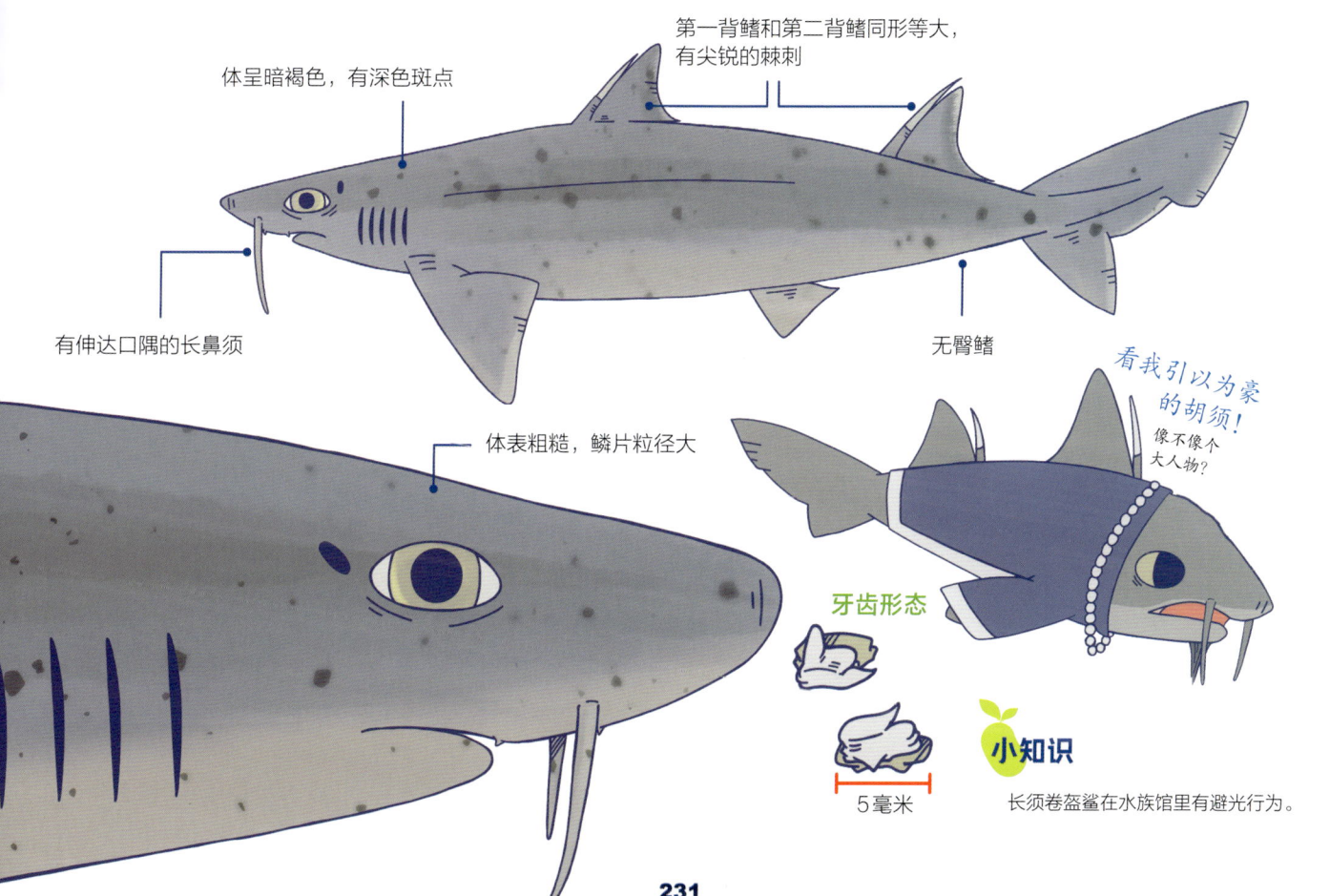

体呈暗褐色，有深色斑点

第一背鳍和第二背鳍同形等大，有尖锐的棘刺

有伸达口隅的长鼻须

无臀鳍

体表粗糙，鳞片粒径大

看我引以为豪的胡须！
像不像个大人物？

牙齿形态

5毫米

小知识

长须卷盔鲨在水族馆里有避光行为。

231

有第三只眼睛？

黑缘刺鲨
Dwarf gulper shark

角鲨目

刺鲨科

Centrophorus atromarginatus

黑缘刺鲨的肝脏约占体重的四分之一，其鱼肝油中含有大量对皮肤有益的"角鲨烯"，作为补品和化妆品而闻名。因此，以获取鱼肝油为目的的持续滥捕，以及这一物种较弱的繁殖力，导致黑缘刺鲨数量骤减。

裙带菜碎碎念

在网上购物广告中，经常能听到刺鲨的名字吧？

趣谈

黑缘刺鲨是典型的"肝用鲨"，它们的鳍无法制成高档鱼翅，肉的价值亦很低，因此富含角鲨烯的肝脏才是它们被捕杀的主要原因。

🦈 生存区域

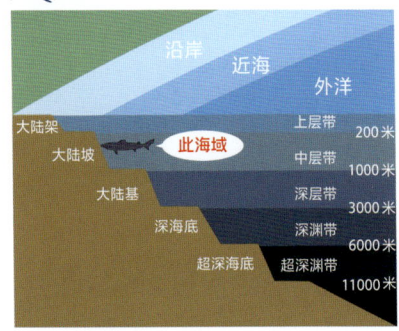

🦈 分布图

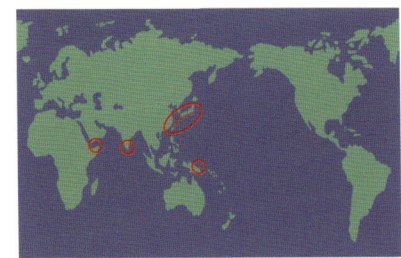

资料
- **全长**：75~99厘米
- **分布**：广泛分布于西印度洋、西北太平洋和中央太平洋西部等
- **生境**：水深约150~550米的大陆坡上部
- **食性**：深海小型硬骨鱼类、虾等甲壳类等
- **繁殖**：卵胎生。每胎产1~2条幼仔

第 2 章 共115种！世界鲨鱼图鉴

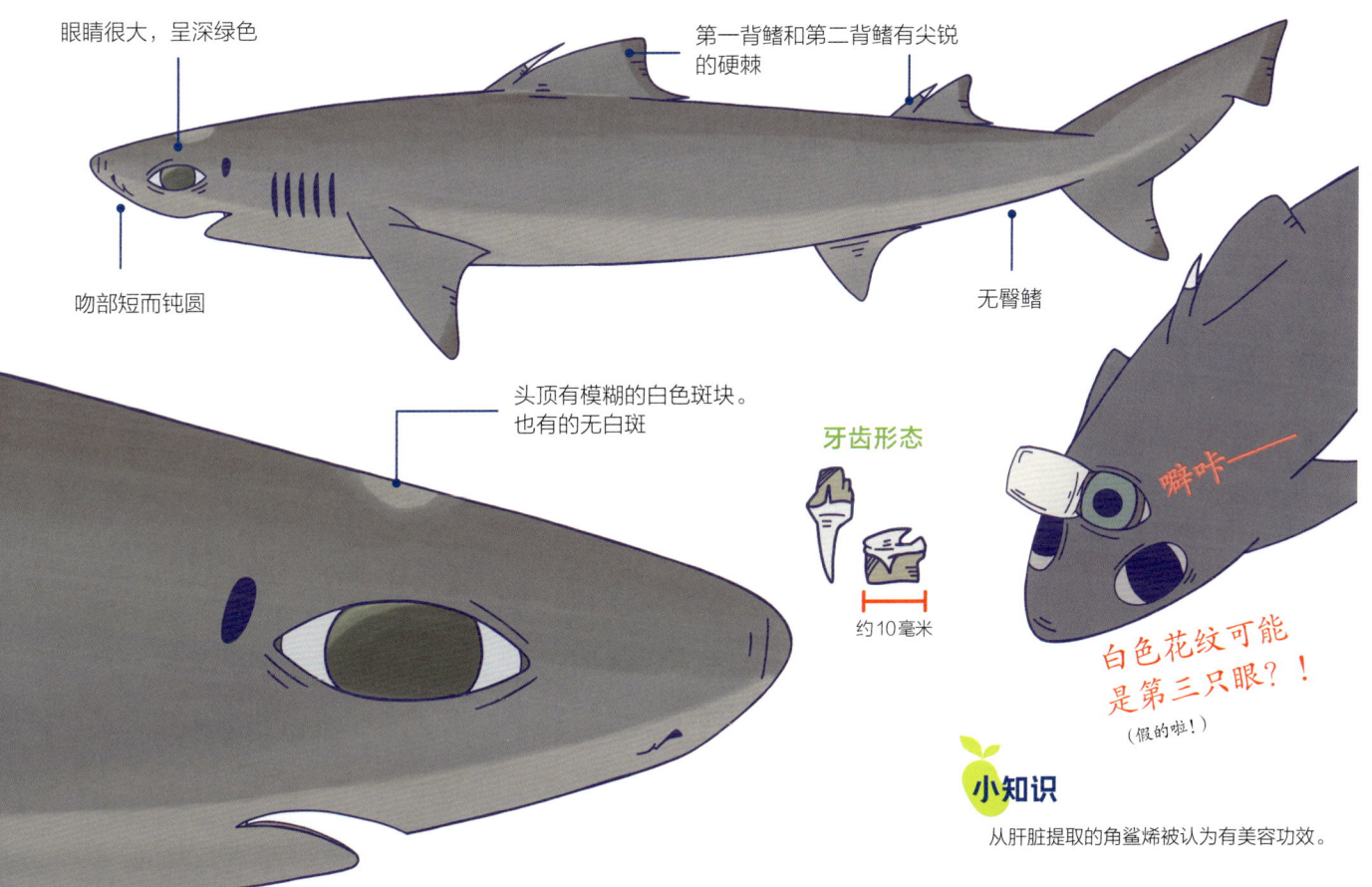

眼睛很大，呈深绿色

第一背鳍和第二背鳍有尖锐的硬棘

吻部短而钝圆

头顶有模糊的白色斑块。也有的无白斑

无臀鳍

牙齿形态

约10毫米

瞬咔——

白色花纹可能是第三只眼？！
（假的啦！）

小知识

从肝脏提取的角鲨烯被认为有美容功效。

散发着苹果香味……

粗吻田氏鲨

Rough longnose dogfish

角鲨目

刺鲨科

Deania hystricosa

粗吻田氏鲨有着又扁又长的吻部，渔民因此也称其为"长头鲨"，与喙吻田氏鲨（第238页）非常相似。

粗吻田氏鲨具有一股淡淡的甜苹果香味，这有别于其他鲨鱼的腥臭味。

裙带菜碎碎念

对于喜欢苹果的我来说，带有苹果香味的鲨鱼甚得我心。

趣谈

散发苹果香味的地方，为其罗伦氏瓮。

生存区域

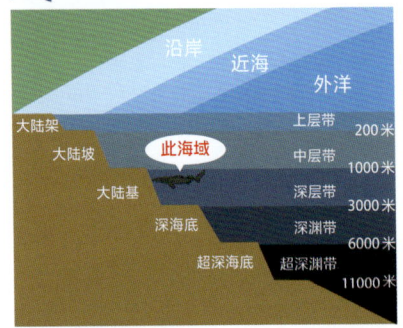

分布图

资料	
●全长：	1~1.2米
●分布：	西太平洋和东大西洋，英国、新西兰、南非、纳米比亚近海
●生境：	水深500~1300米海底附近的深海海域
●食性：	不明
●繁殖：	卵胎生。每胎产12条左右幼仔

第 2 章　共115种！世界鲨鱼图鉴

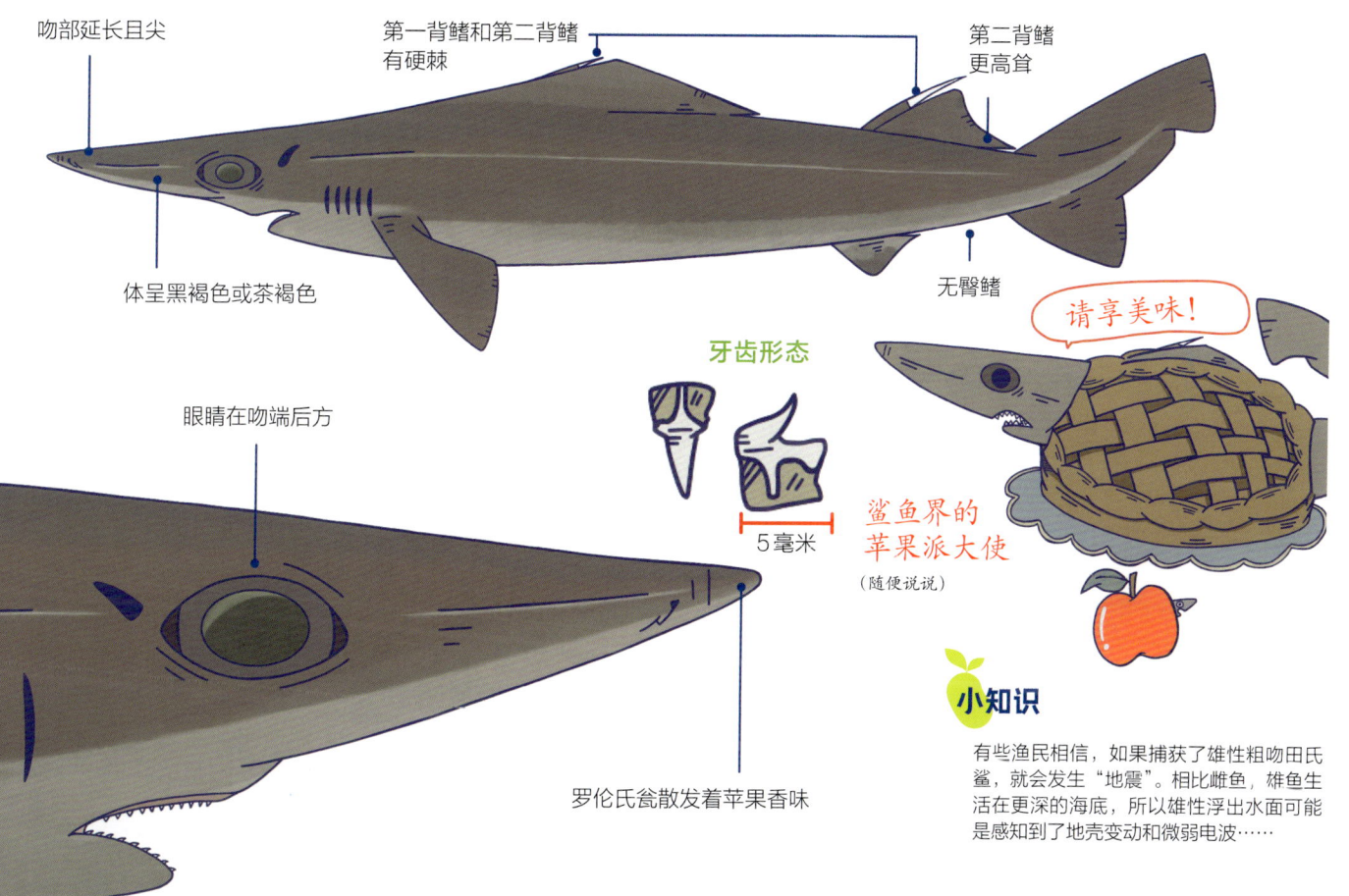

- 吻部延长且尖
- 第一背鳍和第二背鳍有硬棘
- 第二背鳍更高耸
- 体呈黑褐色或茶褐色
- 无臀鳍
- 眼睛在吻端后方
- 牙齿形态
- 5毫米
- 罗伦氏瓮散发着苹果香味

请享美味！

鲨鱼界的苹果派大使
（随便说说）

小知识

有些渔民相信，如果捕获了雄性粗吻田氏鲨，就会发生"地震"。相比雌鱼，雄鱼生活在更深的海底，所以雄性浮出水面可能是感知到了地壳变动和微弱电波……

像红叶一样的鲨鱼？活着的时候虽然不红……

叶鳞刺鲨

Leafscale gulper shark

角鲨目

刺鲨科

Centrophorus squamosus

叶鳞刺鲨生活在深海，是一种需要30年以上才能达到性成熟的长寿鲨鱼。其皮肤粗糙，就像"擦泥器"一样，这在刺鲨中是很少见的。

据说在日本，它也被称作"红叶鲨"。这个名字的由来，有"鳞片形状像枫叶"、"死后体侧会变成红色"（可能是皮肤充血所致）等说法，但具体哪个说法是真的并不清楚。

裙带菜碎碎念

如果有一天能见到"红叶鲨"的话，我想让它给我看看红叶。

趣谈

在刺鲨中，皮肤特别粗糙的只有叶鳞刺鲨和颗粒刺鲨。

生存区域

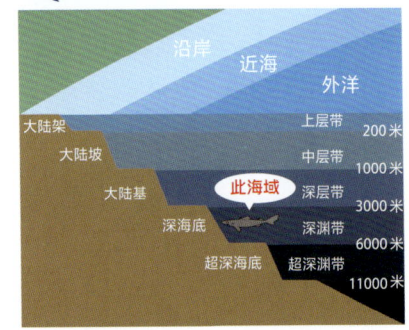

分布图

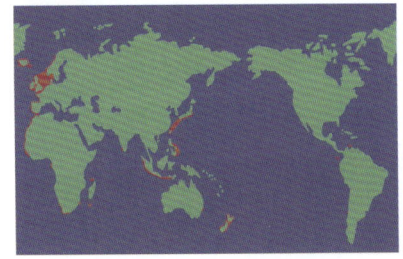

资料	
●全长：	1~1.6米
●分布：	西太平洋、印度洋、东大西洋
●生境：	水深230~3400米的大陆坡。从外洋表层到水深1250米处都能见到
●食性：	硬骨鱼类、头足类、甲壳类
●繁殖：	卵胎生。每胎产5~8条幼仔

第 2 章 共115种！世界鲨鱼图鉴

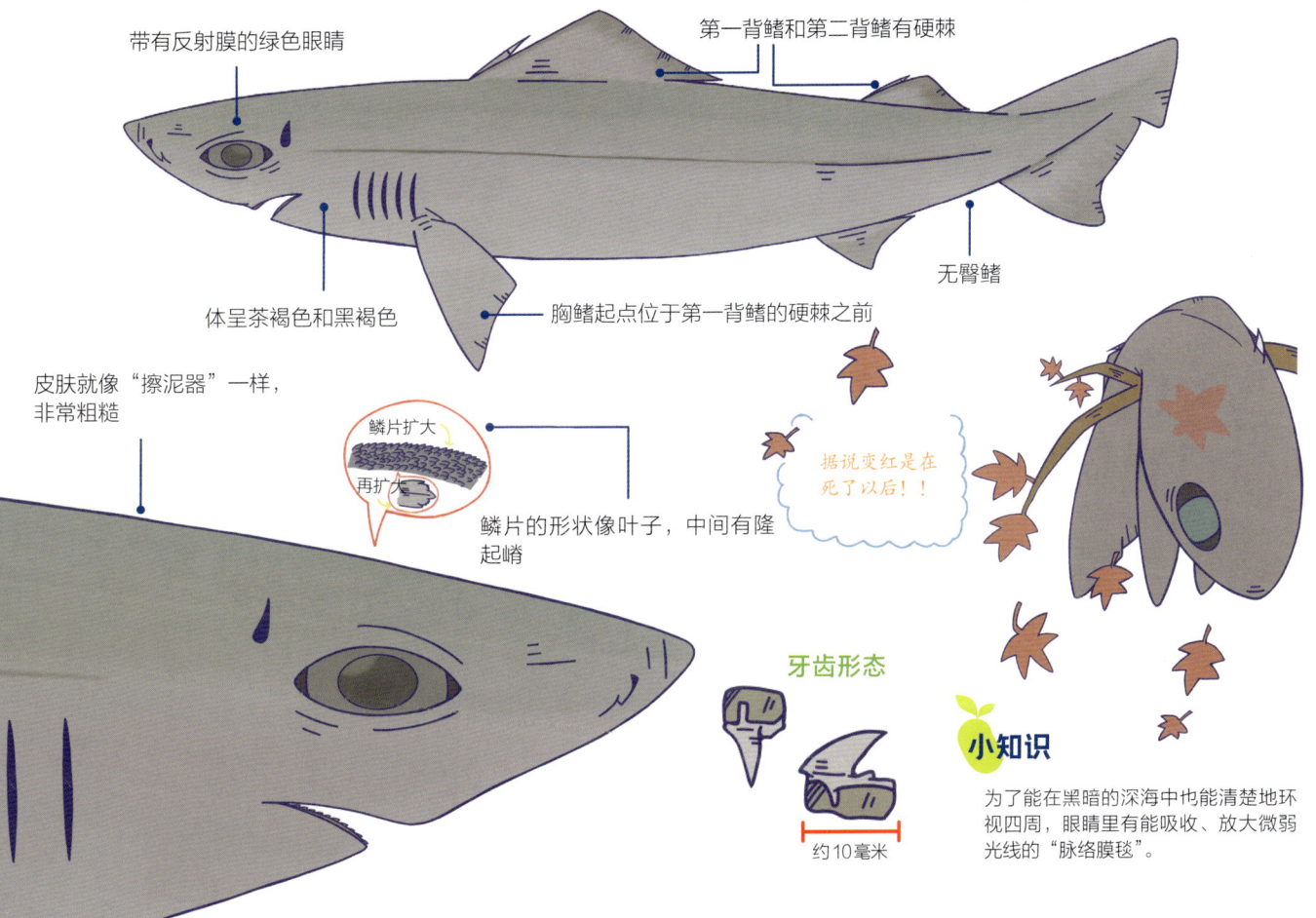

- 带有反射膜的绿色眼睛
- 第一背鳍和第二背鳍有硬棘
- 无臀鳍
- 体呈茶褐色和黑褐色
- 胸鳍起点位于第一背鳍的硬棘之前
- 皮肤就像"擦泥器"一样，非常粗糙
- 鳞片扩大 / 再扩大
- 鳞片的形状像叶子，中间有隆起嵴

据说变红是在死了以后！！

牙齿形态

约10毫米

🍏 **小知识**

为了能在黑暗的深海中也能清楚地环视四周，眼睛里有能吸收、放大微弱光线的"脉络膜毯"。

喙吻田氏鲨

我不是饭勺啊！

Birdbeak dogfish

角鲨目

刺鲨科

Deania calcea

喙吻田氏鲨具有扁平而长的头部。其吻部很长，因此有延伸到头部后方的罗伦氏瓮。吻部的软骨形态奇特。它与粗吻田氏鲨（第234页）非常相似，但其鳞片呈三尖三嵴状且相对较小。此外，它也与猫鲨科的光尾鲨属相似，但光尾鲨属的背鳍前没有硬棘。

裙带菜碎碎念

看着那个扁平的头，我就会想起饭勺。

趣谈

心脏只有人的拇指大。

🦈 生存区域

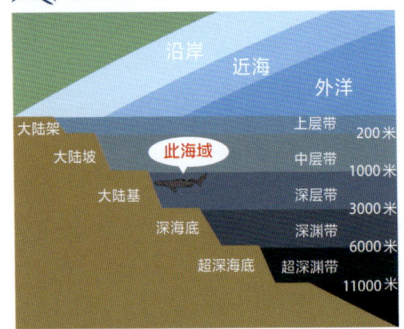

🦈 分布图

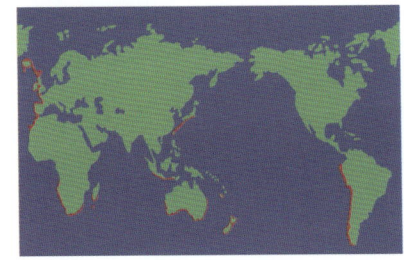

资料
- **全长**：1~1.6米
- **分布**：西太平洋及南太平洋、印度洋、东大西洋
- **生境**：水深60~1500米左右的大陆架和大陆坡海域
- **食性**：硬骨鱼及甲壳类
- **繁殖**：卵胎生。每胎产1~12只幼仔

第 2 章　共115种！世界鲨鱼图鉴

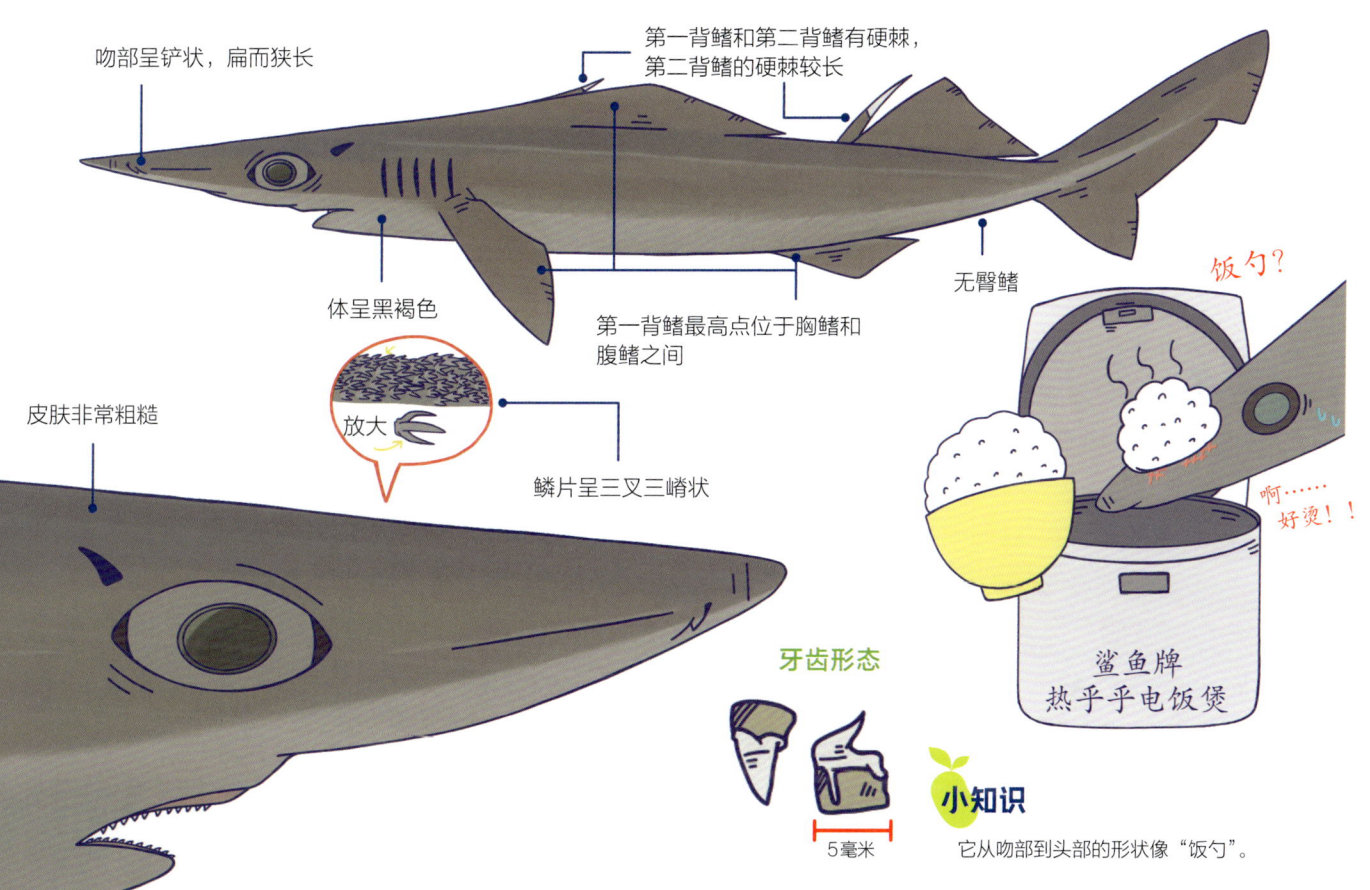

将肉剁成球状吧!

巴西达摩鲨

Cookie cutter shark

角鲨目

铠鲨科

Isistius brasiliensis

巴西达摩鲨体呈筒状。虽然身形娇小，体长只有50厘米左右，但捕食方法很独特，能攻击比自己大好几倍的金枪鱼和鲸类等大型生物，并从其身上挖出3~6厘米的半球状肉块。这和用模具把面团按成曲奇饼很像，所以它们便有"Cookie Cutter Shark"的英文名。

它们的牙齿形状也很独特，上颌齿呈针状，下颌齿呈扁平的三角形，紧密地排列着。

裙带菜碎碎念

捕捞上来的金枪鱼和野生海豚身上偶尔会有圆形的疤痕，这很有可能是被巴西达摩鲨咬过。

趣谈

有报告称，潜艇的橡胶盖上有被巴西达摩鲨咬过的痕迹。

生存区域

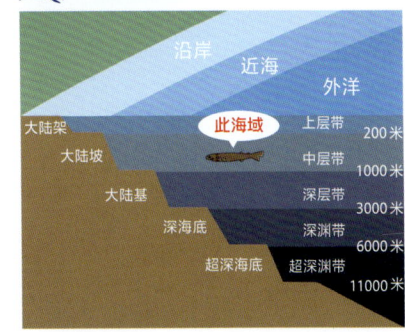

分布图

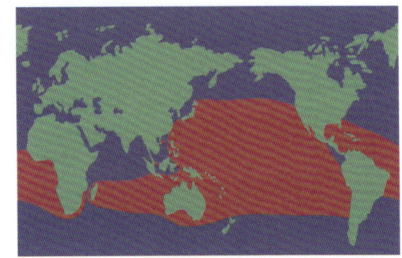

资料
- ●全长：最大55厘米左右
- ●分布：太平洋、印度洋、大西洋
- ●生境：从外洋表层到水深3700米左右的深海海域。多在岛屿附近出没
- ●食性：大型硬骨鱼类、头足类、鲸豚类、软骨鱼类等
- ●繁殖：卵胎生。每胎产6~9条幼仔

第 2 章 共115种！世界鲨鱼图鉴

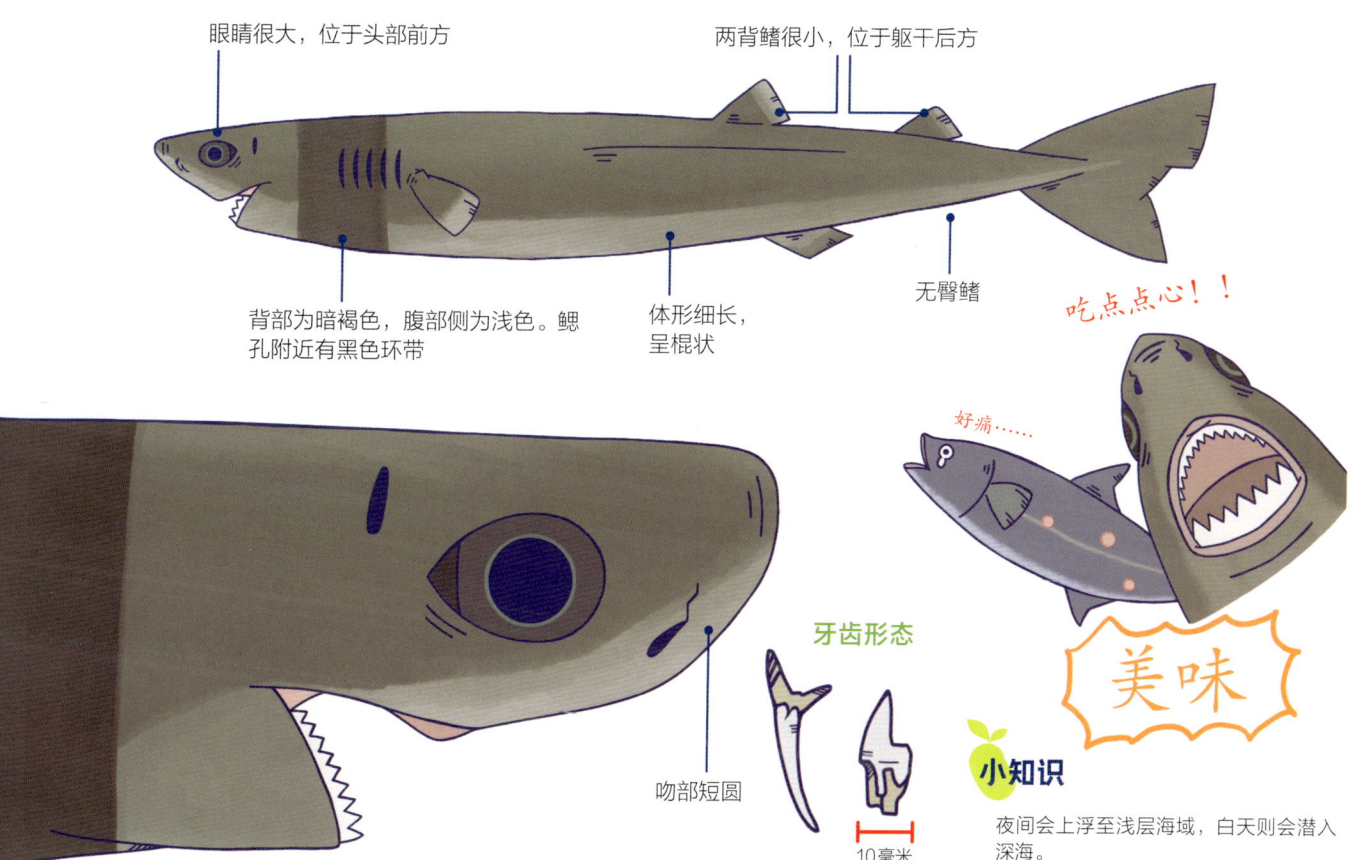

不是只有大个儿才是鲨鱼！

阿里小角鲨

Smalleye pygmy shark

角鲨目

铠鲨科

Squaliolus aliae

阿里小角鲨（阿里拟角鲨）是最小的鲨鱼之一。1959年在中国台湾海域被首度发现，阿里小角鲨全长也只有24厘米。

阿里小角鲨腹侧有发光器官，能实现"发光消影"，从而不被天敌发现。阿里小角鲨会进行昼夜垂直迁移。

裙带菜碎碎念

可以放在掌心的小鲨鱼很可爱。

趣谈

头很长，脸看起来也很长。有时会为了追逐最爱吃的樱花虾而误入渔网。

生存区域

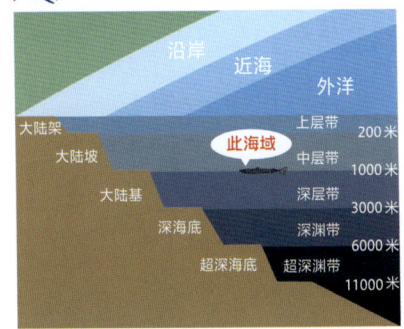

分布图

资料
- 全长：最大24厘米左右
- 分布：从中国台湾到澳大利亚海域
- 生境：水深150米的表层至水深2000米的深层带海域
- 食性：小型硬骨鱼类和虾等甲壳类
- 繁殖：卵胎生

第 2 章 共115种！世界鲨鱼图鉴

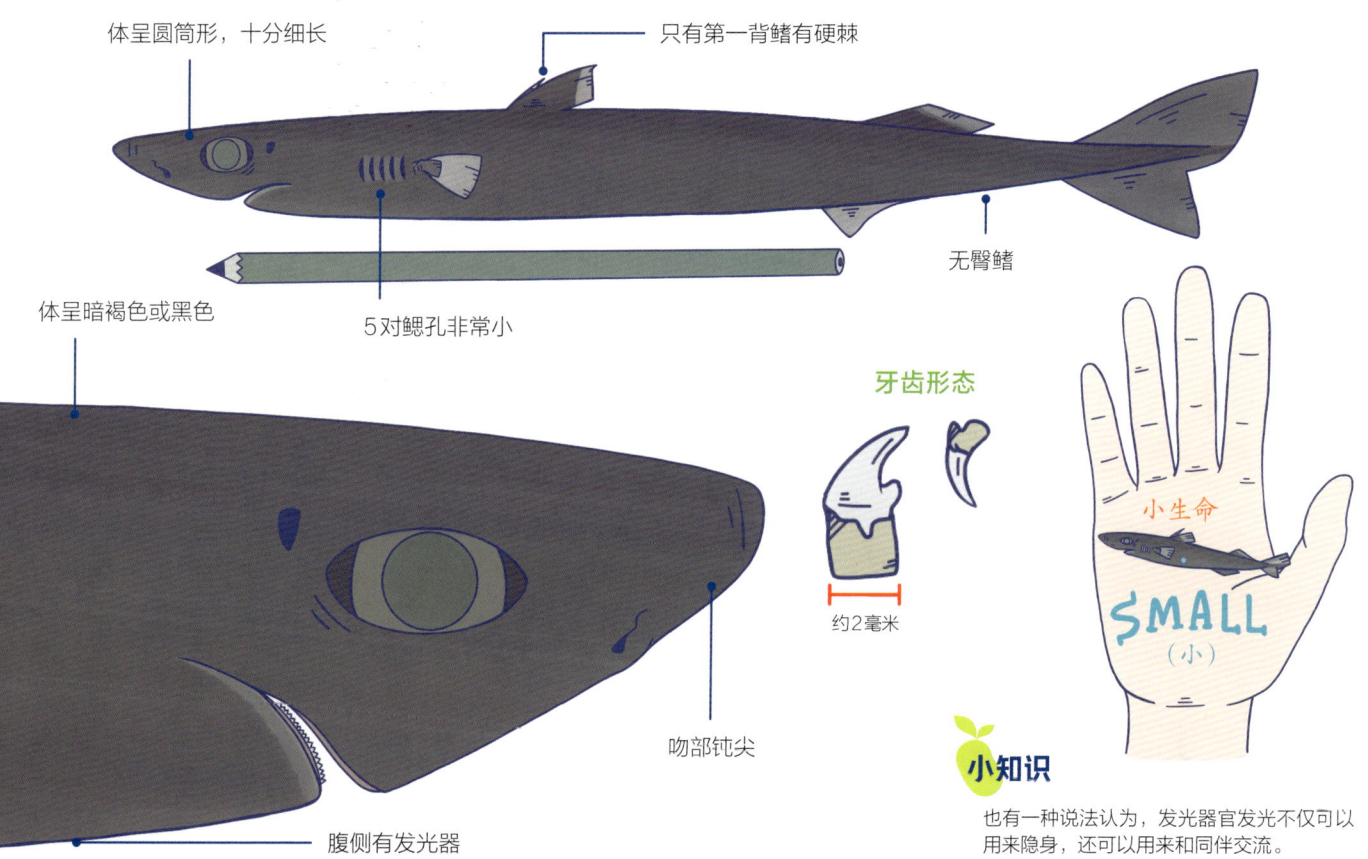

口袋里藏着秘密。

帕氏软鳞鲨
Pocket shark

角鲨目

铠鲨科

Mollisquama parini

1979年被发现的帕氏软鳞鲨，又名口袋鲨，是一种十分罕见的鲨鱼。

与其他鲨鱼不同，帕氏软鳞鲨胸鳍上部有口袋状的分泌腺。这种分泌腺会产生发光液。

帕氏软鳞鲨头部呈圆形，外表有些像抹香鲸。

裙带菜碎碎念
让我看看你的口袋！

趣谈
发光液也被认为是信息素物质。

生存区域
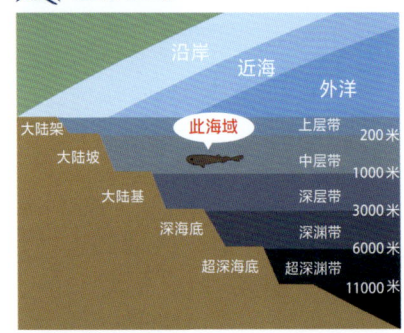

分布图

资料	
●全长：	被发现的最大个体只有40厘米
●分布：	发现于东南太平洋的纳斯卡海岭
●生境：	在水深330米处捕获
●食性：	不明
●繁殖：	可能为卵胎生

第 2 章 共115种！世界鲨鱼图鉴

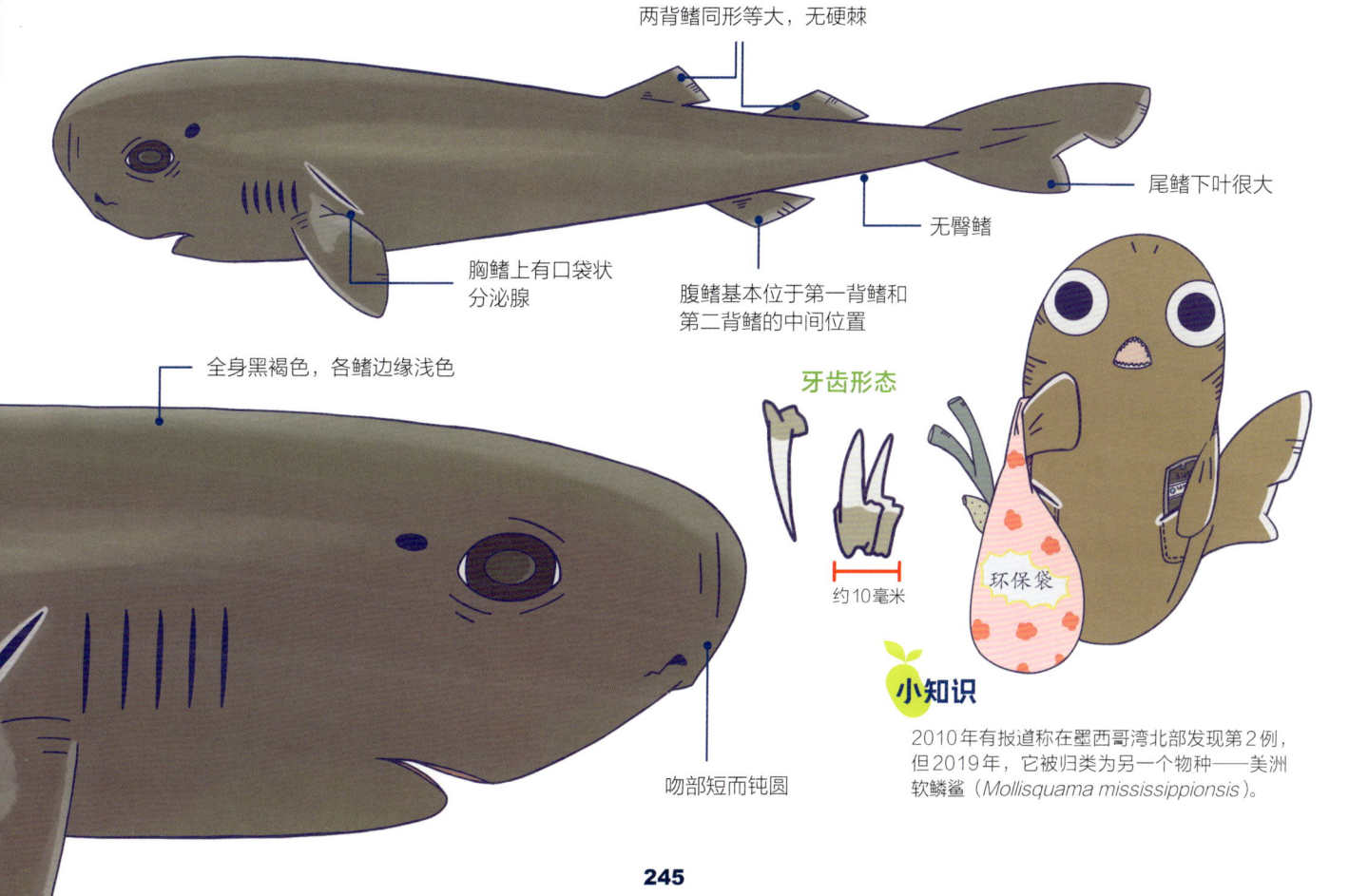

两背鳍同形等大，无硬棘

尾鳍下叶很大

无臀鳍

胸鳍上有口袋状分泌腺

腹鳍基本位于第一背鳍和第二背鳍的中间位置

全身黑褐色，各鳍边缘浅色

牙齿形态

约10毫米

环保袋

吻部短而钝圆

小知识

2010年有报道称在墨西哥湾北部发现第2例，但2019年，它被归类为另一个物种——美洲软鳞鲨（*Mollisquama mississippionsis*）。

用引以为傲的鲨鱼皮，把萝卜和生姜都磨成泥吧？

日本尖背角鲨
Japanese roughshark

角鲨目

尖背角鲨科

Oxynotus japonicus

日本尖背角鲨于1985年在骏河湾首次被发现，是稀有物种。

特点是鼻孔宽大，体表的鳞片比其他鲨鱼更为粗糙，呈"擦泥器"状。

裙带菜碎碎念

傻傻的脸很可爱。圆滚滚的身体是鲨鱼界的"狸猫"。

趣谈

背鳍像"船帆"一样，形状独特。

生存区域

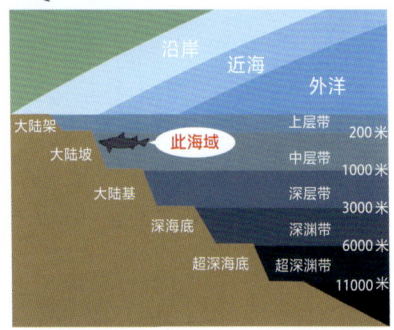

分布图

资料	
●全长：	最大65厘米
●分布：	日本的骏河湾和远州滩、中国台湾东北部
●生境：	栖息在水深225~350米处
●食性：	不明
●繁殖：	卵胎生

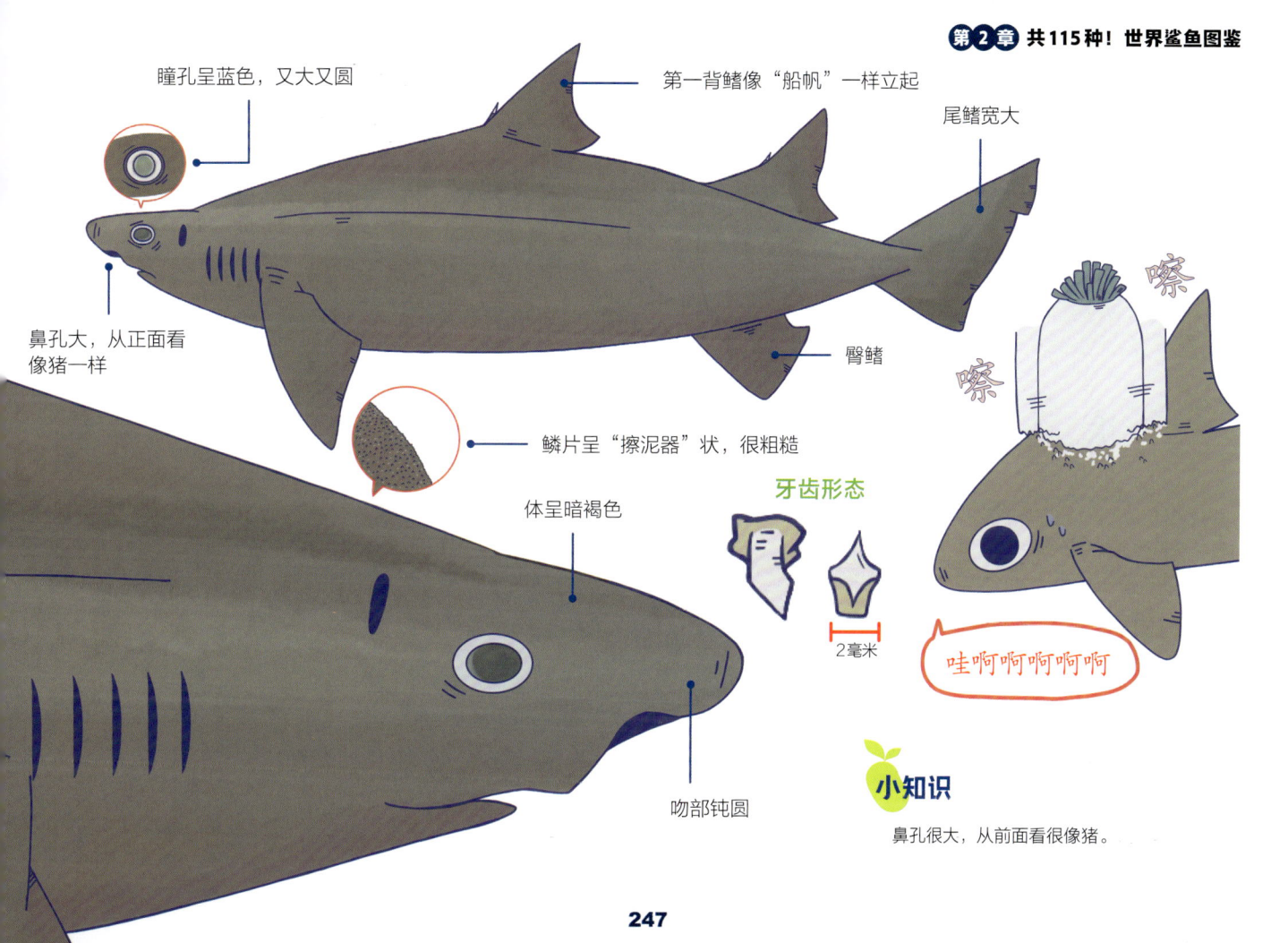

为什么叫这名字?

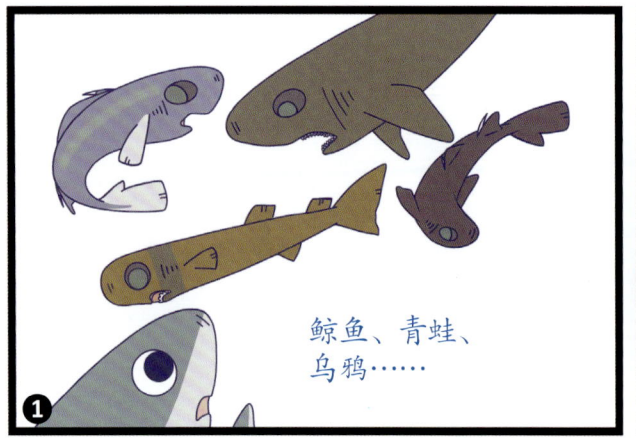

六鳃鲨目

一脸老实，却什么都吃！

灰六鳃鲨

Bluntnose sixgill shark

六鳃鲨目

六鳃鲨科

Hexanchus griseus

大部分的鲨鱼都有5对鳃孔，而灰六鳃鲨则有6对鳃孔，保留了原始鲨鱼的特征。灰六鳃鲨颌部的力量很强，凶猛无比，食性非常广泛。灰六鳃鲨是机会主义者，有时会以沉入海底的鲸尸为食。

裙带菜碎碎念

看似老实的脸和狰狞的行为反差很大。水滴形的眼睛非常时尚。

趣谈

是六鳃鲨科中最大的物种，最长可达5米左右。

生存区域

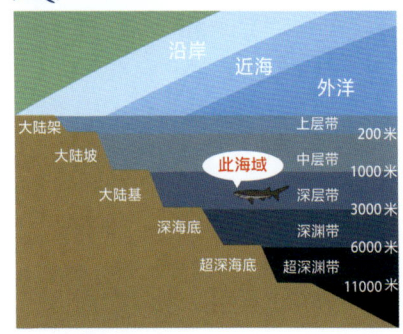

分布图

资料
- **全长**：4~5米
- **分布**：广泛分布于世界各地
- **生境**：全世界水深2000米左右的深海。夜间有时会浮到30米深处
- **食性**：硬骨鱼类、头足类、鲨鱼等软骨鱼类、哺乳类、深海生物等
- **繁殖**：卵胎生。每胎产50~108只幼仔

第 2 章 共115种！世界鲨鱼图鉴

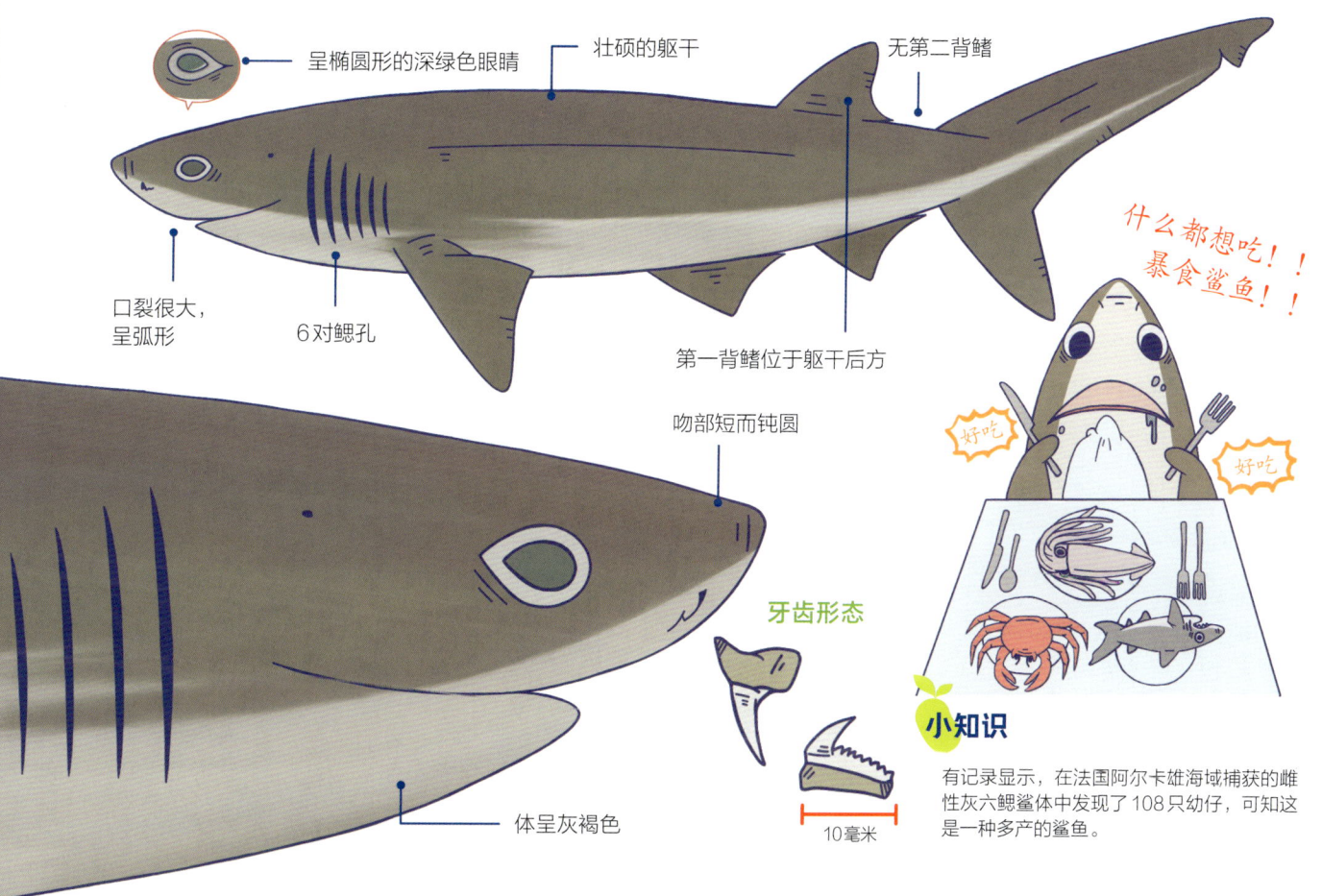

- 呈椭圆形的深绿色眼睛
- 壮硕的躯干
- 无第二背鳍
- 口裂很大，呈弧形
- 6对鳃孔
- 第一背鳍位于躯干后方
- 吻部短而钝圆
- 体呈灰褐色

牙齿形态

10毫米

什么都想吃！！
暴食鲨鱼！！

好吃　好吃

小知识

有记录显示，在法国阿尔卡雄海域捕获的雌性灰六鳃鲨体中发现了108只幼仔，可知这是一种多产的鲨鱼。

不要把我与灰六鳃鲨弄混了噢！
中村氏六鳃鲨
Bigeyed sixgill shark

六鳃鲨目
六鳃鲨科
Hexanchus nakamurai

中村氏六鳃鲨（大眼六鳃鲨）是不常见的物种。它也有6对鳃孔，保留了原始鲨鱼的特征（大部分鲨鱼的鳃孔为5对）。

中村氏六鳃鲨与灰六鳃鲨（第250页）相似，但根据下颌齿数量、背鳍的大小、背鳍到尾鳍的距离等特征可以区分开来。中村氏六鳃鲨下颌左右各有5枚梳状齿，灰六鳃鲨下颌左右各有6枚梳状齿。

裙带菜碎碎念
十分罕见，谜团很多。

趣谈
和灰六鳃鲨一样，平时的动作很慢，但发现猎物时会瞬间加速。

生存区域
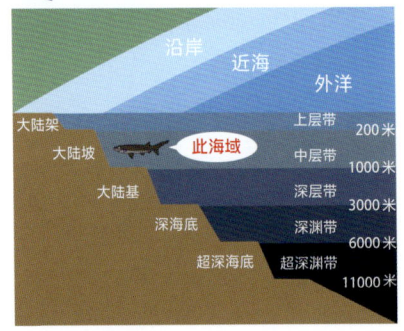

分布图

资料
- ●**全长**：最大1.8米左右
- ●**分布**：西北太平洋、墨西哥湾、加勒比海①、西印度洋等
- ●**生境**：水深100~700米的大陆架和大陆坡底部附近
- ●**食性**：硬骨鱼类和头足类等
- ●**繁殖**：卵胎生。每胎产13~26只幼仔

① 2018年，墨西哥湾及加勒比海的"中村氏六鳃鲨"被证实为一独立物种，即小六鳃鲨（*Hexanchus vitulus*）。——编者注

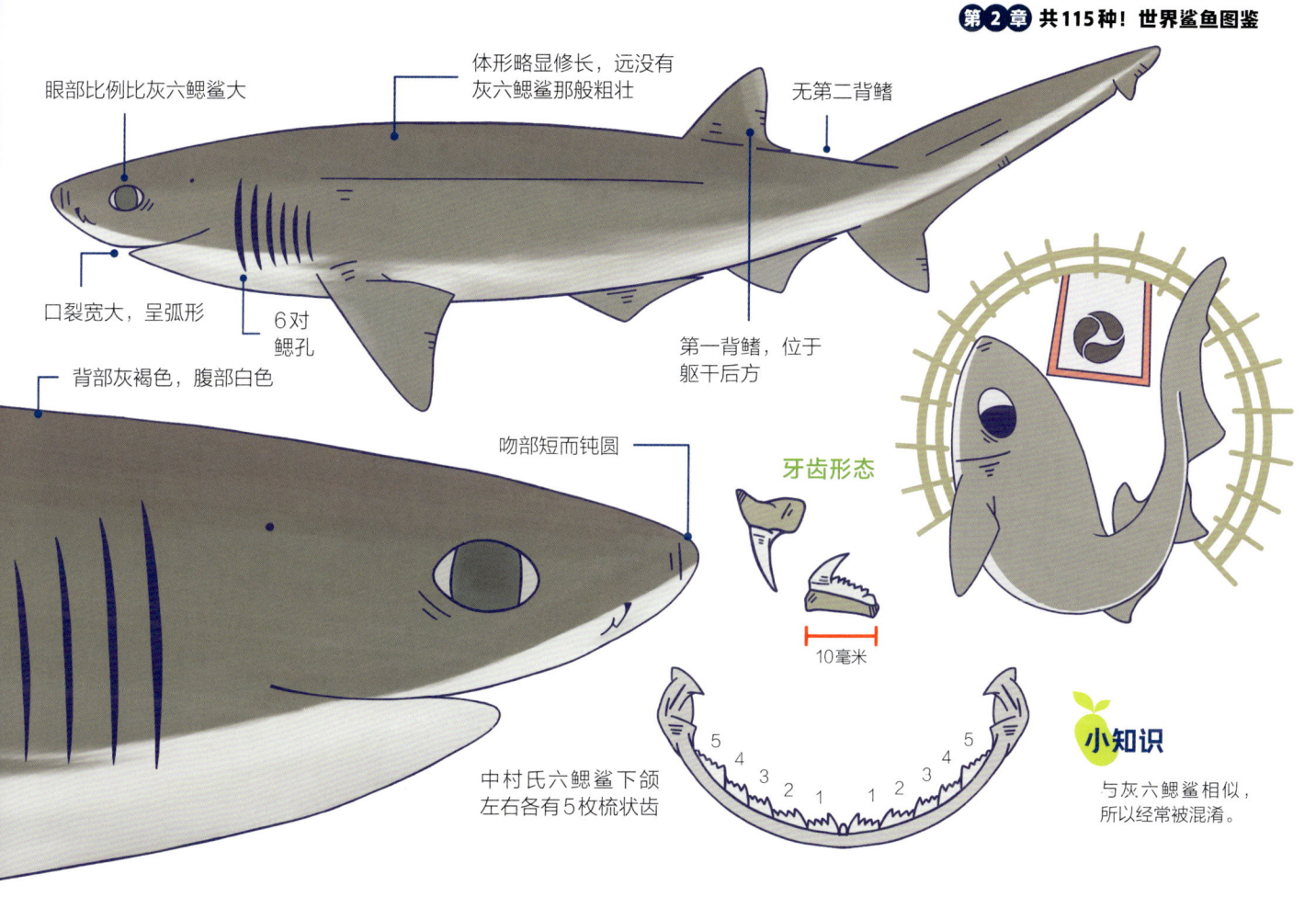

拥有7对鳃孔。

扁头哈那鲨
Broadnose sevengill shark

六鳃鲨目

六鳃鲨科

Notorynchus cepedianus

扁头哈那鲨有7对鳃孔。鳃孔宽度由前向后依次减小。平时通常单独行动，但遇到大型猎物时会成群结队追捕。六鳃鲨目的大部分物种都生活在深海，而扁头哈那鲨则生活在相对较浅的水域。

裙带菜碎碎念
微微咧开的笑脸十分可爱。

趣谈
它的名字如此吉祥①，我不由自主双手合十膜拜。

生存区域
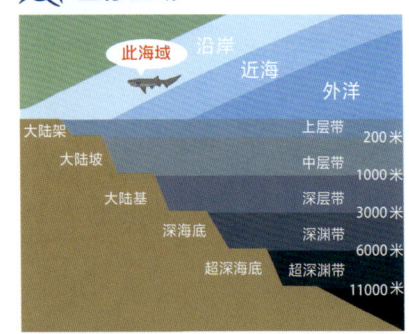

分布图
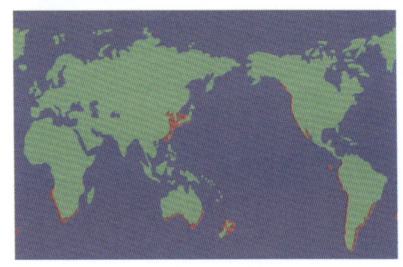

---
① 在日文中，扁头哈那鲨被称为"惠比寿鲛"。

资料
- ●全长：2~3米左右
- ●分布：除北大西洋以外的亚热带至温带海域
- ●生境：水深50米以内的海洋表层。大型个体可以潜入500米左右的中层带
- ●食性：哺乳类、硬骨鱼类、鲨鱼等软骨鱼类等
- ●繁殖：卵胎生。每胎产67~104只幼仔

第 2 章　共115种！世界鲨鱼图鉴

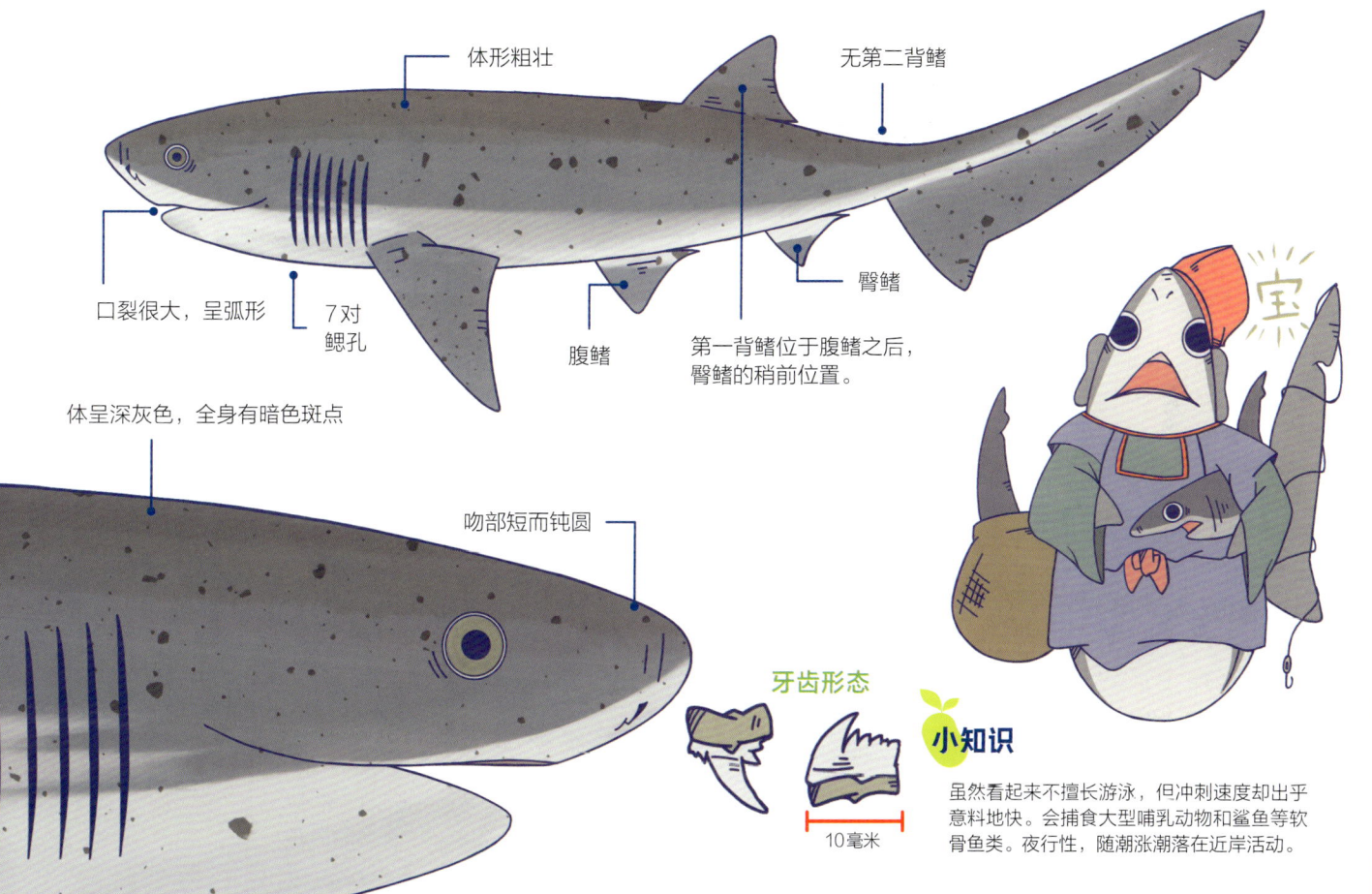

- 体形粗壮
- 无第二背鳍
- 口裂很大，呈弧形
- 7对鳃孔
- 腹鳍
- 臀鳍
- 第一背鳍位于腹鳍之后，臀鳍的稍前位置。
- 体呈深灰色，全身有暗色斑点
- 吻部短而钝圆

牙齿形态

10毫米

小知识

虽然看起来不擅长游泳，但冲刺速度却出乎意料地快。会捕食大型哺乳动物和鲨鱼等软骨鱼类。夜行性，随潮涨潮落在近岸活动。

鲨鱼界的"江户哥儿①"是深海传奇。

尖吻七鳃鲨

Sharpnose sevengill shark

六鳃鲨目

六鳃鲨科

Heptranchias perlo

尖吻七鳃鲨也有7对鳃孔。拥有7对鳃孔的鲨鱼只有尖吻七鳃鲨和扁头哈那鲨（第254页）两种。尖吻七鳃鲨吻部尖锐，因而得此名。

裙带菜碎碎念

矫健的身体非常性感。大眼睛细长，是个"美人"。

趣谈

因为脾气暴躁，所以也被渔夫形容为"猛扑"。

生存区域

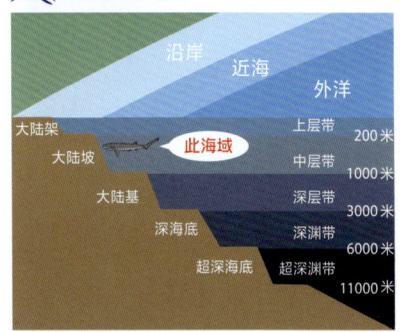

分布图

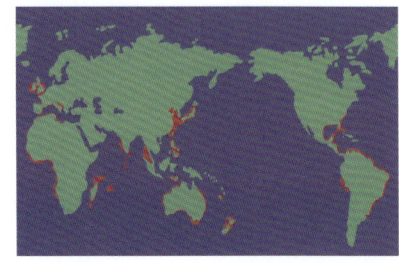

---

① 在日语中尖吻七鳃鲨被称作江户油鲛。——编者注

资料
- **全长：** 1~1.4米
- **分布：** 除了太平洋东北部之外，几乎遍及全世界的温暖海域
- **生境：** 水深300~1000米的大陆架至大陆坡的深海海域
- **食性：** 硬骨鱼类，乌贼、章鱼等头足类，鲨鱼等软骨鱼类
- **繁殖：** 卵胎生。每胎产20只左右幼仔

第 2 章 共115种！世界鲨鱼图鉴

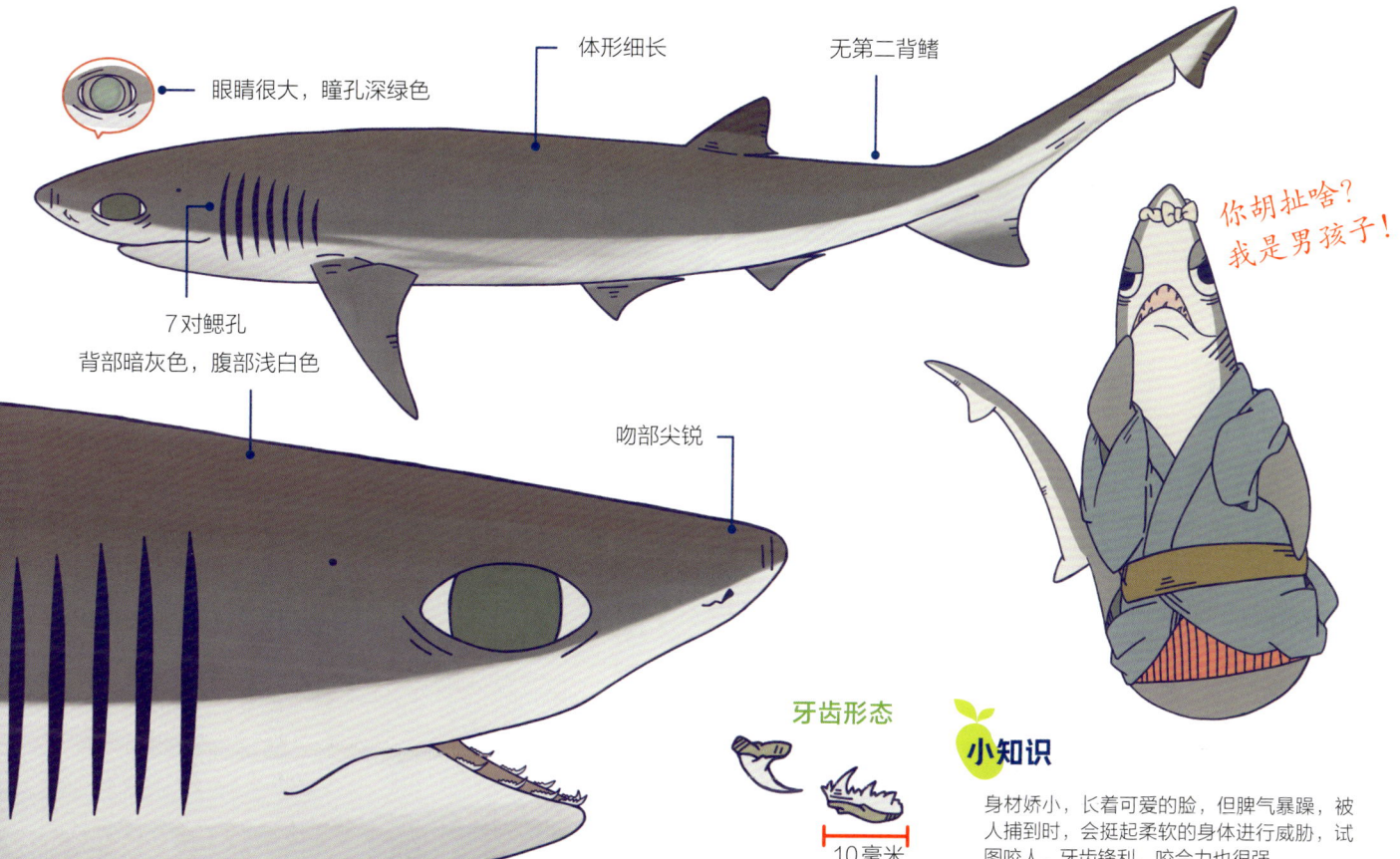

- 眼睛很大，瞳孔深绿色
- 体形细长
- 无第二背鳍
- 7对鳃孔
- 背部暗灰色，腹部浅白色
- 吻部尖锐

牙齿形态

10毫米

你胡扯啥？我是男孩子！

小知识

身材娇小，长着可爱的脸，但脾气暴躁，被人捕到时，会挺起柔软的身体进行威胁，试图咬人。牙齿锋利，咬合力也很强。

褶边很可爱，有个性！
皱鳃鲨
Frilled shark

六鳃鲨目
皱鳃鲨科
Chlamydoselachus anguineus

皱鳃鲨因其保留原始鲨鱼的特征而被称为"活化石"。其身体格外细长，故也被称作"拟鳗鲛"。

牙齿呈三叉状，有300颗左右。其上颌与脑颅固定较紧密，所以不能像现代的鲨鱼那样向前方伸颌部，也不擅长咀嚼。游动能力差。妊娠期为3年左右。

裙带菜碎碎念
皱鳃鲨被认为与古代软骨鱼"镰鳍鲛"（第282页）相似。

趣谈
不擅长游泳，因此如何捕食游泳速度很快的枪乌贼是个谜。

🦈 生存区域
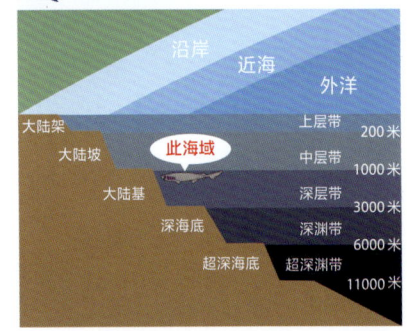

🦈 分布图

资料	
●全长：	1.5~2米
●分布：	从太平洋、印度洋、大西洋海域
●生境：	水深50~1500米的大陆架和大陆坡海域
●食性：	深海硬骨鱼类、头足类等
●繁殖：	卵胎生。每胎产2~15条幼仔

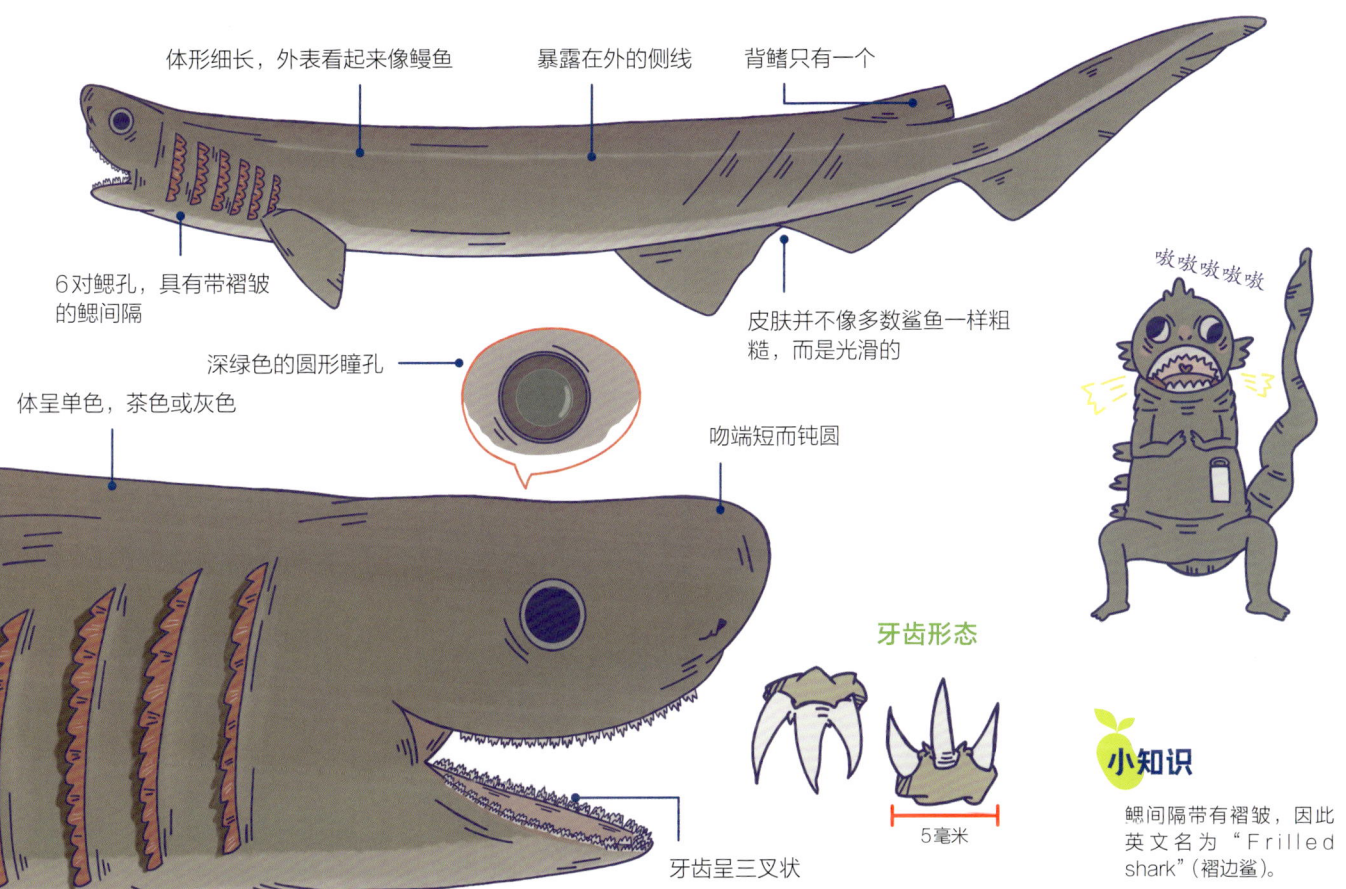

稀有角色的从容

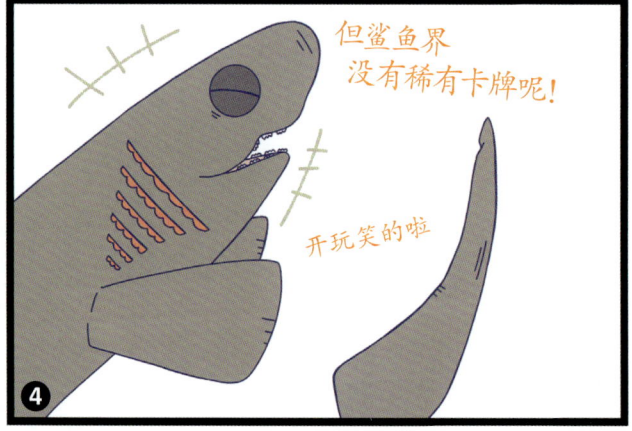

棘鲨目

棘鲨
Bramble shark

这个"菊花纹"没有吸引你的眼球吗？

棘鲨目

棘鲨科

Echinorhinus brucus

棘鲨身上散布着像菊花一样的笠状盾鳞，因此英文名中有"Bramble"一词，意思是"荆棘"。

棘鲨科的笠鳞棘鲨（第264页）也有菊花形的笠状盾鳞，但不像棘鲨那么显眼。此外，棘鲨身上还覆盖着一层散发恶臭的黏液。

裙带菜碎碎念

它是奇特而有个性的。我想摸一下它的身体，也想闻一下它的气味。

趣谈

差不多10个基板组合粘在一起，形成一个盾鳞。

生存区域

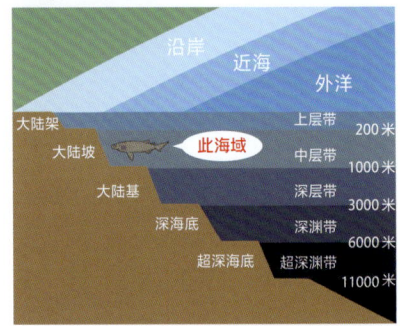

分布图

资料
- **全长**：最大约4米
- **分布**：除东太平洋以外的热带及温带海域
- **生境**：水深400~900米的大陆架和大陆坡海域
- **食性**：软骨鱼类、硬骨鱼类、头足类、甲壳类等
- **繁殖**：卵胎生。估计能产15~26只幼仔

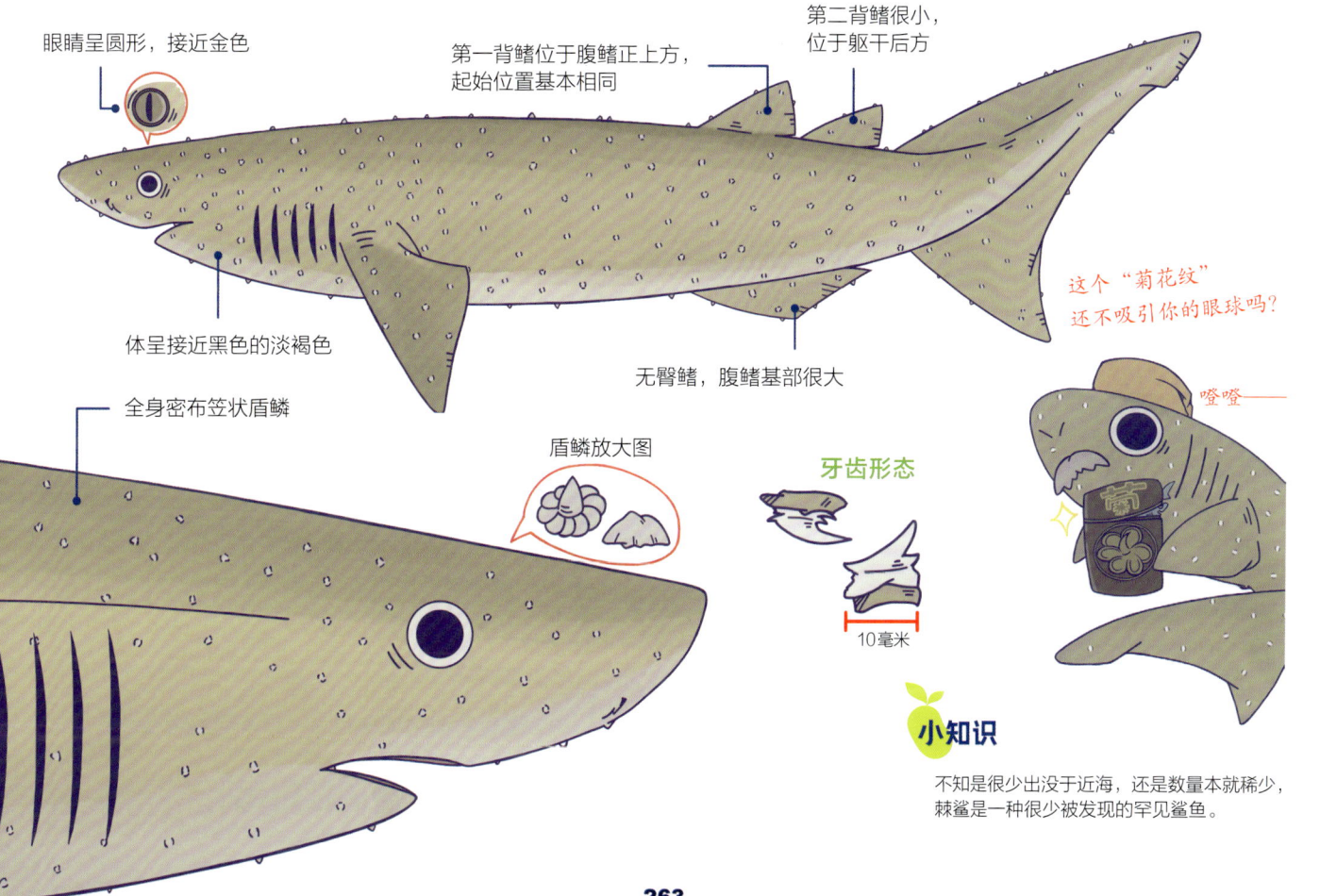

仔细一看，小小的"菊花纹"盛开。

笠鳞棘鲨

Prickly shark

棘鲨目

棘鲨科

Echinorhinus cookei

笠鳞棘鲨，又名库氏棘鲨，和棘鲨一样，身体上有很多菊花状的盾鳞，但形态略有不同。与棘鲨肉眼可见的大盾鳞相比，笠鳞棘鲨的盾鳞较小，直径最大只有4毫米左右，用肉眼很难分辨。笠鳞棘鲨要更大，其侧线也更明显。

裙带菜碎碎念

我只在水族馆的特别展览上看过标本。

趣谈

笠鳞棘鲨比棘鲨还要稀少。对它的生物学特征还不太了解。

生存区域

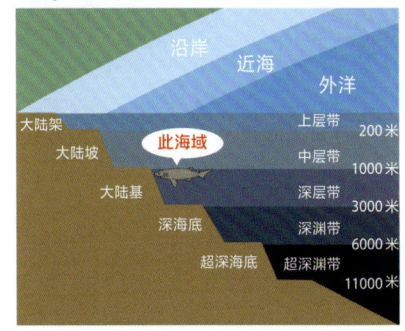

分布图

资料
- **全长**：最大3~4.5米
- **分布**：太平洋的热带及温带海域等
- **生境**：从浅海到水深超过1000米的大陆架和大陆坡底部附近
- **食性**：软骨鱼类、硬骨鱼类、头足类、甲壳类等
- **繁殖**：卵胎生。每胎产100多只幼仔

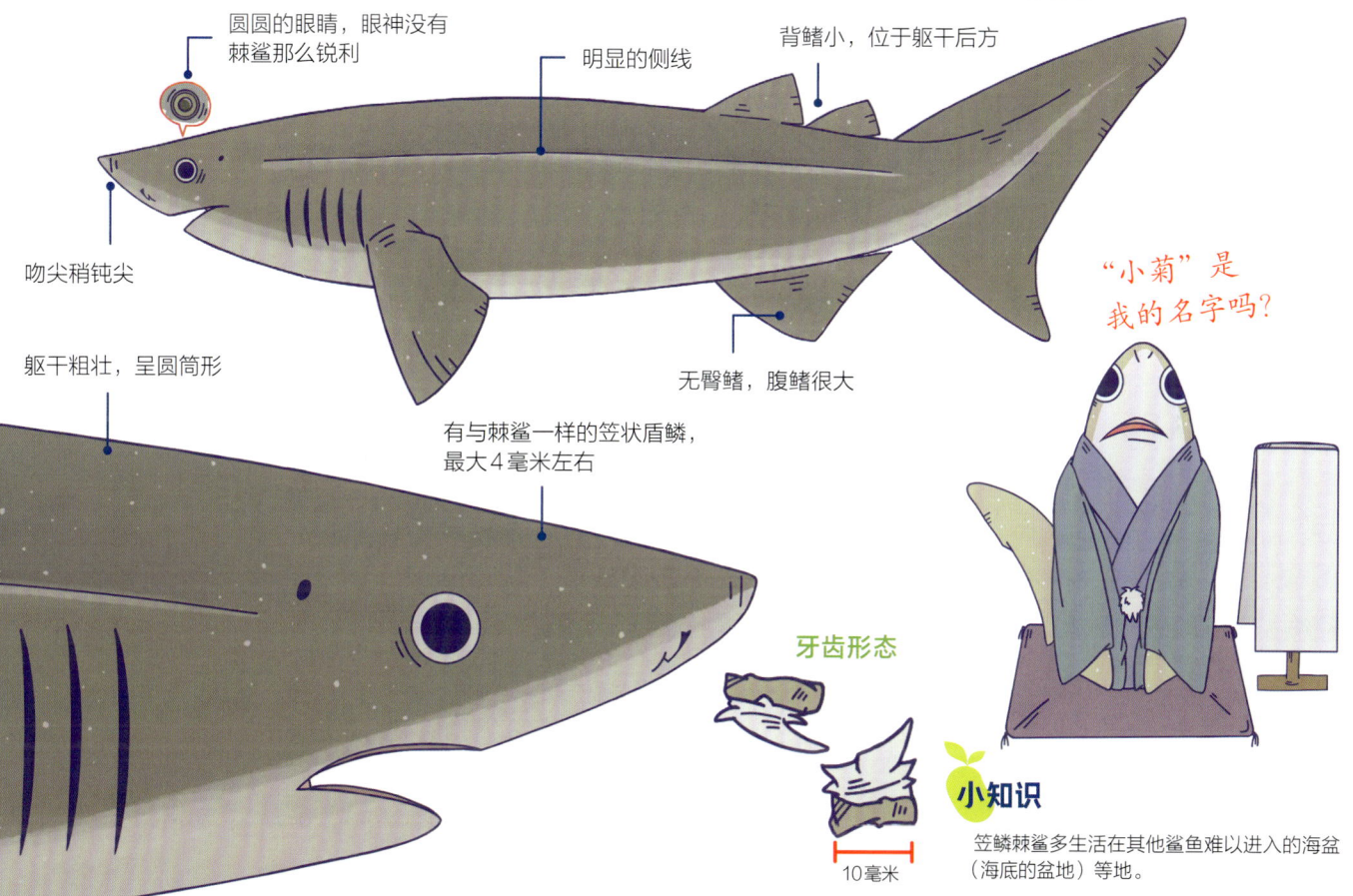

看错

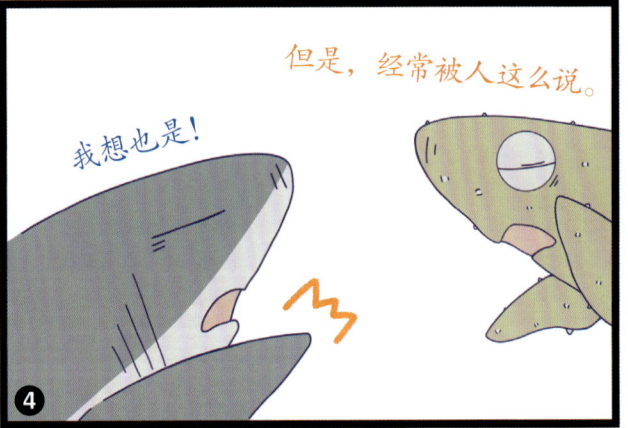

锯鲨目

日本锯鲨

不是锯刀！！

Japanese sawshark

锯鲨目

锯鲨科

Pristiophorus japonicus

锯鲨的吻呈锯状，约占全长的四分之一，上面长着很多吻齿。"锯子"上的罗伦氏瓮非常发达，利用吻锯和皮须可以在沙子中寻找猎物。皮须还可以感知水流等。"吻锯"不是用来切断猎物，而是用来挖沙或按住猎物的。如果感受到威胁，它们也会将吻锯作为防卫"武器"挥舞。

裙带菜碎碎念

它如果在水族馆的水槽内挥动锯子，好像会不小心撞到其他的鱼。

趣谈

吻锯在母体的时候就已长成，但锯吻齿并未长出，以避免伤到母体。

生存区域

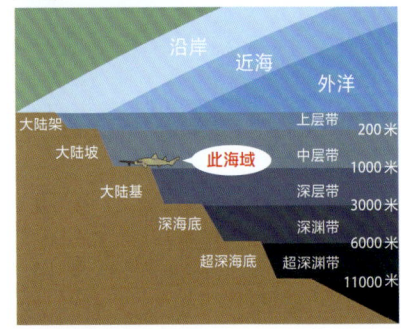

分布图

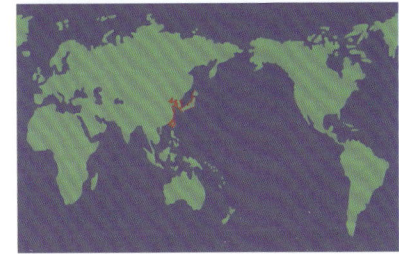

资料
- **全长：** 最大1.5米左右
- **分布：** 中国黄海、东海、南海，朝鲜半岛，日本南部等
- **生境：** 从浅海到1250米左右的大陆架和大陆坡海域
- **食性：** 虾等甲壳类和小型硬骨鱼类等
- **繁殖：** 卵胎生。每胎产10条左右幼仔

第 2 章 共115种！世界鲨鱼图鉴

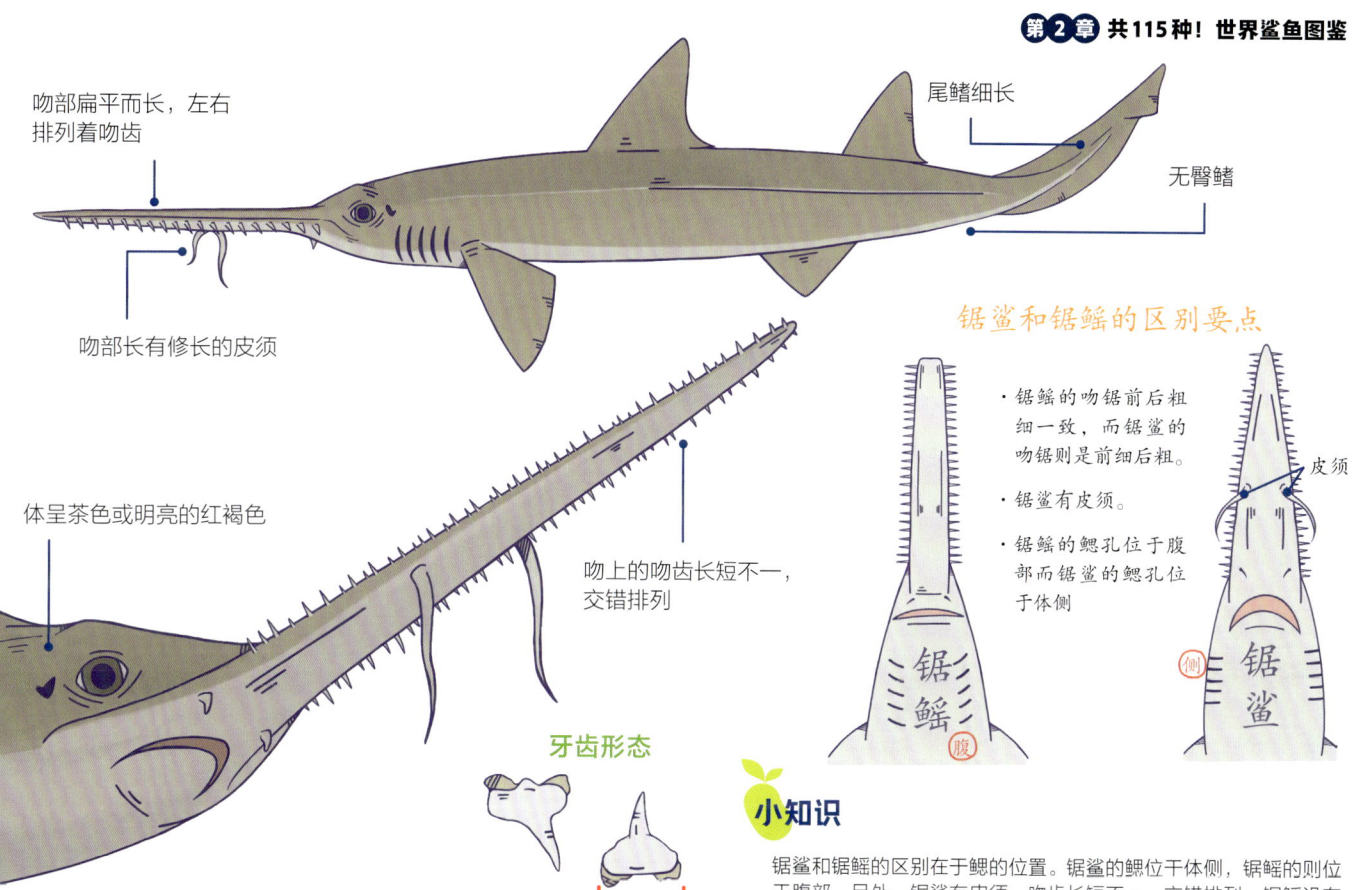

- 吻部扁平而长，左右排列着吻齿
- 尾鳍细长
- 无臀鳍
- 吻部长有修长的皮须
- 体呈茶色或明亮的红褐色
- 吻上的吻齿长短不一，交错排列

锯鲨和锯鳐的区别要点

- 锯鳐的吻锯前后粗细一致，而锯鲨的吻锯则是前细后粗。
- 锯鲨有皮须。
- 锯鳐的鳃孔位于腹部而锯鲨的鳃孔位于体侧

皮须

锯鳐（腹）　锯鲨（侧）

牙齿形态

约2毫米

小知识

锯鲨和锯鳐的区别在于鳃的位置。锯鲨的鳃位于体侧，锯鳐的则位于腹部。另外，锯鲨有皮须，吻齿长短不一，交错排列。锯鳐没有皮须，吻齿长度固定且均匀排列。

多开一对鳃孔。

瓦氏六鳃锯鲨
Sixgill sawshark

锯鲨目

锯鲨科

Pliotrema warreni

瓦氏六鳃锯鲨与其他多数锯鲨不同，其特征是有6对鳃孔。

锯状的吻部下方具有皮须，可用于挖沙、按住猎物、充当防御手段。细密的吻齿一直排列至头侧。

裙带菜碎碎念

光是"吻锯"就有很大的冲击力。

趣谈

锯齿状的吻齿长度不一。

🦈 生存区域

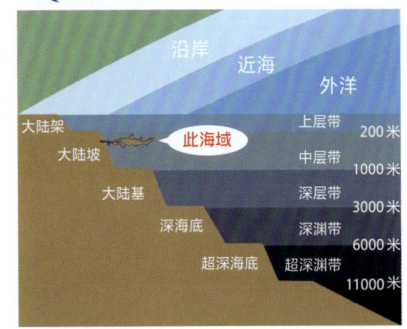

🦈 分布图

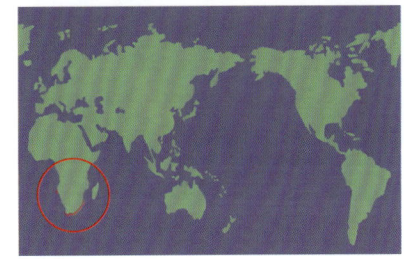

资料
- ●**全长**：最大1.4米左右
- ●**分布**：南非附近、印度洋亚热带至温带海域等
- ●**生境**：水深35~500米的浅海、大陆架、大陆坡等海域
- ●**食性**：虾等甲壳类和小型硬骨鱼类等
- ●**繁殖**：卵胎生，每胎可产5~17条幼仔

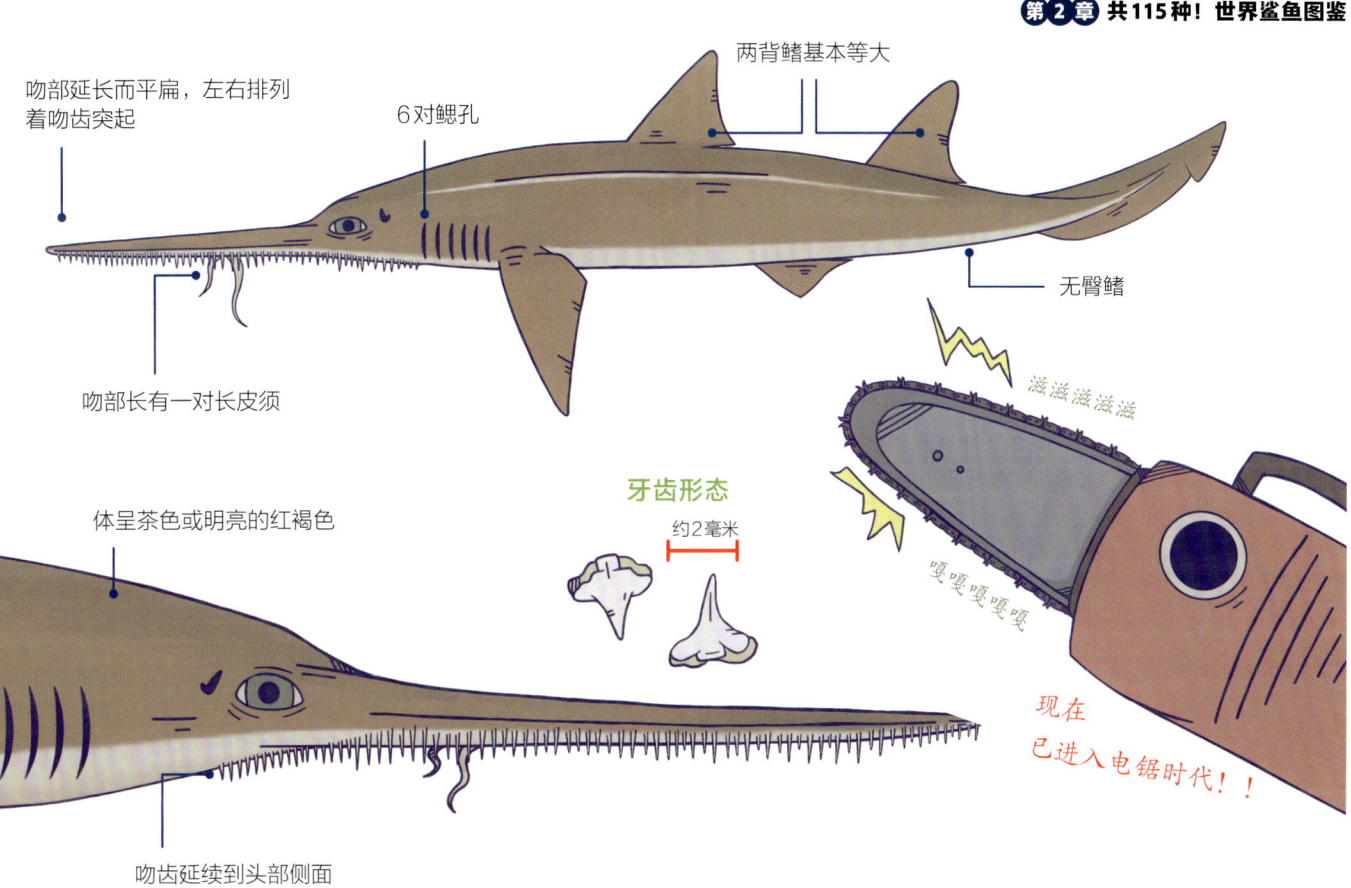

似是而非

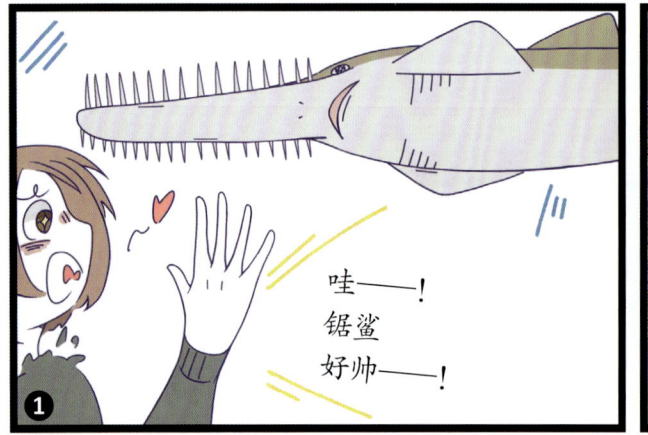

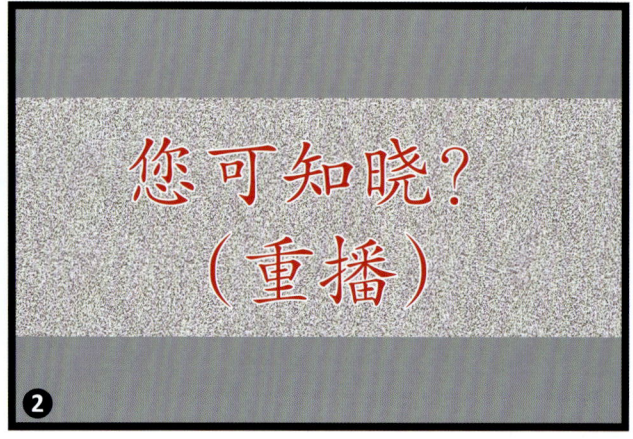

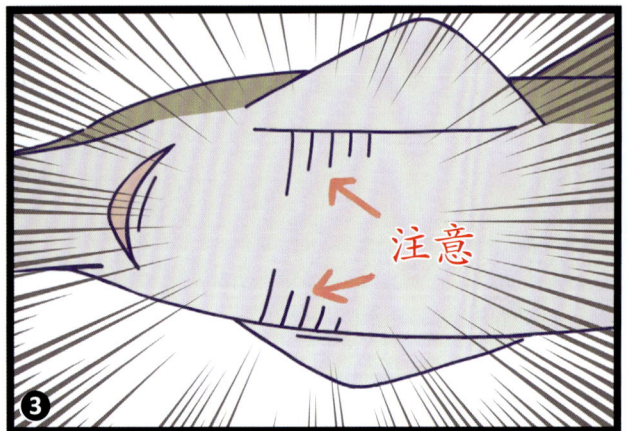

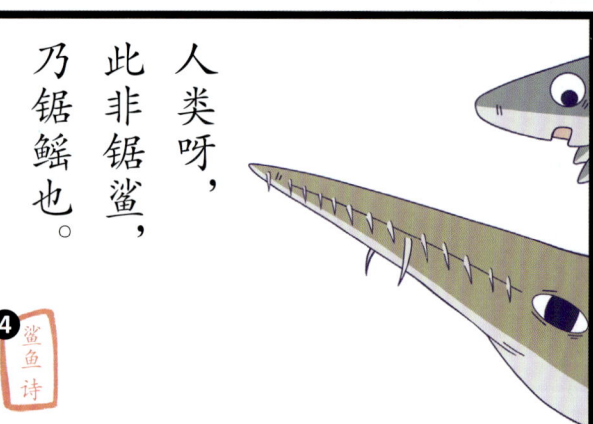

扁鲨目

外表是鳐鱼，内在是鲨鱼，实际是"天使"！？

日本扁鲨
Japanese angelshark

扁鲨目

扁鲨科

Squatina japonica

日本扁鲨长得像鳐鱼，其体形扁平，胸鳍和腹鳍宽大。口裂位于身体的前端。与鳐鱼不同，它的头部和胸鳍是互不相连的，鳃孔位于身体侧面。

日本扁鲨白天蛰状于海床的泥沙中一动不动，但一旦猎物进入其捕食范围，就会迅速发动攻击捕获猎物。

为了伏在海床时也能呼吸，它们会将排水孔露出沙地。

裙带菜碎碎念

在水族馆，日本扁鲨经常潜入沙里，所以大家请注意展缸底部。

趣谈

因为胸鳍和腹鳍看起来像"天使的翅膀"，所以被称为"天使鲨"。

🐟 生存区域

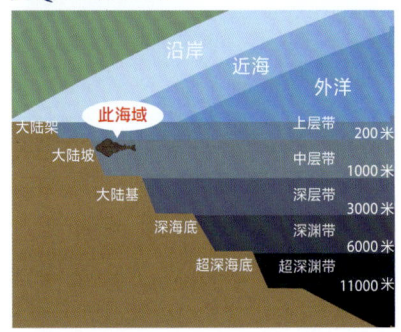

🐟 分布图

资料	
● 全长：	1.5~2米
● 分布：	中国黄海、东海、台湾东北部海域、日本附近海域
● 生境：	水深达320米左右的大陆坡海域
● 食性：	底栖性硬骨鱼类、乌贼等头足类、甲壳类、贝类等
● 繁殖：	卵胎生

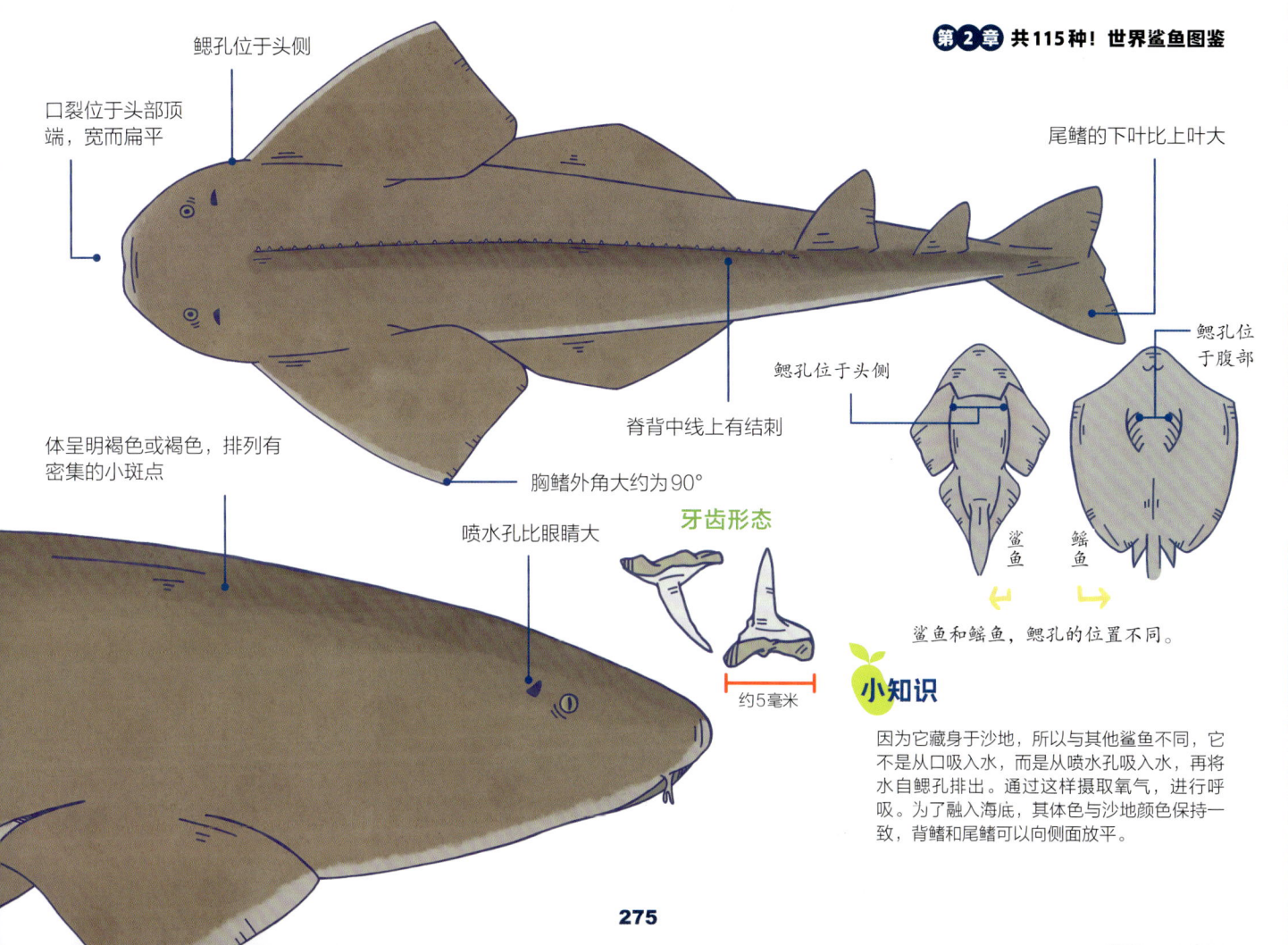

你是谁？

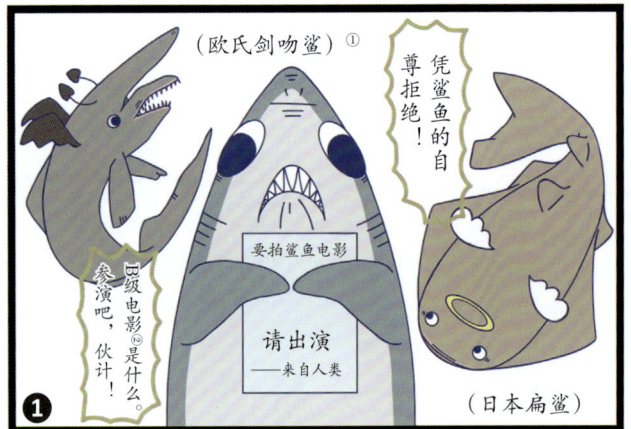

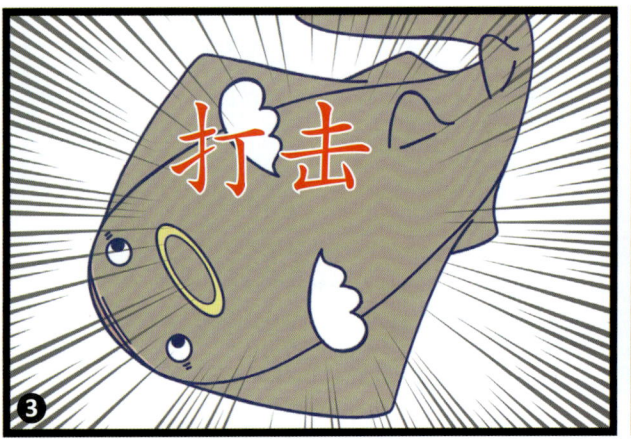

① 左侧的欧氏剑吻鲨也被称作"魔鬼鲨"，在这里与"天使鲨"对应。——编者注
② B级电影，指低预算、拍摄时间短、限定时间上映的电影。——译者注

第 3 章

10种古代鲨鱼[①]
历史比人类还长

[①] 这里的"鲨鱼"并非全部为狭义上的鲨鱼(即新鲨类)。——编者注

泥盆纪（古生代）

异棘鲛

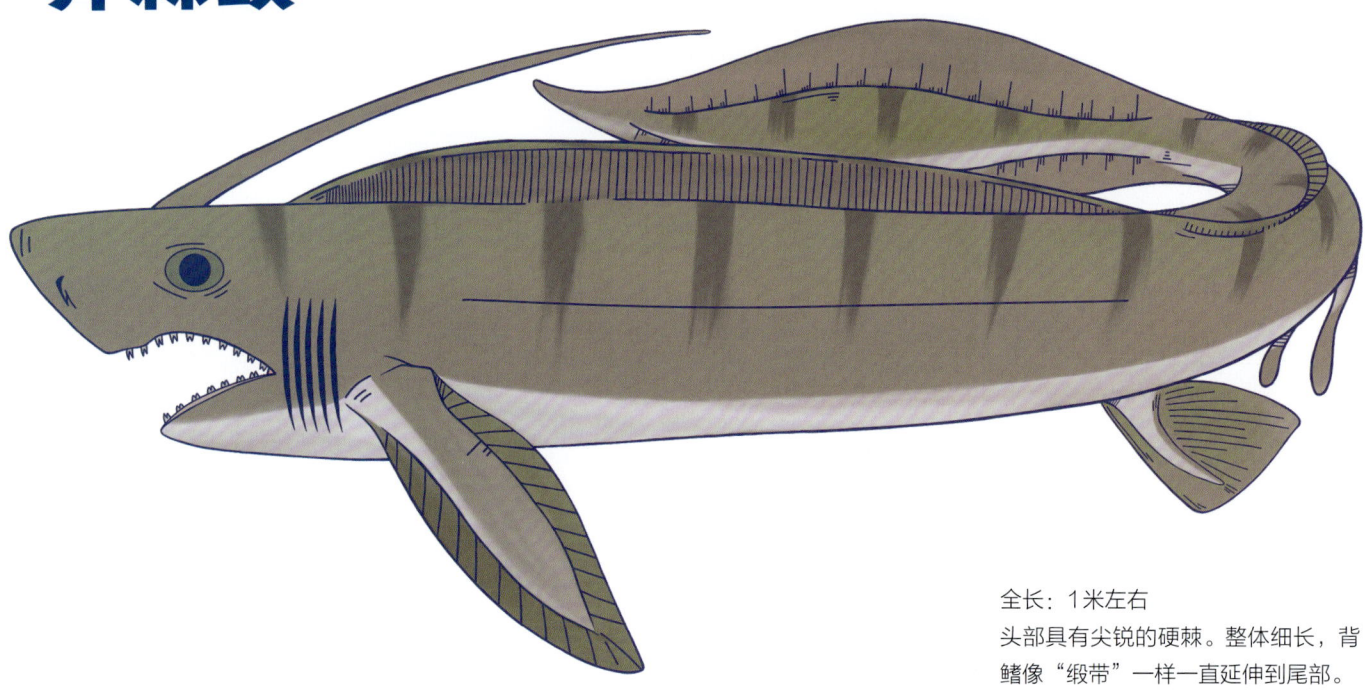

全长：1米左右
头部具有尖锐的硬棘。整体细长，背鳍像"缎带"一样一直延伸到尾部。

第 3 章 10种古代鲨鱼

泥盆纪（古生代）
裂口鲨

全长：2米左右
一种古老的软骨鱼类但形态与现代鲨鱼非常相似。不过，它是否与现代鲨鱼有直系关系，还有争议。

石炭纪（古生代）

熨鳍鲛

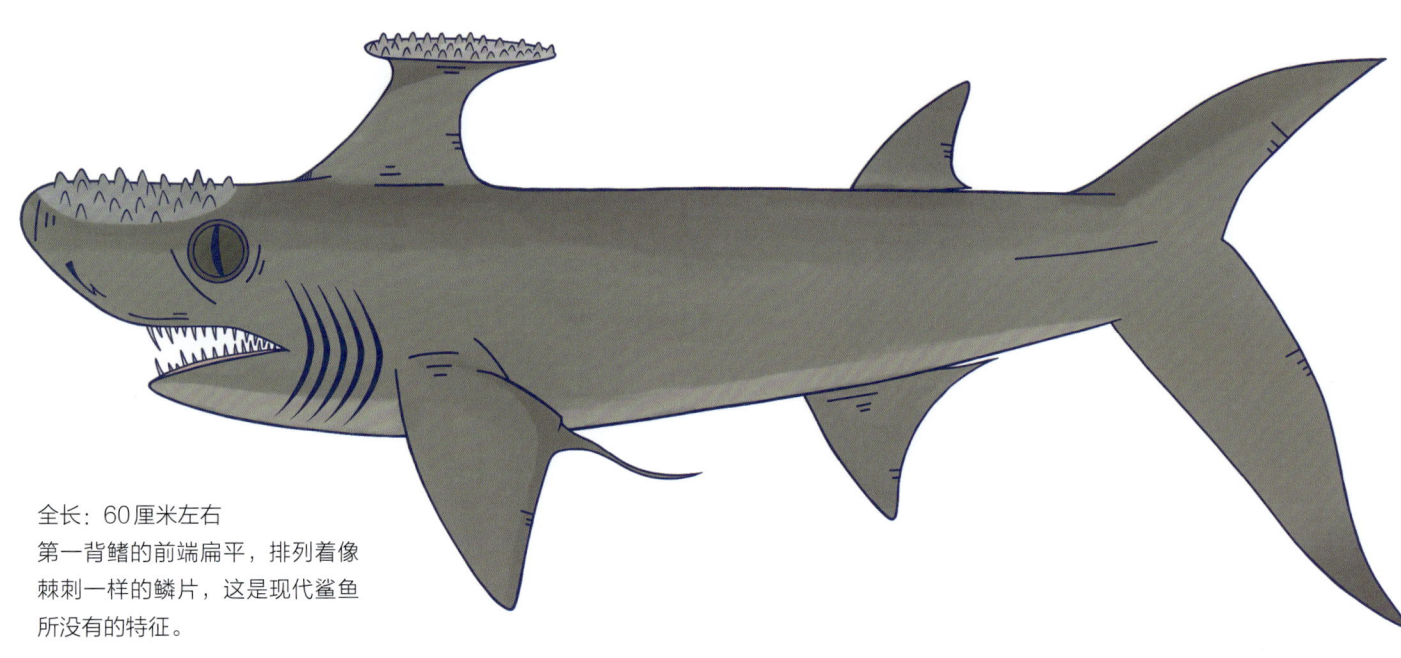

全长：60厘米左右
第一背鳍的前端扁平，排列着像棘刺一样的鳞片，这是现代鲨鱼所没有的特征。

石炭纪（古生代）

剪齿鲛

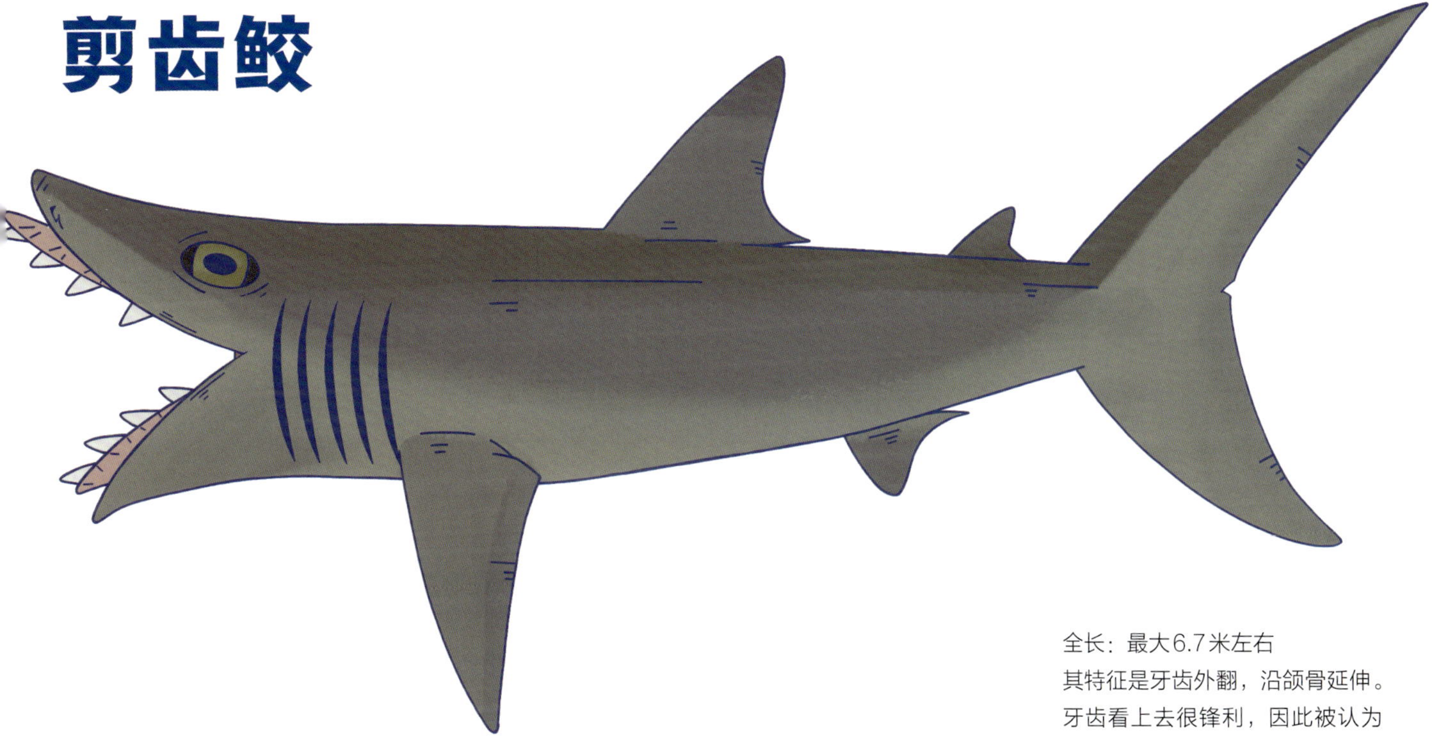

全长：最大6.7米左右
其特征是牙齿外翻，沿颌骨延伸。牙齿看上去很锋利，因此被认为是掠食性鱼类。

石炭纪（古生代）

镰鳍鲛

全长：30厘米左右
头部长着长长的突起，前端长着无数的棘。
但雌性镰鳍鲛没有突起。

二叠纪（古生代）
旋齿鲛

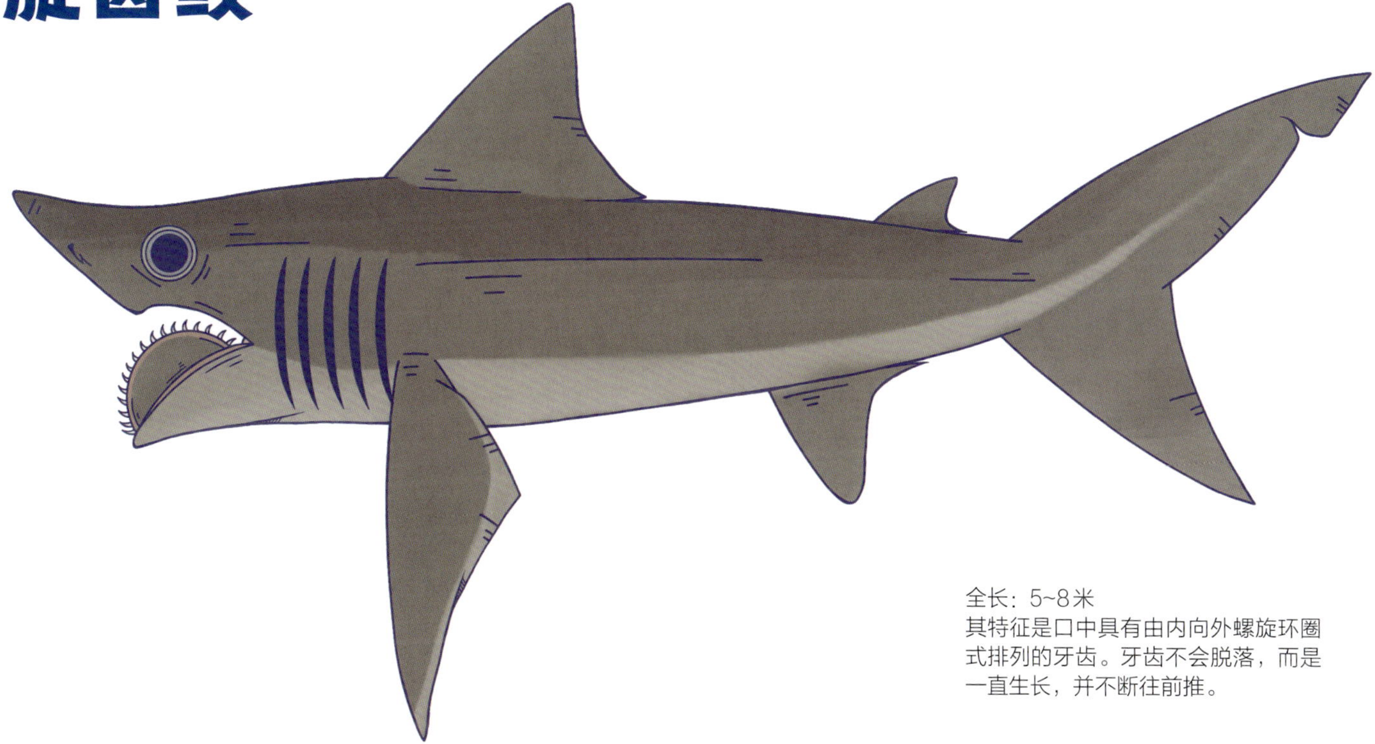

全长：5~8米
其特征是口中具有由内向外螺旋环圈式排列的牙齿。牙齿不会脱落，而是一直生长，并不断往前推。

二叠纪至白垩纪（古生代至中生代）

弓鲛

全长：2米左右
虽然被认为是鲨鱼的祖先，但是颌骨构造等与现在的鲨鱼不同。背鳍前具有硬棘，雄性头部还有小刺。

 第3章 10种古代鲨鱼

白垩纪（中生代）
拟巨口鲨

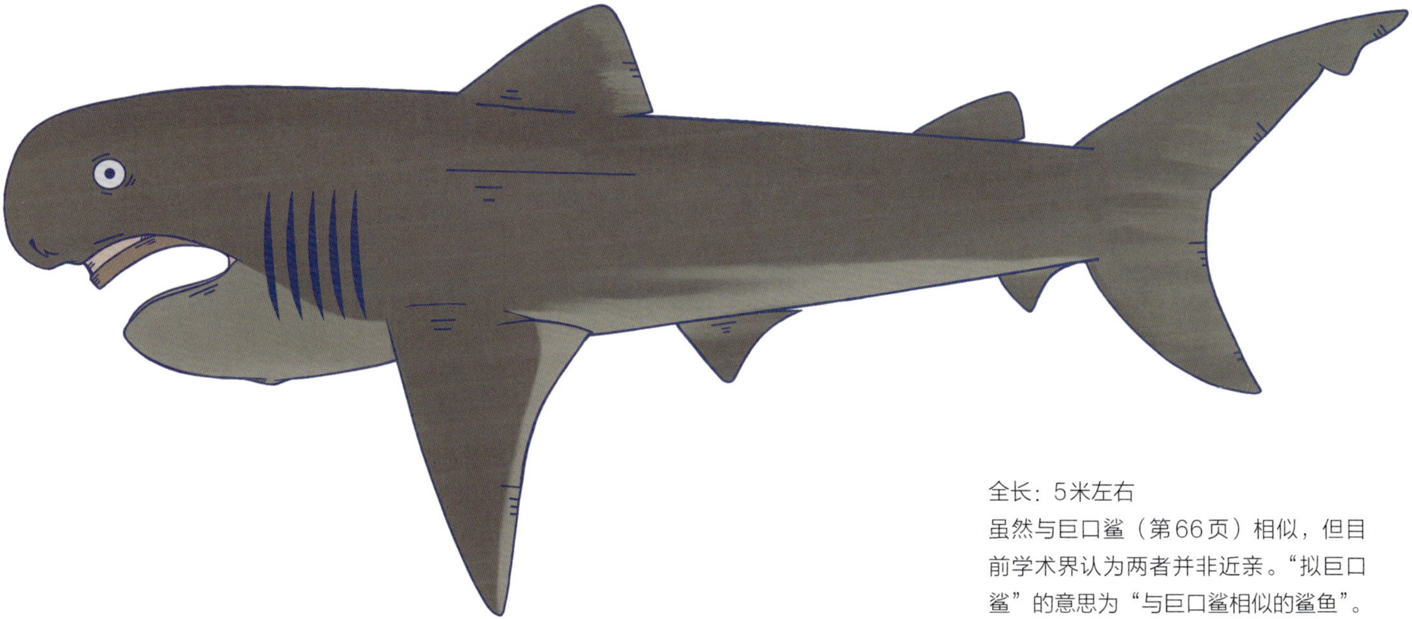

全长：5米左右

虽然与巨口鲨（第66页）相似，但目前学术界认为两者并非近亲。"拟巨口鲨"的意思为"与巨口鲨相似的鲨鱼"。

 白垩纪（中生代）

翼柱头鲨

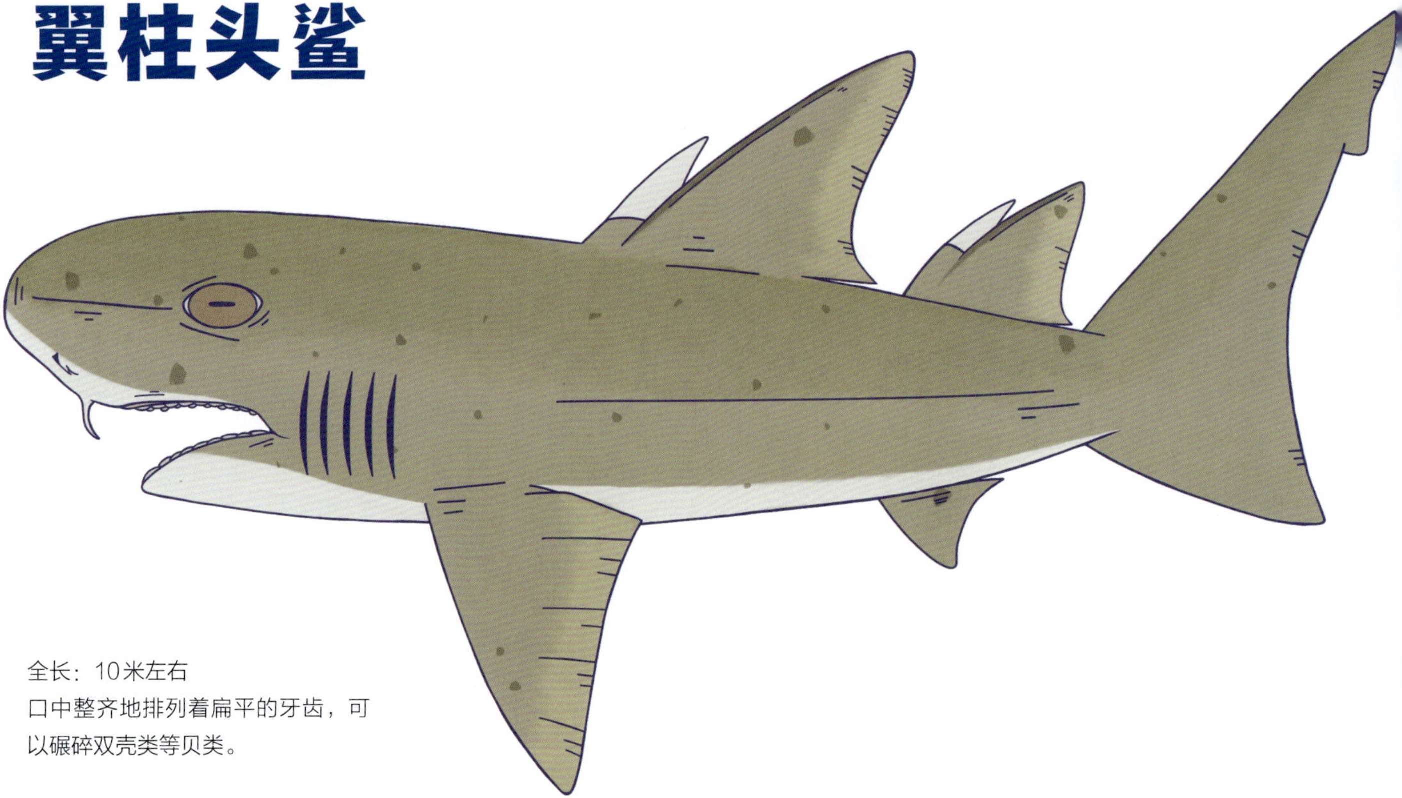

全长：10米左右
口中整齐地排列着扁平的牙齿，可以碾碎双壳类等贝类。

 第3章 10种古代鲨鱼

新近纪①（新生代）
巨齿耳齿鲨

全长：10~20米
体形最大的鲨鱼。仅颌宽就近2米。

---
① 新近纪又称为晚第三纪、新第三纪。

古代鲨鱼生存的地质时代

古生代

寒武纪
（约5亿4100万年前）

奥陶纪
（约4亿8540万年前）

志留纪
（约4亿4380万年前）

泥盆纪
（约4亿1920万年前）
异棘鲛
裂口鲛

石炭纪
（约3亿5890万年前）
尉鳍鲛
剪齿鲛
镰鳍鲛

二叠纪
（约2亿9800万年前）
旋齿鲛
弓鲛（至白垩纪）

中生代

三叠纪
（约2亿5190万年前）

侏罗纪
（约2亿130万年前）
原始整鲨（Palaeospinax）

白垩纪
（约1亿4500万年前）
拟巨口鲨
翼柱头鲨

新生代

古近纪
（约6600万年前）

新近纪
（约2303万年前）
巨齿耳齿鲨

第四纪
（约258万年前~现在）

第 4 章

鲨鱼的繁殖
鲨鱼的交合突有两根!

"卵生"和"胎生"的不同

鲨鱼通过交配繁殖。生育方法分为两种。所产的卵和幼仔的数量因物种而异。

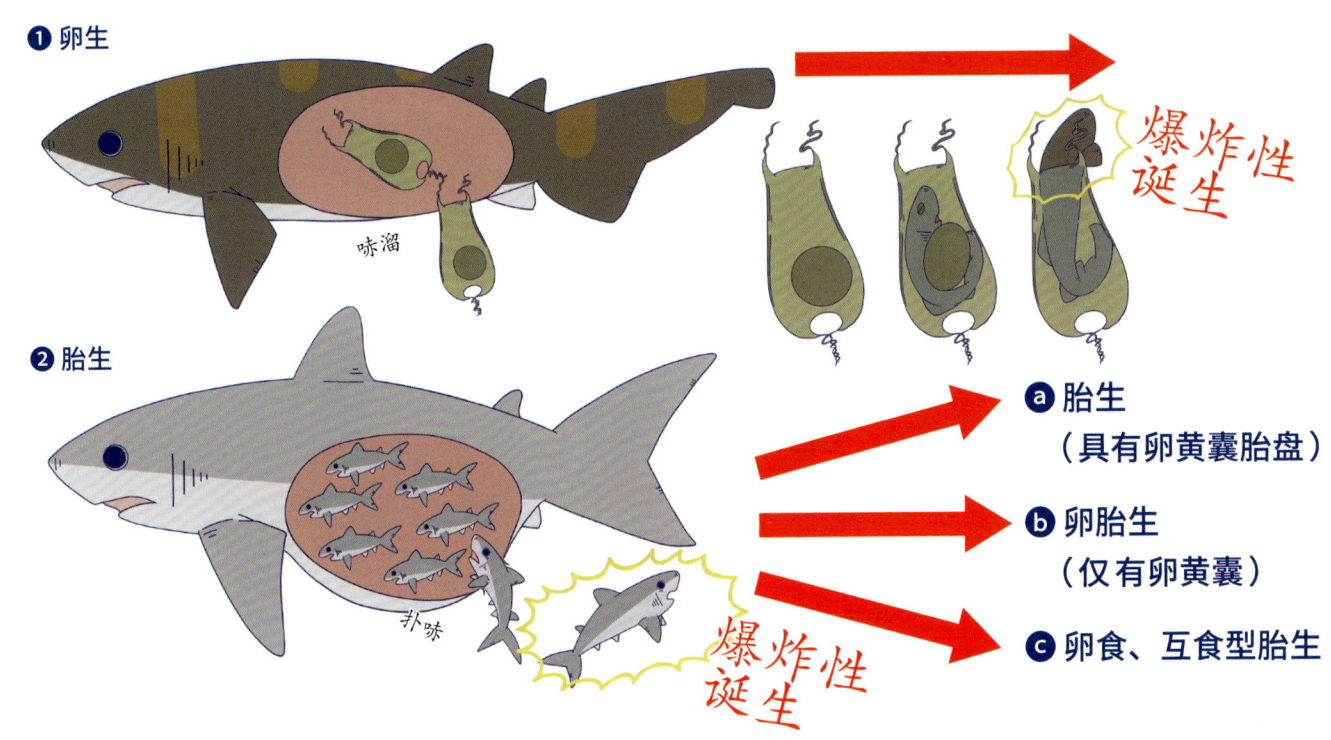

第4章 鲨鱼的繁殖

❶ 卵生→约4成物种为此类型。
❷ 胎生/卵胎生→约6成物种为此类型。

❷ 的胎生可以分成以下两类，各类的胚胎营养方式差异很大。

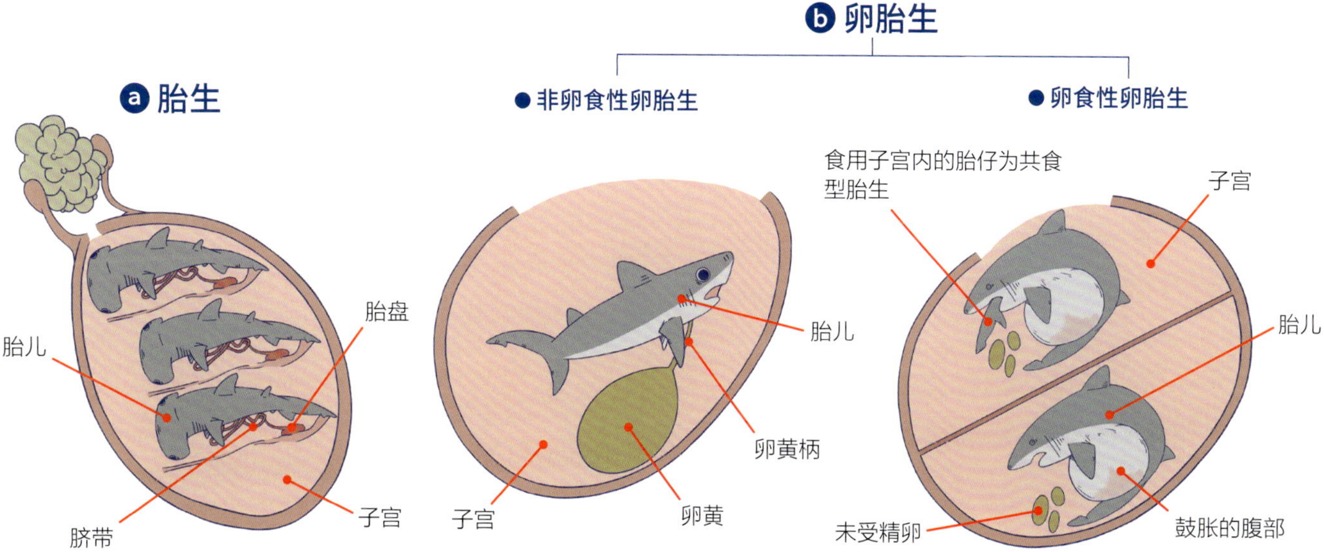

ⓑ 卵胎生

ⓐ 胎生 | ● 非卵食性卵胎生 | ● 卵食性卵胎生

食用子宫内的胎仔为共食型胎生

胎儿 — 胎盘 — 子宫 — 脐带

胎儿 — 卵黄柄 — 卵黄 — 子宫

子宫 — 胎儿 — 未受精卵 — 鼓胀的腹部

通过脐带从母体的胎盘获得营养。

不从母体直接获得营养，仅靠自己的卵黄发育。

早期发育靠自己的卵黄，晚期发育通过吞食母体子宫内的未受精卵补充营养。其中一些物种甚至会吞食同一子宫中的其他胎儿。

鲨鱼如何交配？

鲨鱼排出排泄物的孔洞和交配、产卵的孔洞是同一处地方。这个孔洞被称为泄殖腔（Cloaca）。

雄性鲨鱼和雌性鲨鱼的泄殖腔前端构造不同。雌性有用来孕育后代的子宫，雄性有储存精子的储精囊。精液从尿殖乳突释放出来，通过生殖器，送入雌性体内。

鲨鱼在交配时为了更好地固定身体，雄性会咬住雌性的鳃部和胸鳍。因此，雌性皮肤的厚度是雄性的3倍左右，非常结实。

雄性的交合突由腹鳍末端变形而成。雄性在雌性的泄殖腔中插入一根交合突进行交配。交合突有两根，但每次交配时只用一根。

值得一提的是，也有可以不用交配、只靠雌性单性繁殖的鲨鱼，还有虽然是雌性却拥有雄性生殖器的鲨鱼。

交配时，雄性会用力咬住雌性

第 4 章 鲨鱼的繁殖

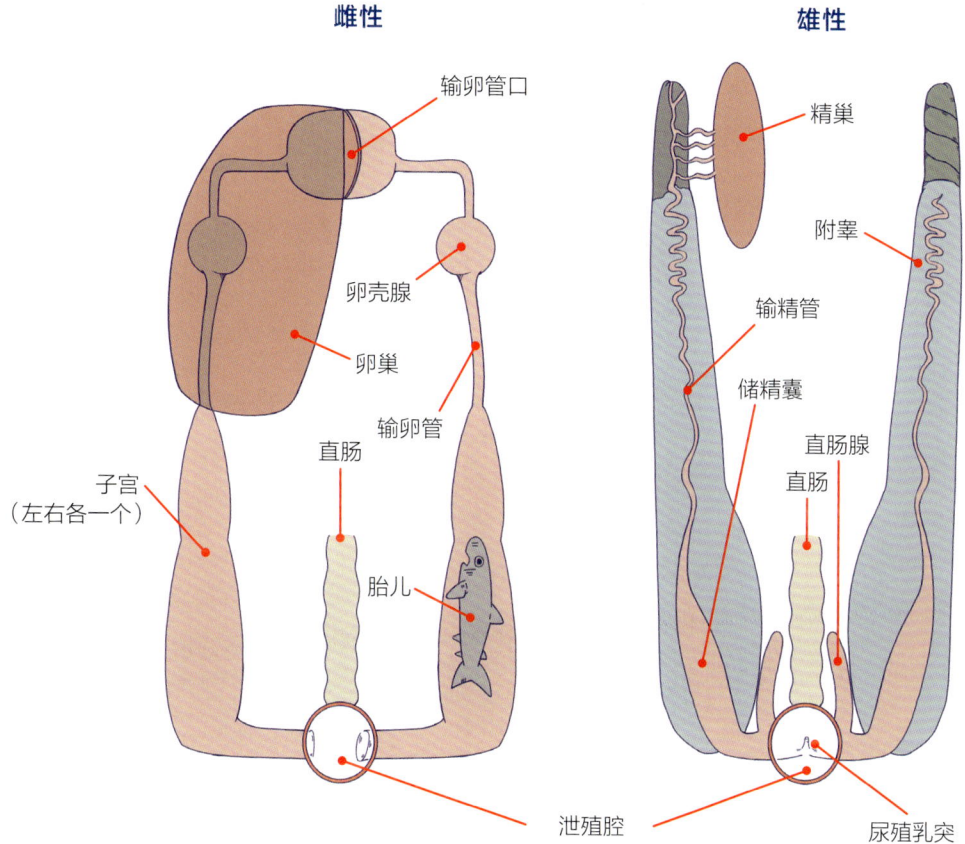

这些不是鲨鱼噢!

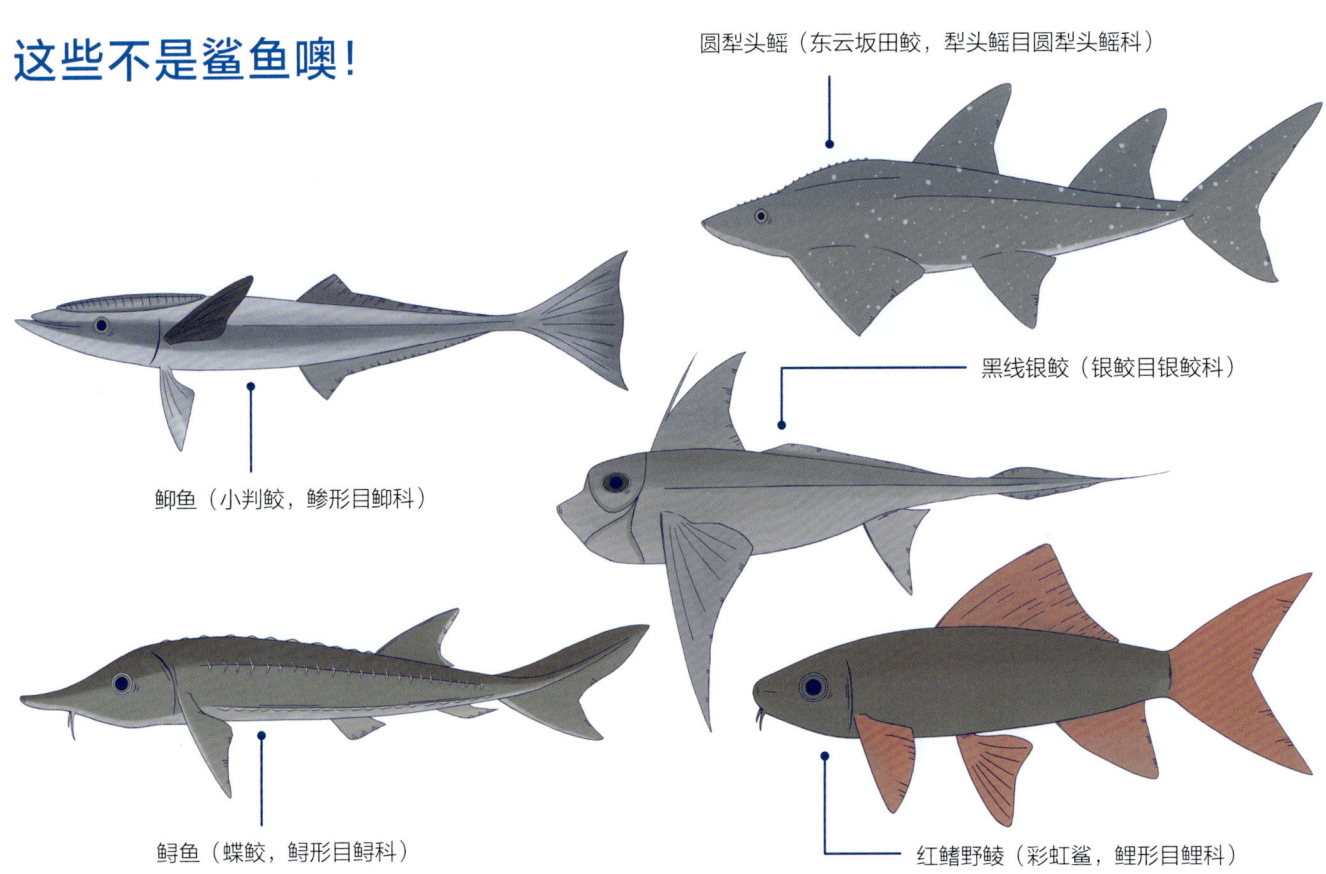

- 圆犁头鳐（东云坂田鲛，犁头鳐目圆犁头鳐科）
- 黑线银鲛（银鲛目银鲛科）
- 鮣鱼（小判鲛，鲹形目鮣科）
- 鲟鱼（蝶鲛，鲟形目鲟科）
- 红鳍野鲮（彩虹鲨，鲤形目鲤科）

第 5 章
鲨鱼和人
它们同样需要保护!

鲨鱼并非"海洋的绝对王者"

你可能会以为"鲨鱼"是称霸海洋的"绝对王者",但其实鲨鱼也有天敌。鲨鱼处于海洋食物链"金字塔"的上层,但它们并非所向无敌。

比如说,虎鲸便会捕食鲨鱼。

虎鲸的智商很高,泳速也很快,而且具有很强的攻击性,常常成群进行狩猎,所以即使是鲨鱼中的"王者"——噬人鲨也敌不过虎鲸。一些大型鲨鱼拥有紧实的肉质和脂肪丰富的肝脏,对虎鲸来说可是"佳肴"。

鲨鱼没有保护内脏的肋骨,因此若是被虎鲸冲撞,便会内脏破裂,甚至死亡。鲨鱼一旦被翻转过来,便会处于"强直静止"状态,有一段时间动弹不得,而虎鲸知道这一点,有时也会利用鲨鱼的这个弱点。

这真是一个弱肉强食的世界。顺带一提,大型鲨鱼常常也会捕食中型和小型鲨鱼。

人类也是鲨鱼的天敌。鲨鱼虽有时会被兼捕,但以鲨鱼为目标的专捕渔业更是接连不断,因此很多鲨鱼都被列入了IUCN红色名单(濒临灭绝的野生生物种类名单)中的"受威胁物种"。鲨鱼约有600种,但是其中会袭击人类的危险鲨鱼寥寥无几。比起被鲨鱼袭击的人的数量,被人类杀死的鲨鱼要多得多。

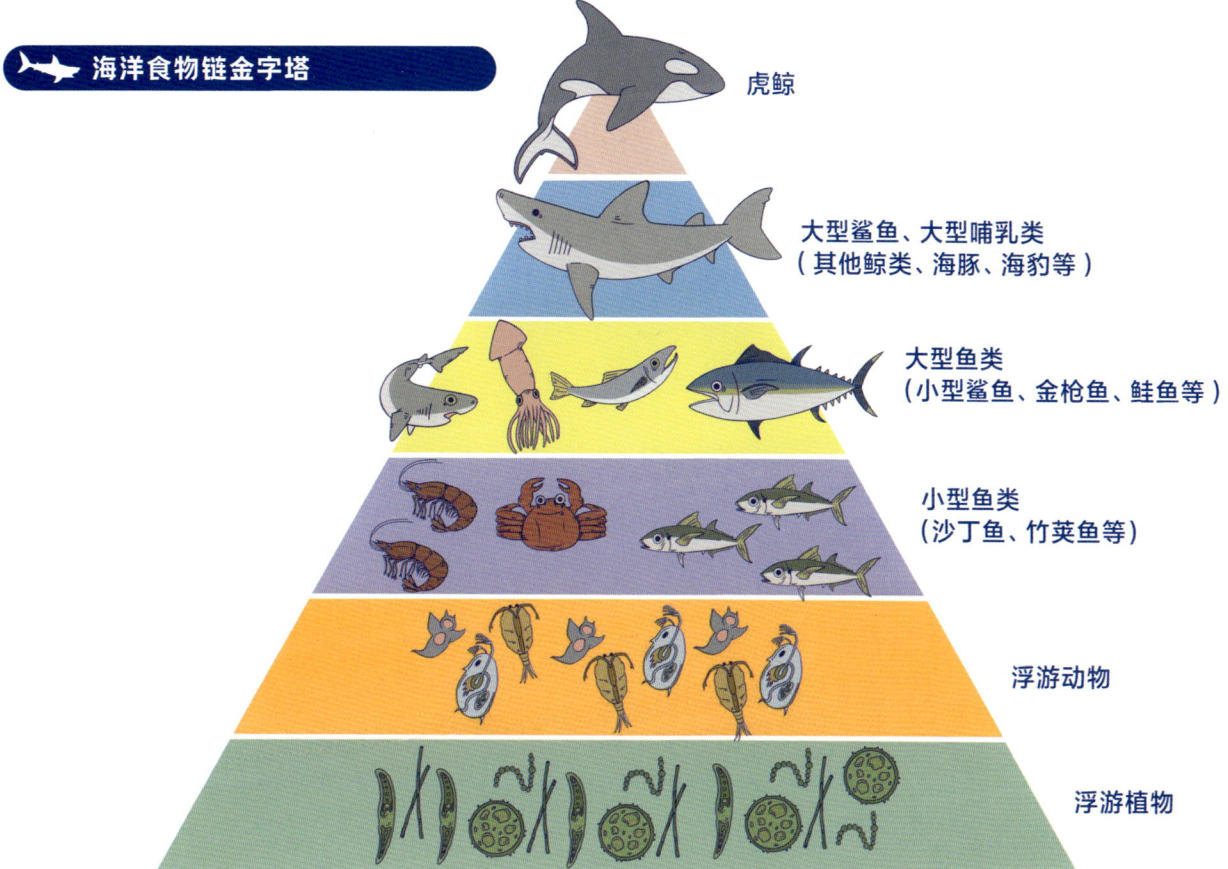

可能导致鲨鱼灭绝的人类行为

人类和鲨鱼之间存在的问题，大致有以下三类。

❶ 海洋污染问题　❷ 割鳍弃鲨问题　❸ 过度捕捞问题

❶海洋垃圾问题

地球表面约70%是海洋，但每年有超过800万吨塑料垃圾流入海洋。

有时渔民剖开鲨鱼尸体的胃部，会发现其中有大量垃圾。

鼬鲨被称为"大海垃圾桶"，什么都吃。因此，它的肚子里会出现汽车轮胎和车牌。这些垃圾无法被消化，只能堆积在胃中造成肠梗阻，让它痛苦地死去。

除此之外，不计其数的鲨鱼被丢弃的渔线或捕鱼用的渔网缠住，导致其无法游动而死亡。

即使不死，被渔网或渔线一直缠绕着无法解开，鲨鱼的身体也会受到很大的伤害。

❷割鳍弃鲨问题

鲨鱼鳍是高级料理"鱼翅"的原料。为了尽可能装下更多鱼鳍，渔民有时会在切下鱼鳍后将鲨鱼胴体[①]重新扔入海中。

鲨鱼没有鱼鳍就无法游泳，一旦失去鱼鳍就无法再长出来，会因无法呼吸而窒息死亡。

虽然现在国际上已禁止公海割鳍弃鲨，但是由于鱼翅供不应求，利润极高，所以局部地区非法割鳍弃鲨还是屡禁不止。

---

① 胴体，此处指躯干。——编者注

❸ 过度捕捞问题

鲨鱼的软骨可以制作药品，肝油可以制作健康食品和化妆品，鲨鱼皮可以做成钱包和皮包，肉可以做成各种食品。因此受过度捕捞的影响，近50年来鲨鱼的数量减少了70%以上。如今处于受威胁状态的鲨鱼有167种，而近危物种有50种。以目前评估的537种鲨鱼来计算，约40%的鲨鱼正面临着生存危机。世界人口现在还在持续增加，如果仍然过度捕捞，那么一些种类的鲨鱼真的会从海洋里彻底消失。

即使不能完全消除捕捞鲨鱼的行为，也希望能减少过度捕捞，保护好鲨鱼的未来，避免使它们灭绝。

联合国制定的17个可持续发展目标（SDGs）中第14项为"保护和可持续利用海洋及海洋资源以促进可持续发展"。我们应从不随意乱扔塑料垃圾等做起，在力所能及的范围内协力守护海洋。

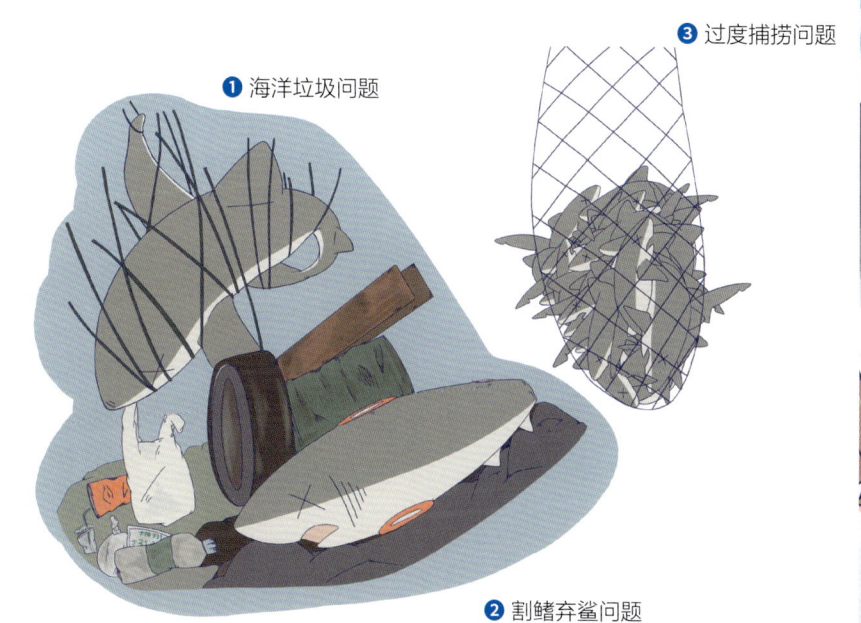

❶ 海洋垃圾问题
❷ 割鳍弃鲨问题
❸ 过度捕捞问题

结束语

非常感谢您把这本书读到最后。

如果您能从中感受到乐趣,能感受到鲨鱼魅力的话,我会很高兴的。

我并不专门从事鲨鱼的研究或调查工作。

但是,我"喜欢鲨鱼"的心绝对不输给任何人。

我很想去水族馆,在养着我最喜欢的后鳍锥齿鲨(第88页)的展缸前大喊一声:

"我爱你————————————"

我还不成熟,关于鲨鱼还有很多必须学习的东西。

今后,为能向大家展现鲨鱼的魅力,我还会继续努力。

最后,衷心感谢田中彰老师为本书审稿。

谢谢大家!

裙带菜

希望能在某个地方
再次与您相遇!

作者介绍

■作者

裙带菜

鲨鱼爱好者,自由插画家。因为偶然看到"已灭绝"的巨齿耳齿鲨的新闻,开始对古代鲨鱼产生兴趣,成为鲨鱼的狂热粉丝。从小就喜欢水族馆。最喜欢的鲨鱼是后鳍锥齿鲨(因为长相凶恶)。

■审稿

田中彰

1952年出生于日本神奈川县。日本东海大学海洋学部客座教授。农学博士。专业是海洋动物学、保护生态学。主要研究鲨鱼等高阶捕食者的生态、生活史。国际自然保护联盟(IUCN)物种生存委员会鲨鱼专家组专家、日本板鳃类研究会成员。

图书在版编目（CIP）数据

世界鲨鱼大全 /（日）裙带菜著、图；商钟岚，林祁译. -- 北京：中国画报出版社，2024.10（2025.3重印）
ISBN 978-7-5146-1874-7

Ⅰ.①世… Ⅱ.①裙… ②商… ③林… Ⅲ.①鲨鱼—普及读物 Ⅳ.①Q959.41-49

中国国家版本馆CIP数据核字(2024)第068572号

北京市版权局著作权合同登记号：01-2023-5577
中华人民共和国自然资源部审图号：GS京（2024）0070 号

Sekai no SAME Taizen
Copyright © Mekabu
Supervised by Sho Tanaka
Original Japanese edition published in 2022 by SB Creative Corp.
Simplified Chinese translation rights arranged with SB Creative Corp., through Shanghai To-Asia Culture Communication Co., Ltd.

世界鲨鱼大全

裙带菜 著、图　商钟岚 林祁 译

出 版 人：方允仲
审　　稿：[日]田中彰
审　　校：陈江源
责任编辑：李聚慧
内文排版：赵艳超
责任印制：焦　洋

出版发行：中国画报出版社
地　　址：中国北京市海淀区车公庄西路33号　邮编：100048
发 行 部：010-88417418　010-68414683（传真）
总编室兼传真：010-88417359　版权部：010-88417359

开　　本：32开（787mm×1092mm）
印　　张：9.5
字　　数：120千字
版　　次：2024年10月第1版　2025年3月第2次印刷
印　　刷：北京汇瑞嘉合文化发展有限公司
书　　号：ISBN 978-7-5146-1874-7
定　　价：88.00元